Die Forellen der Gattung *Salmo*

Johannes
Schöffmann

Die Forellen der Gattung *Salmo*

Diversität und Verbreitung

AquaTech
Publications

Impressum

Titelbild: *Salmo* spp.
Coverdesign: Martin Hochleithner

AquaTech Publications
Unterbrunnweg 3
6370 Kitzbühel, Austria

http://www.aqua-tech.eu
http://www.aquatech.8m.com
http://www.aquaculture-com.net

Printed in Germany by:
Books on Demand GmbH
ISBN 978-3-902855-15-2

Danksagung

Mein besonderer Dank gilt Robert J. Behnke, dem weltweit anerkannten Salmonidenfachmann und emeritierten Professor an der Colorado State University, für die unzähligen wertvollen Informationen und den aufschlussreichen Briefwechsel über viele Jahre hinweg. Für die jahrelange fruchtbare Zusammenarbeit, sowohl bei den verschiedenen Feldarbeiten als auch bei der Erstellung wissenschaftlicher Manuskripte, bedanke ich mich bei Aleš Snoj (Univ. Ljubljana), Simona Sušnik Bajec (Univ. Ljubljana) und Saša Marić (Univ. Belgrad). Bo Delling (Schwedisches Museum für Naturgeschichte, Stockholm) danke ich für wichtige Informationen und Daten. Zu Dank verpflichtet bin auch meinen Begleitern für ihre tatkräftige Unterstützung bei den oft mühsamen Expeditionen: James Prosek, Peter Regenfelder, John Zablocki, Markus Schauta und nicht zuletzt meiner Frau Ida und meinen Kindern Benedikt und Mariela. Schließlich bedanke ich mich bei Waltraud Langmayr für die Korrektur des Manuskripts.

Für die Bereitstellung von Fotomaterial danke ich: Ashgar Abdoli (Iran), Pierre Affre (Frankreich), Juanjo Alonso (Spanien), Dominic De Bruyn (Belgien), Bo Delling (Schweden), Manu Esteve (Spanien), Andy Ferguson (Großbritannien), Donald Le Heron (Frankreich), Martin Hochleithner (Österreich), Alan Kettle-White (Großbritannien), Maurice Kottelat (Schweiz), Antun Mateš (Kroatien), Saša Marić (Serbien), Hossein Mostafavi (Iran), Danilo Mrdak (Montenegro), Mirosław Pieślak (Polen), James Prosek (USA), Clemens Ratschan (Österreich), Paul Reddish (Großbritannien), Winfried Rothermel (Deutschland), Nikolaus Schotzko (Österreich), Aleš Snoj (Slowenien), Dave Stewart (Großbritannien), Stojmir Stojanovski (Mazedonien).

Inhaltsverzeichnis

1. Einleitung

Zu den Forellen zählen im deutschen Sprachraum nur die Angehörigen der amerikanischen Forellen aus dem pazifischen Raum (Regenbogen- und Cutthroat-Forellen) und die Europäische Forelle mit ihren nah verwandten Arten. Der natürliche Verbreitungsraum der Europäischen Forelle erstreckt sich über Europa und Teile von Asien und Afrika. Der Name „Europäische Forelle“ mag daher irreführend sein, jedoch das Hauptverbreitungsgebiet und wohl auch das Entstehungszentrum dieser Lachsfische befinden sich in Europa. Für Besatzmaßnahmen in Wildgewässer wurde die Europäische Forelle in alle Erdteile verfrachtet. Die heimischen Forellen Europas, Nordafrikas, Vorder- und Zentralasiens bilden gemeinsam mit dem Atlantischen Lachs die Gattung *Salmo.* Die Aufspaltung zwischen den zum Atlantischen Lachs (*Salmo salar*) und zur Europäischen Forelle und ihren nahen Verwandten (*Salmo trutta, S. obtusirostris, S. ohridanus*) führenden Evolutionslinien fand bereits am Ende des Miozäns bzw. im unteren Pliozän statt, vor 5 bis 6 Mio. Jahren. Die Gattung *Salmo* gehört der Unterfamilie der Lachsartigen (Salmoninae) an, welche aus 5 oder 6 weiteren Gattungen besteht: den bereits erwähnten amerikanischen Forellen mit den pazifischen Lachsen (*Oncorhynchus*), den Lenoks (*Brachymystax*), dem Eurasischen Huchen (*Hucho*), dem Sachaliner Huchen (*Parahucho*), den Saiblingen (*Salvelinus*) und dem Langflossensaibling (*Salvethymus*). Die Gattung *Salvethymus* wurde für eine morphologisch abweichende endemische Art aus dem El’gygytgyn-See in Ostsibirien aufgestellt. Aufgrund der engen genetischen Verwandtschaft zu den Saiblingen wurde jedoch vorgeschlagen, diese Art der Gattung *Salvelinus* zuzuordnen.

Die Regenbogen- und Cutthroat-Forellen stellte man ursprünglich aufgrund ihrer physischen Ähnlichkeit mit der Europäischen Forelle und dem Atlantischen Lachs in die Gattung *Salmo,* trotz einiger morphologischer (osteologischer) Gemeinsamkeiten mit den pazifischen Lachsen. Erst weitere Untersuchungen belegten die nahe Verwandtschaft der amerikanischen Forellen zu den pazifischen Lachsen, was 1989 zur ihrer Reklassifikation in die Gattung *Oncorhynchus* führte, wenngleich auch ein paar russische Wissenschafter für die amerikanischen Forellen die eigenständige Gattung *Parasalmo* bevorzugen. Früher vertrat man die Auffassung, dass die Gattungen *Oncorhynchus* und *Salmo* von einem gemeinsamen Vorfahren abstammen und die Trennung in eine pazifische und in eine atlantische Linie vor etwa 20 Mio. Jahren erfolgte. Neuere genetische Untersuchungen zeigten jedoch, dass die Gattung *Salmo* eine Schwestergruppe zu den Gattungen *Oncorhynchus* und

Salvelinus bildet. Überraschenderweise stellte sich außerdem heraus, dass der Sachaliner Huchen (*Parahucho perryi*) derselben phylogenetischen Linie wie *Salmo, Oncorhynchus* und *Salvelinus* angehört, die eine Schwestergruppe zur Linie von *Hucho* und *Brachymystax* darstellt. Der Sachaliner Huchen ist dieser Studie zufolge näher mit *Salmo* verwandt als mit den übrigen Gattungen innerhalb der Salmoninae. Im Gegensatz dazu interpretiert eine weitere Studie, basierend auf morphologischen Kriterien inklusive der Ergebnisse vorangegangener Molekularstudien sowie Verhaltensbeobachtungen, *Salvelinus* und *Parahucho* als Schwestergruppe von *Salmo* und *Oncorhynchus.*

Die Unterfamilien Lachsartige (Salmoninae), Äschen (Thymallinae) und Renken (Coregoninae) fasst man in der Familie Lachsähnliche (Salmonidae) zusammen. Alle Mitglieder dieser Familie sind in der holarktischen Region beheimatet und pflanzen sich ausschließlich im Süßwasser fort. Es gibt keine rein marine Form oder irgendeine, die im Meer laicht. Diese Eigenschaft stützt die Hypothese, dass die Lachsähnlichen aus dem Süßwasser stammen und erst später einige ihrer Vertreter eine partiell marine Lebensweise annahmen. Natürlich lebten die entfernten Vorfahren der Lachsähnlichen, wie die aller Süßwasserfische, einst im Meer.

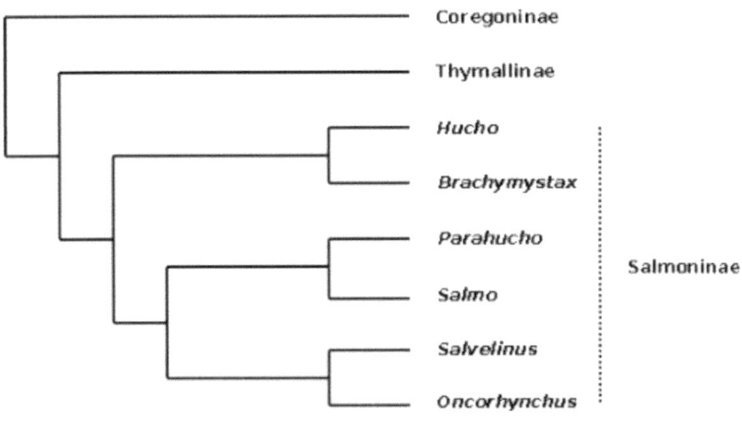

Stammbaum (vereinfacht) der Familie Lachsähnliche (Salmonidae), Crespi & Fulton, 2004

Zur Ordnung der Lachsfische (Salmoniformes) zählt man heute nur noch die Familie Lachsähnliche (Salmonidae). Früher umfasste die Ordnung Salmoniformes auch andere verwandte Gruppen: die Stinte (Osmeroidae) der nördlichen und die Galaxiiden (Galaxioidae) der südlichen Hemisphäre (heutige Ordnung Osmeriformes), die Hechtartigen (Esociformes) und die marinen, meist in der Tiefsee lebenden Goldlachsartigen (Argentiniformes). Alle vier rezenten Ordnungen fasst man in der Überordnung Protacanthopteryhii zusammen, deren Ursprung mindestens 150 Mio. Jahre zurückliegt.

Das bisher älteste bekannte Fossil eines Salmoniden, *Eosalmo driftwoodensis,* aus Britisch Kolumbien stellt eine Art dar, die vor 45 bis 50 Mio. Jahren gelebt hat und offenbar zur Unterfamilie der Salmoninae gehört. Man vermutet jedoch den Ursprung der Familie Salmonidae vor wenigstens 100 Mio. Jahren. Jedenfalls deutet der Fossilfund von *Eosalmo* darauf hin, dass die Unterfamilien Lachsartige, Äschen und Renken schon vor 50 Mio. Jahren voneinander getrennt waren. Nachweislich lebten Vorfahren der rezenten Gattung *Salvelinus* während des frühen und mittleren Miozäns, also vor 23 bis 13 Mio. Jahren, im Westen Nordamerikas. Im späten Miozän war die Gattung *Oncorhynchus* im westlichen Nordamerika bereits weit verbreitet. Die Stammesgeschichte der Gattung *Salmo* lässt sich bis ins Mittlere Miozän zurückverfolgen. Der älteste fossile Fund dieser Gattung, *Salmo immigratus,* stammt aus Zentralkroatien. Dieser indirekte oder sogar direkte Vorfahre des Atlantischen Lachses, der Europäischen Forelle, der Weichmaulforelle und der Ohridforelle lebte vor etwa 13 Mio. Jahren in der zu jener Zeit brackischen Paratethys, als die Verbindungen zu den Weltmeeren bereits unterbrochen waren. Es ist wohl anzunehmen, dass *S. immigratus* eine anadrome Form darstellte, die zum Laichen in die Zuflüsse wanderte.

Die große morphologische und ökologische Vielfalt innerhalb der Europäischen Forelle hat dazu geführt, dass im Laufe der vergangenen zwei Jahrhunderte mehr als 100 Arten und Unterarten beschrieben wurden, die heute meist dem Taxon *Salmo trutta* zugeordnet werden. Diese Klassifikation täuscht jedoch eine genetische Homogenität vor und ignoriert die vielen unterschiedlichen stammesgeschichtlichen Linien, die sich seit der Entstehung eines gemeinsamen Vorfahren der verschiedenen Formen der Europäischen Forelle entwickelt haben. Die Benennung zahlreicher Arten, Unterarten oder Morphe ist ein nicht unumstrittener Versuch, dieses Problems Herr zu werden, ebenso wie die gelegentlich verwendeten Sammelbegriffe Formenkreis, Superspezies, Artenkreis und *Salmo trutta*-Komplex.

Der berühmte schwedische Naturforscher Carl Nilsson LINNÆUS (Carl von LINNÉ) wendet 1758 in seiner zehnten Auflage von „Systema Naturæ“ die binominale Nomenklatur erstmals konsequent für das Tierreich an. Den Namen *Salmo trutta** bezieht er auf die Forellen aus großen Flüssen, die wahrscheinlich auch die anadrome Form oder Meerforelle einschließen. Die Forelle aus kleinen Flüssen und Bächen, die so genannte Bachforelle, beschreibt er als *S. fario,* die Seeforelle als *S. lacustris* und die Meerforelle als *S. eriox.*

* Der lateinische Name *trutta* bzw. „tructa“ hat seine Wurzeln im Altgriechischen „troktes“ (τρώκτης), was soviel wie Nager oder Fisch mit scharfen Zähnen bedeutet. In den romanischen Sprachen, von Italien bis Portugal, und im Englischen blieb der lateinische Name für Forelle in mehr oder weniger abgeänderter Form bis heute erhalten. Die urslawische Bezeichnung „p'str'va“ blieb in allen heutigen slawischen Sprachen bestehen und ist in alle übrigen Sprachen des Balkans eingegangen, wie in das Neugriechische, Albanische, Rumänische und Ungarische. Sie leitet sich vom urslawischen Adjektiv „p'str'“ (bunt, farbig, gefleckt) ab. Dieselbe Bedeutung hat das deutsche Wort Forelle, welches sich vom westgermanischen „forhna“ bzw. vom vorgermanischen Wort „prkna“ (griechisch: „perknós“) ableitet. Im Russischen verwendet man sowohl die Bezeichnung germanischen Ursprungs „forelj“ als auch das slawische Wort „pestruschka“. Am Weißen Meer und am Arktischen Ozean heißt die Forelle „kumscha“, im Baltikum und in Finnland „taimen“.

Ungeachtet ihrer oft unklaren taxonomischen Stellung gilt es, die verschiedenen Formen der Europäischen Forelle und ihrer nahen Verwandten zu schützen und zu erhalten, repräsentieren sie doch ökologisch, morphologisch und genetisch einzigartige, reproduktiv isolierte Populationen, die sich über Generationen an ihre Umwelt angepasst haben und zur biologischen Vielfalt beitragen. Nicht wenige dieser Lokalpopulationen sind heute vom Aussterben bedroht oder in ihrem Bestand gefährdet. Die Gründe dafür sind sowohl menschliche Einflüsse auf den Lebensraum der Tiere – wie die Wassernutzung für Landwirtschaft, Industrie und Haushalte, Wasserverschmutzung und Flussverbauungen – als auch die Überfischung, vor allem aber der Besatz mit nicht heimischen Forellenstämmen oder exotischen Arten. Diese in ihrer positiven Wirkung meist überschätzte Maßnahme gefährdet oft den Fortbestand der ursprünglichen Populationen: entweder durch Hybridisierung und dem daraus resultierenden Verlust der genetischen Integrität oder infolge von Verdrängung durch konkurrierende Arten. Schließlich trägt auch die globale Erwärmung, vor allem in den südlichen Regionen, zu verhängnisvollen Biotopveränderungen bei.

Die Aufgabe der vorliegenden Monografie soll es daher sein, die enorme Formenvielfalt der Europäischen Forelle und ihrer nächsten Verwandten in den unterschiedlichen Regionen zu dokumentieren. Die Anführung der wissenschaftlichen Namen erfolgt grundsätzlich ohne Bewertung ihrer Gültigkeit und dient lediglich der Orientierung und zur Rekapitulation sowohl der in der traditionellen als auch der in der modernen Taxonomie verwendeten Namen. Die Längenangabe bei den Bildern der Forellen entspricht der Gabellänge (GL).

Literatur: Smith & Stearly, 1989; Stearly & Smith, 1993; Oakley & Phillips, 1999; Behnke, 2002; Crespi & Fulton, 2004; Wilson & Williams, 2010.

2. Ursprung und geographische Verbreitung

Zur eigentlichen Herkunft der Lachsfische der Gattung *Salmo* lassen sich aufgrund fehlender Fossilfunde nur Spekulationen anstellen. Die Vorfahren der heutigen Gattung *Salmo* lebten vermutlich im nördlichen ostasiatischen Raum. Schon lange davor vollzog sich die Aufspaltung in die zwei Evolutionslinien *Oncorhynchus-Salvelinus* und *Salmo-Parahucho* irgendwo im nordpazifischen Bereich. Der einzige rezente Vertreter der Gattung *Parahucho* ist der Sachaliner Huchen (*Parahucho perryi*), auch Japanischer Huchen genannt. Er bewohnt das Japanische Meer, von wo er in die Küstenflüsse am Osthang des Sihote-Alin Gebirges sowie in die Flüsse Sachalins und Nordjapans zum Laichen aufsteigt. Somit darf man davon ausgehen, dass das Entstehungszentrum eines gemeinsamen Vorfahren von *Salmo* und *Parahucho* in Sibirien lag. Alternativ dazu hätte sich die Abspaltung von *Parahucho* bereits vor der Trennung der Gattungen *Salmo* und *Oncorhynchus* ereignet. Sowohl der Sachaliner Huchen als auch die meisten rezenten Vertreter der Gattungen *Salmo* und *Oncorhynchus* zeigen eine ausgeprägte Salzwassertoleranz, wohingegen die heute über das kontinentale Nordasien verbreiteten Salmonidengattungen (*Hucho, Brachymystax, Thymallus*) keine diadromen, also ins Meer wandernden Formen aufweisen. Es ist daher sehr wahrscheinlich, dass die Verbreitung der Vorfahren von *Parahucho, Salmo* und *Oncorhynchus* nicht kontinental, sondern peripher verlief. Demnach könnten die Vorgänger der heutigen Europäischen Forelle und des Atlantischen Lachses entlang der Küste des bis zum Miozän noch wärmeren und eisfreien Nordpolarmeeres schon lange vor Beginn des jetzigen Eiszeitalters in Richtung Westen bis nach Europa vorgedrungen sein, während die Vorfahren des Sachaliner Huchens den pazifischen Raum Sibiriens einnahmen. Möglicherweise führten klimatisch bedingte Umweltveränderungen zum Verschwinden der Nachkommen der stammesgeschichtlichen Urlinie *Salmo-Parahucho* im einstigen sibirischen Verbreitungszentrum, welche im Verlauf nachfolgender Epochen von peripheren Süßwasserfischen anderer Salmonidengattungen – *Salvelinus, Coregonus* und im Osten auch *Oncorhynchus* – ersetzt oder aber schon früher von diesen verdrängt wurden. Ähnliche Beispiele vikarianter, unabhängiger Evolution nah verwandter Taxa aus Europa und Ostasien, die heute in Sibirien fehlen, kennt man von verschiedenen Gattungen (z.B. *Cyprinus, Rhodeus, Misgurnus, Silurus, Huso*). Der älteste bekannte *Salmo* stammt, wie bereits erwähnt, aus der Paratethys. Folgendes Szenario wäre vorstellbar: Im oberen Miozän, als dieses Binnenmeer allmählich nach Osten fortschreitend verlandete, drang ein Teil dieser Salmoniden bis zum Atlantik vor, wo sie sich zum Atlantischen Lachs entwickelten. Die in den Resten des Miozänmeeres Paratethys und dessen Einzugsbereich verbliebenen Lachsfische spalteten sich danach in die evolutionären Linien *S. trutta, S. obtusirostris* und *S. ohridanus* auf. Man kann davon ausgehen, dass noch weitere Evolutionslinien entstanden, die irgendwann ausstarben. Allerdings ist die phylogenetische Stellung des fossilen *S. immigratus* ungewiss. Es könnte sich dabei genau so gut um den Vertreter einer Linie handeln, die dann spurlos verschwand. In diesem Fall wäre ein alternatives Szenario in Betracht zu ziehen, wobei die Aufspaltung zwischen Atlantischem Lachs und der Linie, die zu den übrigen Mitgliedern der Gattung *Salmo* führte, im Atlantikbecken stattfand und von dort aus die anderen Einzugsgebiete besiedelt wurden. Das erst kürzlich im Atlantikbecken Marokkos nachgewiesene Relikt einer stammesgeschichtlichen Linie, die bereits vor der Aufspaltung in die heute bekannten Linien der Europäischen Forelle (siehe nächstes Kapitel) existierte, spricht für letztere These. Jedenfalls hat sich der Atlantische Lachs gut an das Leben im Meer angepasst und ist bis zur Ostküste Nordamerikas vorgedrungen, während die Europäische Forelle nur bis Island kam. Erfolgreicher war sie hingegen am Kontinent, wo sie sich über periglaziale Binnengewässer, die beim Abschmelzen der Gletscher entstanden, über ganz Europa verbreitete und bis nach Zentralasien vorstieß. Die Verbreitung erfolgte aber ebenso entlang der europäischen Atlantikküste bis nach Nordafrika und in den Mittelmeerraum. Offensichtlich ist die Europäische Forelle nicht nur besser an das Leben im Süßwasser angepasst als der Lachs, sondern auch an wärmeres Wasser. Während der Kaltzeiten besiedelten anadrome Forellenpopulationen die Atlantikküste nach Süden bis zum Drâa-Becken in Marokko, das bei 28° nördlicher Breite liegt. Der Lachs hingegen kam niemals südlich der Iberischen Halbinsel vor. Die Europäische Forelle gehört zu den am weitesten verbreiteten Süßwasserfischen in der paläarktischen Region. Ihr heutiger Verbreitungsraum erstreckt sich von der Barentsee im Nordosten über Island, die Britischen Inseln und das gesamte Festland von Europa bis nach Marokko und Algerien im Südwesten, über Anatolien, den Kaukasus und den nördlichen Iran bis nach Zentralasien, nahe der Grenze zu China. Nach ihrer Lebensweise und ihrem Lebensraum unterscheidet man drei ökologische Formen ohne stammesgeschichtliche Zusammenhänge:

1. Die stationäre Flussform oder Bachforelle kommt im gesamten Verbreitungsgebiet vor und unternimmt meist nur kurze Laichwanderungen in die Oberläufe der Flüsse oder Bäche.

2. Die Seeform oder Seeforelle kommt ebenfalls im gesamten Verbreitungsraum vor und kann sowohl im See als auch in dessen Zuflüssen oder in seinem Abfluss laichen.
3. Die anadrome Wanderform oder Meerforelle findet man im Atlantikbecken von der Tscheschskaja-Bucht bis zum Lima-Becken im Norden Portugals, im Schwarzen und im Kaspischen Meer. Sie lebt meist in küstennahen Gebieten und steigt zur Laichzeit in die einmündenden Flüsse auf.

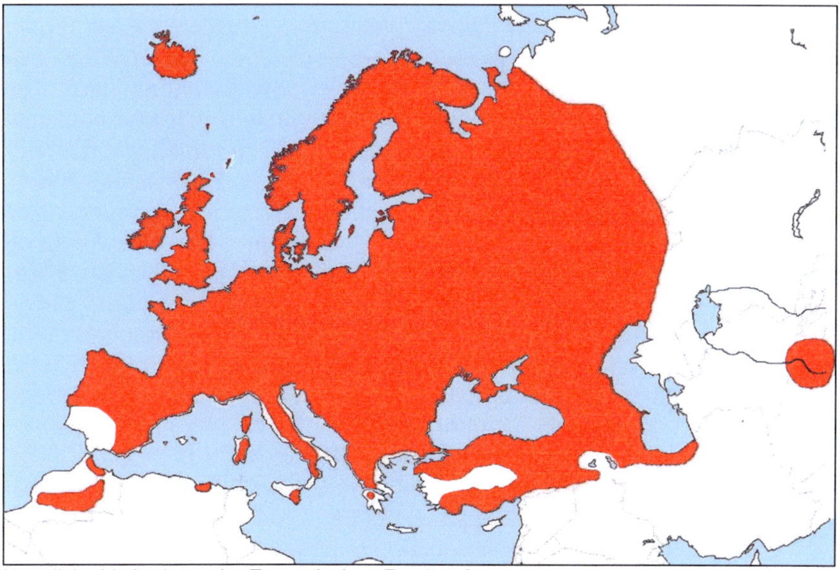
Natürliche Verbreitung der Europäischen Forelle (*Salmo* spp.)

Paratethys: Die derzeitigen Meere im Süden und Südosten Europas und im Südwesten Asiens sind Überreste des einstigen Äquatorialmeeres Tethys, das den Atlantik mit dem Indischen Ozean verband und Afrika von Europa trennte. Die wichtigsten gegenwärtig noch erhaltenen Wasserkörper sind das Mittelmeer, das Schwarze Meer, das Kaspische Meer und der Aralsee. Der österreichische Geologe Eduard SUESS gab 1893 diesem Urozean den Namen, welcher aus der griechischen Mythologie stammt. Die Titanin Tethys ist die Schwester und Gemahlin des Titanen Okeanos. Vor etwa 20 Mio. Jahren schloss die nach Norden driftende afrikanische Platte das Tethysmeer allmählich ein. Durch die Kollision mit Asien wurde die östliche Verbindung zum Indischen Ozean unterbrochen. Die Kollision mit Europa verursachte die Bildung langer Gebirgsketten, von den Alpen in Europa bis zum Taurus in Kleinasien. Infolge dieser tektonischen Bewegungen entstanden zwei getrennte Binnenmeere. Eines war das Mittelmeer, das damals schon dasselbe Becken wie heute einnahm. Das andere Meer, im Norden und Osten davon gelegen, war die Paratethys. Sie erstreckte sich von Mitteleuropa bis zum Aralsee.

Literatur: Berg, 1912, 1932; Tchernavin, 1939; Thienemann, 1950; Bănărescu, 1989; Sandford, 1990; Dorofeeva, 1998; Marić, 2005.

3. Stammesgeschichte

Die klimatischen Schwankungen während des jüngsten Eiszeitalters (Pleistozän), das vor etwa 2,6 Mio. Jahren begann, beeinflussten maßgeblich die stammesgeschichtliche Entwicklung und Verbreitung der Europäischen Forelle. Der deutlichste Klimawechsel innerhalb der letzten 3 Mio. Jahre ereignete sich vor annähernd 700.000 Jahren, verbunden mit der ersten großen Isolation der heutigen Flusssysteme von Rhein, Rhône und Donau. Die wichtigste genetische Aufgliederung innerhalb der Europäischen Forelle geschah vermutlich infolge dieser klimatischen und hydrografischen Veränderungen. Im Verlauf des wiederholten Vordringens der Eismassen beschränkten sich die Forellenvorkommen auf wenige Rückzugsgebiete. Solche glaziale Refugien gab es in Südwesteuropa und Nordafrika, auf der apenninischen Halbinsel, am Balkan und im Ponto-Kaspischen Raum. Die geografische Zersplitterung und die isolierte Entwicklung über hunderttausende von Generationen führten zur Entstehung unterschiedlicher Evolutionslinien. Nach jedem Rückzug der Gletscher kam es erneut zur demografischen Expansion, wobei einige Kontaktzonen entstanden, wo zwei oder mehr Evolutionslinien aufeinander trafen. Aufgrund molekulargenetischer (mitochondrielle DNS = mtDNA) Studien unterscheidet man drei stammesgeschichtliche Hauptlinien, deren Vorkommen sich meist mit den großen Einzugsgebieten decken (Haplotyp-Bezeichnungen in Klammern):

1. **Atlantikstamm (AT)**: Atlantikbecken von der Tscheschskaja-Bucht bis Marokko und südliches Mittelmeerbecken von Marokko bis Sizilien. Aus dem Duero-Becken in Spanien wurde eine dem Atlantikstamm nahe stehende Linie, der **Duero-Stamm (DU)**, vorgeschlagen.
2. **Donaustamm (DA)**: Becken von Schwarzem Meer, Kaspischem Meer und Aralsee; Mittelmeerbecken im Nordwesten der Türkei; Einzugsgebiet der Euphrat-Quellregion und Tigris-Becken.
3. Die mediterrane Linie besteht aus 3 Stämmen, deren Verbreitungsräume sich oft überschneiden:
   a) **Mittelmeerstamm (ME)**: westliches Mittelmeerbecken von Spanien bis Italien und Korsika, sowie südwestlicher Balkan.
   b) **Adriastamm (AD)**: Mittelmeerbecken von Spanien über Korsika und Sardinien bis Anatolien; Euphrat-Becken.
   c) **Marmoratastamm (MA)**: Marmorforelle (*Salmo marmoratus*) des nördlichen Adriabeckens. Vereinzelte, in anderen mediterranen Gebieten nachgewiesene Populationen mit

einem MA-Haplotypus (Korsika, Albanien, Griechenland, Türkei) sind phänotypisch und morphologisch nicht mit der Marmorforelle identisch.

Wie bereits oben angeführt, wurde im Atlantikbecken des südlichen Marokko (Drâa-Becken) eine isolierte Reliktpopulation einer stammesgeschichtlichen Linie entdeckt, welche bereits vor der Entwicklung der drei phylogenetischen Hauptlinien existierte und vor etwa 1,2 Mio. Jahren entstand. Nach ihrem Fundort wird diese Linie **Dades** genannt.

Neben diesen genetischen Linien der Europäischen Forelle gibt es noch zwei nah verwandte Arten, die sich vor etwa 4 Mio. Jahren von einem gemeinsamen Vorfahren entwickelt haben. Die Aufspaltung in die zwei, nur auf dem Balkan beheimateten Arten, Weichmaulforelle (*Salmo obtusirostris*) und Ohridforelle (*Salmo ohridanus)*, geschah vor zirka 2 Mio. Jahren.

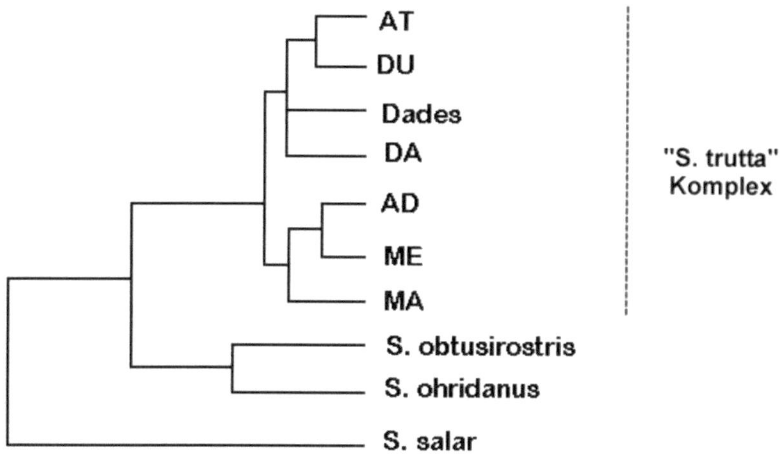

Stammbaum der Gattung *Salmo*

Literatur: Osinov, 1984; Bernatchez et al., 1992; Taberlet et al., 1998; Hewitt, 2000; Bernatchez, 2001; Suárez et al., 2001; Hewitt, 2004; King et al., 2007; Snoj et al., 2011.

4. Postglaziale Besiedelung Nordeuropas

Die mehrmalige Wiederbesiedelung Nordeuropas fand im Verlauf der wärmeren Perioden statt, nicht immer aus den weiter südlich gelegenen Rückzugsgebieten. Je nach Vereisungsgrad gab es mehr oder weniger große eisfreie Zonen auch im Norden Europas. So waren der Süden Englands sowie der Süden und der Südwesten Irlands sogar zur Zeit der letzten maximalen Vergletscherung eisfrei. Bedingt durch die Senkung des Meeresspiegels waren die Landmassen bedeutend ausgedehnter als heute. Wie Ergebnisse genetischer Untersuchungen erkennen lassen, wurde das nördliche Atlantikbecken Europas von verschiedenen Forellengruppen des Atlantikstammes kolonialisiert, die in mehreren eiszeitlichen Refugien während der einzelnen Kaltzeiten immer wieder eine isolierte Entwicklung durchliefen, um dann in den Warmzeiten erneut miteinander in Kontakt zu treten. Nach der letzten Vereisung verbreiteten sich die Forellenpopulationen aus einem nordwestlichen (Westeuropa nördlich der Pyrenäen bis südlich von England), einem zentralen (Mitteleuropa nördlich der Alpen) und aus einem nordöstlichen Refugium (nördliches Osteuropa). Weitere Refugien vermutet man im südlichen Westen Irlands und auf den Territorien des heutigen Keltischen Meeres und der Nordsee. Vor der letzten Vereisung, vor wenigstens 200.000 Jahren, existierte auch ein Genfluss aus einem südwestlichen Refugium (Iberische Halbinsel). Zunächst ging man davon aus, dass am Ende der letzten Eiszeit der Norden und Nordwesten Europas zuerst von der so genannten „Urrasse“ besiedelt wurde, welche aus einem nordwestlichen Refugium stammte. Später verbreitete sich die „moderne Rasse“ aus einem zentralen oder nordöstlichen Refugium und ersetzte die „Urrasse“ in jenen Gewässern, wo sie Zugang hatte. Die „Urrasse“ findet man daher oft oberhalb von unüberwindbaren Wasserfällen, die sich infolge der postglazialen Landhebung und Erosion bildeten. Neuere Erkenntnisse legen jedoch nahe, dass die postglaziale Wiederbesiedelung Nordeuropas bedeutend komplexer und eine weit größere Anzahl genetisch unterschiedlicher Gruppen involviert war. Bei der postglazialen Rückeroberung der wieder eisfrei gewordenen Gebiete kam es gelegentlich zu sekundären Kontaktzonen zwischen ökologisch spezialisierten Populationen. In einigen Seen Skandinaviens und der Britischen Inseln entstanden so sympatrische Populationen, deren Verhalten, bestimmte Laichplätze aufzusuchen, die reproduktive Isolation aufrecht erhält.

Literatur: Hamilton et al., 1989; Hynes at al., 1996; García-Marín et al., 1999; Weiss et al., 2000; Aurelle & Berrebi, 2001; Aurelle et al., 2002; Cortey et al., 2009; McKeown et al., 2010.

5. Geografische Einheiten

5.1. Zentraleuropas Atlantikbecken

Diese Region umfasst die Einzugsbereiche von Atlantik, Nordsee und Ostsee von Frankreich im Westen bis Polen im Osten. Hier befinden sich die bereits frühzeitig industrialisierten Räume und die am dichtesten besiedelten Gebiete des Kontinents. Die anthropogenen Einflüsse auf die Forellenbestände und deren Biotope haben in diesem Teil Europas wohl die deutlichsten Spuren hinterlassen. Die Verbauung der Fließgewässer, die Wasserverschmutzung durch Industrie- und Haushaltsabwässer ebenso wie die der Landwirtschaft durch Düngemittel und Pestizide verschlechterten den ökologischen Zustand der Binnengewässer. Während des letzten Jahrhunderts gingen die meisten Fischbestände drastisch zurück. Viele Forellenvorkommen wurden durch Biotopverschlechterung oder aufgrund fehlender Laichmöglichkeiten ausgelöscht. Die zahlenmäßig geschwächten Restpopulationen hielten oft dem fischereilichen Druck nicht stand. Zur Sicherung und Steigerung der kommerziellen und angelfischereilichen Erträge wurde schon vor mehr als 150 Jahren mit der künstlichen Reproduktion und dem Fischbesatz begonnen. Die jahrzehntelangen intensiven Besatzmaßnahmen haben zum Verlust der natürlichen genetischen Vielfalt der Forellenpopulationen geführt. Erst in den letzten Jahren ist man bestrebt, sich selbst erhaltende Populationen zu etablieren. Die ursprünglichen autochthonen Forellen und somit der lokal angepasste Genpool gingen jedoch in den meisten Fällen unwiederbringlich verloren. In jüngerer Zeit versucht man, noch rein erhalten gebliebene autochthone Populationen ausfindig zu machen, um Laichfische für den Wiederaufbau bereitzustellen. An manchen Orten wurde man tatsächlich fündig. Ein erstaunliches Beispiel bietet die „Zwergpopulation“ eines kleinen Baches im Einzugsgebiet der Dender in Belgien. In diesem naturbelassenen Gewässer nahe der Ortschaft Brakel, etwa 50 km westlich von Brüssel, konnte erst kürzlich eine autochthone Restpopulation ausgemacht werden. Der Bach schlängelt sich durch ein kleines Waldstück, ist nur wenige Zentimeter tief und kaum breiter als einen halben Meter. Die Forellen werden hier selten länger als 12 cm. Mit dieser Größe sind sie zwei bis drei Jahre alt und somit geschlechtsreif. Sie bewohnen das Gewässer in Gemeinschaft mit Koppen und Neunaugen. Für Angler war dieser unscheinbare Bach niemals von Interesse, zumal dichte Ufervegetation den Zugang erschwert, die Forellen klein sind und die Populationsdichte sehr gering ist. Besondere Schutzmaßnahmen sollen den Fortbestand nun sichern.

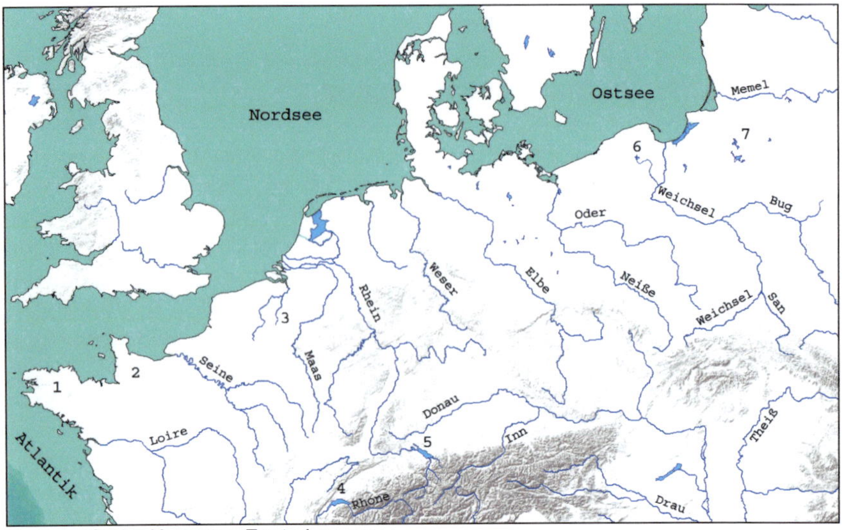

Hydrografische Karte von Zentraleuropa

1 Bretagne, 2 Cotentin (Normandie), 3 Dender (Schelde), 4 Genfer See, 5 Bodensee, 6 Wdzyzde-See, 7 Masuren und Suwalki-Land;

Die Meerforellen sind, wie alle Wanderfische, die ersten Opfer von Flussdegradierungen. Selbst wenn noch intakte Laichareale in den Oberläufen und Quellregionen vorhanden sind, beibt den laichbereiten Meerforellen der Zugang zu diesen oft durch Dämme oder kontaminiertes Wasser in den Unterläufen versperrt. So sind Anfang des 20. Jahrhunderts Lachs und Meerforelle aus fast allen Flüssen verschwunden. Die etwas widerstandsfähigeren Meerforellen konnten in den Flüssen der Bretagne, der Normandie und der östlichen Cotentin-Halbinsel überleben. Seit rund drei Jahrzehnten laufen, vor allem in Deutschland, Wiederansiedelungsprogramme für Lachs und Meerforelle. Die Wasserqualität des Rheins und vieler anderer Flüsse Deutschlands hat sich in letzten Jahren deutlich verbessert. Die Errichtung von Fischtreppen ermöglicht es den Wanderfischen, wieder über die Staustufen hinweg weiter aufzusteigen. So mehren sich bis heute die Erfolgsmeldungen über die Rückkehr von Meerforellen zu ihren „angestammten“ Laichgewässern.
Zu den Wanderfischen gehören auch die Seeforellen des Bodensees. Ihre wichtigsten Reproduktionsgebiete befinden sich im Alpenrhein und seinen Zubringern. Hier wird die Seeforelle auch Rheinlanke genannt. Weitere Seezuflüsse, in die die Seeforellen zum Laichen aufsteigen, sind die Ill und die Bregenzer Ach sowie einige kleinere Zuflüsse, wie Rotach, Steinach und Goldach.

Aufstiegshindernisse, wie Wehre für Mühlwerke, unzureichende Wasserqualität oder zu geringer Wasserstand infolge von Grundwassersenkung machten jedoch schon früh viele der kleineren Zubringer als Laichgewässer unbrauchbar. Mit dem Bau des Kraftwerkes Reichenau am Alpenrhein (1959 bis 1962) begann der endgültige Rückgang der Seeforellenbestände. Zudem wurde 1978 das Mindestfangmaß für Seeforellen von 45 cm auf 35 cm reduziert, mit dem Resultat, dass die Laichreife nicht mehr erreicht wurde. Als Folge davon brach gegen Ende der 1970er Jahre der Bestand im See zusammen und an den wenigen noch zugänglichen Laichplätzen blieben die fortpflanzungsfähigen Fische bis auf vereinzelte Individuen aus. Der Besatz mit Regenbogenforellen sollte den Verlust kompensieren. Aufgrund dieser dramatischen Entwicklung wurde Anfang der 1980er Jahre, gerade noch rechtzeitig, ein grenzüberschreitendes Sanierungsprogramm ins Leben gerufen. Weitgehend zeitgleich verschärfte man die Schonbestimmungen im See, baute die Aufstiegshindernisse in den Zuflüssen ab und verbesserte die Beschaffungsmöglichkeiten für autochthones Besatzmaterial. Das Schonmaß wurde auf 50 cm erhöht und damit gewährleistet, dass wenigstens 20% aller Seeforellen die Fortpflanzungsfähigkeit erlangen. Zudem wurden zeitlich und räumlich begrenzte Schongebiete vor den Mündungen verschiedener Laichflüsse ausgewiesen. Mit dem Bau der Fischtreppe beim Kraftwerk Reichenau im Jahre 2000 können die Seeforellen auch wieder die Laichgebiete im Vorder- und Hinterrhein aufsuchen. All diese Schon- und Fördermaßnahmen blieben nicht ohne Erfolg. Die Fangerträge im See stiegen bald wieder an und in mehreren Zuflüssen kommen heute Seeforellen in beachtlichen Zahlen zur Fortpflanzung.

In Polen sind die Fließgewässer schon seit Langem ähnlichen anthtropogenen Einflüssen unterworfen wie in den westlichen Ländern. So sind der Oberlauf der Oder und einige seiner Zuflüsse durch Industrie, Bergbau und urbane Abwässer verschmutzt, der Unterlauf wird hauptsächlich durch Landwirtschaft und Städte beeinträchtigt. Die letzte originale Lachspopulation Polens befand sich im Drawa-Fluss im unteren Becken der Oder. Die Population verschwand Ende der 1980er Jahre, obwohl schon seit den 1950ern versucht wurde, den Bestand durch Kompensationsbesatz zu stärken. Überfischung in der Ostsee, Befischung während des Laichaufstiegs und die Wilderei an den Laichplätzen haben maßgeblich zur Ausrottung der Lachse beigetragen. Dasselbe Schicksal war den meisten Populationen von Meerforellen beschieden. Intensive Besatzmaßnahmen seit den 1960ern verbesserten die Situation in etlichen Gewässern Polens, wenngleich der Laichzug noch in vielen Flüssen durch Dämme mit nicht

funktionierenden Fischtreppen behindert wird. Die Besatzfische stammen zumeist aus dem unteren Weichsel-Einzugsgebiet und aus der Reda. In diesen Zubringern der Danziger Bucht blieb eine relativ stabile natürliche Reproduktion erhalten. In der Weichsel unterscheidet man zwei Meerforellenstämme: Winter- und Sommerstamm. Fische, die dem Sommerstamm angehören, beginnen den Laichaufstieg im Juni. Die Laichwanderung nimmt in den folgenden Monaten an Intensität zu und endet im Oktober. Die ersten Exemplare des Winterstammes erscheinen im September in der Weichselmündung. Die intensivste Wanderung flussaufwärts setzt im November ein und dauert bis zum Januar. Meerforellen des Sommerstammes laichen im selben Jahr, in dem ihre Wanderung beginnt, die des Winterstammes erst im darauf folgenden Herbst. In Polen halten sich die jungen Meerforellen ein bis drei Jahre in den Flüssen auf, bevor sie mit einer Körperlänge zwischen 11 und 30 cm ins Meer wandern. Wie man anhand markierter Individuen feststellte, durchstreifen die Meerforellen aus den polnischen Flüssen die ganze Ostsee bis in den Bottnischen Meerbusen und erreichen sporadisch sogar den Skagerrak. Nach ein bis vier Jahren kehren sie in die Flüsse zurück, der überwiegende Teil nach zwei bis drei Jahren. Die Meerforellen der Weichsel weisen nach einem Jahr im Meer eine Länge von 45 bis 55 cm auf, nach zwei Jahren 63 bis 70 cm, nach drei Jahren 75 bis 81 cm und nach dem vierten Jahr mehr als 100 cm. Im Dezember 1962 wurde ein weibliches Exemplar mit einer Länge von 107,5 cm und einem Gewicht von 19,2 kg gefangen.
Stationäre Forellenpopulationen bzw. Bachforellen findet man in Polen im Süden in den Bächen und Flüssen der Sudeten, der Karpaten und des Krakau-Tschenstochauer Jura sowie im Norden in den Flüssen von Mittel- und Westpommern, in einigen Flüssen von Ermland, der Masuren und des Suwalki-Landes. Unberührte autochthone Bachforellenpopulationen sind als Folge der intensiven Besatztätigkeit kaum mehr vorhanden. Vor wenigen Jahren fand man allerdings eine autochthone Population in einem kleinen Bach der Karpaten (Kobylok-Bach), oberhalb eines für Forellen unpassierbaren Wasserfalls. In diesen Zufluss der Raba (Weichsel-Becken) wurden niemals Besatzfische eingebracht. Die Forellen des Kobylok-Baches werden nun gezüchtet, um authentisches Besatzmaterial für andere Gewässer der Region zu erhalten. Mehr als fragwürdig ist jedoch die Benennung als eigene Unterart: *Salmo trutta dorothea.*

Bachforelle, ~100 mm, Zufluss-Dender (Schelde-Becken), Foto: Dominic De Bruyn

Bachforelle, ~320 mm, Zufluss-Bregenzer Ach (Rhein-Becken), Foto: Nikolaus Schotzko

Seeforelle, ~640 mm, Bodensee-Bregenzer Ach (Rhein-Becken), Foto: Nikolaus Schotzko

Bachforelle, Dunajec (Weichsel-Becken, Polen), Foto: Mirosław Pieślak

Bachforelle, Charentonne, Zufluss-Risle (Normandie, Frankreich), Foto: Pierre Affre

Meerforelle, Touques (Normandie, Frankreich), Foto: Pierre Affre

Bregenzer Ach, Bodensee-Zufluss (Rhein-Becken, Österreich), Foto: Nikolaus Schotzko

Dunajec (Weichsel-Becken, Polen), Foto: Clemens Ratschan

Seeforellen kommen in sieben Seen der Kasubischen Seenplatte vor. Die meisten leben im Wdzydze-See. Der etwa 14 km² große, bis zu 68 m tiefe und stark verzweigte See liegt im Einzugsbereich der Weichsel. Die Seeforellen wandern zum Laichen in zwei der Zuflüsse. Im Frühjahr halten sie sich in der Litoralzone des Sees auf, wo sie sich von den dort laichenden Rotaugen ernähren. Von Sommer bis Herbst bleiben sie in den tieferen Wasserschichten und ernähren sich hauptsächlich von Barschen und Lauben. Im Winter kehren die Seeforellen wieder in die seichteren Stellen des Sees zurück. Der Stamm des Wdzydze-Sees wird aufgrund seines guten Wachstums zum Besatz verschiedener Stauseen verwendet. Die größte jemals im See gefangene Forelle war über 90 cm lang und 7,1 kg schwer. Ein Männchen aus dem Solina-Stausee wog beinahe doppelt so viel (14 kg).

Literatur: Solewski, 1962; Rulé et al., 1984; R. Bartel, 1988; Keith & Allardi, 1996; Rulé, 1996; Radtke, 1999; Rulé et al., 2005; Dirksmeyer et al., 2011.

5.2. Fennoskandinavien

Fennoskandinavien, geologisch dem Baltischen Schild zugehörig, umfasst die skandinavische Halbinsel, Finnland, Karelien und die Halbinsel Kola.

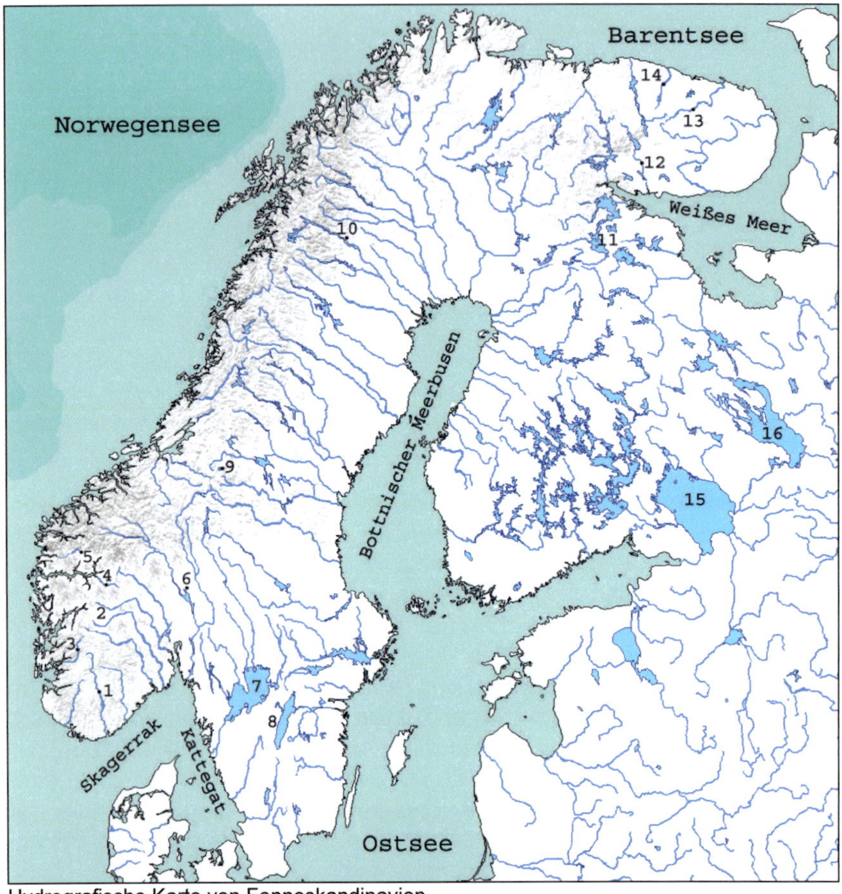

Hydrografische Karte von Fennoskandinavien

1 Otra, 2 Hardangervidda-Plateau, 3 Suldalsløgen, 4 Lärdalselva, 5 Jølstravatnet, 6 Mjøsa, 7 Vännern, 8 Vättern, 9 Bunnersjöarna, 10 Lulejaure, 11 Pjaozero, 12 Umba, 13 Jokanda, 14 Harlovka, 15 Ladogasee, 16 Onegasee;

Fennoskandinavien und das Baltikum waren bis vor 10.000 Jahren von Eis bedeckt. Das Abschmelzen der Eismassen, die die Erdkruste niedergedrückt hatten, führte zu einer allmählichen Anhebung der skandinavischen Halbinsel um 800 m. Dabei entstanden hohe Wasserfälle, die die zuerst zugewanderten Forellenpopulationen von den später nachfolgenden isolierten. Nach dem Rückzug der Eisdecke stiegen die Temperaturen rapide an und lagen während der folgenden 6.000 Jahre bis zu 3° C über dem heutigen Durchschnitt. Nach einer erneuten Abkühlung, die etwa 1.000 Jahre anhielt, folgten wärmere und kühlere Perioden, mit den tiefsten Temperaturen während der kleinen Eiszeit (ca. 1550 bis 1850). Die Lebensräume und die Wanderrouten der Forellen waren im Verlauf der postglazialen Perioden erheblichen Veränderungen unterworfen. Das Verbreitungsgebiet der Forellen wurde wiederholt reduziert, wodurch es zu Populationsengpässen oder zur Auslöschung von Populationen kam, mit anschließender Wiederbesiedelung vieler Gewässer. Diese Dynamik beeinflusste maßgeblich die genetische Vielfalt der skandinavischen Forellen.

Die Forellenpopulationen Skandinaviens können nach ihrer Verbreitung in zwei Gruppen geteilt werden:

a) Populationen aus Gewässern mit Zugang vom und zum Meer – Küstenpopulationen.
b) Populationen aus isolierten Binnengewässern, wo Barrieren (Wasserfälle) den Zugang vom Meer verhindern – Binnenpopulationen.

Wenngleich diese Einteilung im gesamten Verbreitungsraum der anadromen Wanderform Anwendung findet, ist sie in Skandinavien aufgrund der markanten Landhebung von besonderer Bedeutung.

Die Küstenpopulationen variieren von stationären Süßwasserformen über gemischte Populationen mit anadromen und stationären Formen bis zu hauptsächlich anadromen Populationen. Je nach Gewässer können anadrome und stationäre Tiere separate oder gemeinsame Laichplätze benutzen. Wenn sie am selben Ort laichen, kommen die stationären Weibchen später zur Eiablage, um eine Überlagerung durch die größeren anadromen Weibchen, die tiefere Nester graben, zu vermeiden. Meerforellen wachsen schneller als residente Formen und verfügen über mehr Energie- und Fettreserven zur Gonadenentwicklung, jedoch haben residente Weibchen größere Eier im Vergleich zu gleich großen anadromen Weibchen. Diese Adaption dient offensichtlich dazu, den Konkurrenzkampf der jungen residenten Forellen mit den Nachkommen der meist größeren Meerforellen auszugleichen. In vielen Flüssen laichen die Meerforellen in den unteren Abschnitten und deren Zuflüssen, während die stationären Forellen die oberen Abschnitte benutzen, wobei es zu einer gewissen Überschneidung in den mittleren Abschnitten kommen kann. Anadrome und residente Forellen, die dieselben Laichareale benutzen, sind genetisch ident, gehören also derselben Population an. Genetische Unterschiede bestehen immer zwischen den Populationen verschiedener Flüsse. Eine bedeutend größere genetische Differenz findet man aber zwischen zwei geografisch getrennten Populationen eines Flusses, unterhalb und oberhalb unüberwindbarer Barrieren. Die meisten Meerforellen wandern mit einem Alter von zwei oder mehr Jahren und einer Größe von 12 bis 25 cm ins Salzwasser. In Regionen mit relativ geringem Salzgehalt, wie in der Ostsee, können die Jungfische bereits mit einem Jahr und einer Länge von 6 bis 8 cm ins Meer wandern. Das Alter bei der ersten Wanderung ins Salzwasser variiert sowohl innerhalb der Populationen als auch zwischen diesen. Innerhalb der Population sind langsam wachsende Tiere meist älter und größer, wenn sie ins Meer wandern, als schneller wachsende Individuen. An der europäischen Atlantikküste nimmt das Alter der ersten Meerwanderung von Norden nach Süden kontinuierlich ab. In Norwegen, um den 70. Breitengrad, wandern die Forellen mit einem Alter von 4 bis 6 Jahren ins Meer, im südlichen Norwegen (50. bis 60. Breitengrad) in der Regel mit 2 bis 3 Jahren, ebenso in Dänemark und auf den Britischen Inseln. In Frankreich und in Spanien findet die erste Meerwanderung gewöhnlich im Alter von 1 bis 2 Jahren statt. Die Tiere bleiben bis zum Eintritt der Geschlechtsreife im Meer, in Norwegen 3 bis 4 Jahre, in Frankreich und Spanien nur 1 bis 2 Jahre. Die Lebensdauer der Meerforellen nimmt mit steigenden Wassertemperaturen ab. In südlichen Gewässern (43° - 50° N) werden die meisten Meerforellen nicht älter als 5 Jahre, im Norden (68° - 70° N) leben sie ungefähr 10 Jahre. Wie auch bei anderen Salmonidenarten sinkt die Lebenserwartung mit steigenden Wachstumsraten.

Im Meer nehmen die Forellen eine für pelagisch lebende Fische typische Tarnfärbung an, mit silbrigen oder silbrig-grauen Flanken, dunklem Rücken, weißem Bauch und schwarzen Flecken. Die Entfernungen, die Forellen im Salzwasser zurücklegen, sind sehr unterschiedlich. Manche Tiere halten sich nur in der Flussmündung auf, andere bewegen sich im Küstenbereich, einige schwimmen sogar hunderte Kilometer über das offene Meer. In Norwegen bleiben die Meerforellen gewöhnlich in den Fjorden.

Meerforelle beim Laichzug, Suldalsløgen (Westnorwegen)

Bachforelle, ~220 mm, mit marmorierter Zeichnung, Otra (Südnorwegen)

Bachforelle, ~260 mm, mit gewöhnlicher Zeichnung, Otra (Südnorwegen)

Seeforelle mit kleingefleckter Zeichnung, Svartavasstjønn-See (Hardangervidda-Plateau)

Bachforelle, ~220 mm, Fluss (Südnorwegen)

Bachforelle, Yokanga-Becken (Kola-Halbinsel), Foto: Clemens Ratschan

Seeforelle, männlich, aus einem kleineren See (Südnorwegen)

Seeforelle, juvenil, ~250 mm, Mjøsa See Zufluss (Südnorwegen)

Unter den isolierten Binnenpopulationen Skandinaviens gibt es eine Forellenform mit atypischem Farbmuster, die nur in gewissen Abschnitten des Otra-Flusses vorkommt. Die außergewöhnliche Variabilität der Färbung innerhalb dieser Population ist schon seit mehr als 100 Jahren bekannt. Neben Individuen mit normaler Fleckenzeichnung, mit roten und schwarzen Flecken, findet man Exemplare mit einer marmorierten Zeichnung, ähnlich der Marmorforelle aus dem adriatischen Raum, zusammen mit einer großen Anzahl von Übergangsformen. Die Häufigkeit der verschiedenen Farbvarianten unterscheidet sich je nach Lokalität. Während in einigen Flussabschnitten die atypische Form völlig fehlt, dominiert sie an anderen Plätzen. Die Otra ist ein 245 km langer Fluss in Süd-Norwegen. Sie entspringt im oberen Setesdal, durchfließt zwei große Seen und mündet bei Kristiansand in die Nordsee. Nur wenige Kilometer von der Mündung landeinwärts bildet der Wasserfall Vigelandsfossen eine natürliche Barriere für vom Meer aufsteigende Fische. Mehrere Hypothesen zur Erklärung des Auftretens der marmorierten Form wurden aufgestellt. Zwei Hypothesen erklären die marmorierte Forelle der Otra als Hybrid zwischen zwei Arten: die erste zwischen der heimischen Forelle und dem eingeführten Bachsaibling (*Salvelinus fontinalis*), die zweite zwischen Forelle und dem in der Otra ansässigen Binnenlachs (*Salmo salar*). Beide Theorien konnten widerlegt werden. Neuere Untersuchungen deuten darauf hin, dass die Otra von zwei oder mehreren verschiedenen genetischen Linien des Atlantikstammes besiedelt wurde, welche sich allmählich vermischten.

Nördlich des Ursprungs der Otra befindet sich das Hardangervidda-Plateau, die größte Hochebene Europas. Hier liegen die zwei abgelegenen Seen Svartavasstjønn (50 ha) und Svartavatn (120 ha) ziemlich isoliert in der Quellregion eines Flusssystems, das über den Numedalslågen in den Skagerrak entwässert. In diesen durch einen etwa ein Kilometer langen Flusslauf verbundenen Seen leben drei morphologisch unterschiedliche Forellenformen. Eine Form zeigt eine ungewöhnlich hohe Anzahl kleiner schwarzer Flecken an den Seiten und an den Kiemendeckeln. Diese Tiere haben auch 4 bis 7 schwarze Flecken rund um die Pupille des Auges. Die zweite Form trägt eine normale Anzahl großer schwarzer Flecken an den Flanken und an den Kiemendeckeln, es fehlen jedoch die schwarzen Flecken um die Pupille. Die dritte Form stellt eine Zwischenstufe zwischen den zwei ersten Formen dar, mit großen Flecken entlang der Seiten und mehreren schwarzen Flecken um die Pupille. Ähnlich wie für die Situation in der Otra nimmt man auch hier an, dass zwei verschiedene genetische Linien einwanderten, wobei die Form mit den kleinen Flecken einem älteren Stamm angehört. Diese Form macht im Svartavasstjønn 35%

der Population aus, im Svartavatn nur 16%. In den letzten Jahrzehnten hat sich ihr Bestand stark verringert, wodurch man heute bestrebt ist, diese Form durch künstliche Nachzucht vor dem Aussterben zu bewahren. Erstmals berichtet SØMME, der viele Jahre lang die Forellen Norwegens studierte, 1941 über die klein gefleckte Forelle, die zu jener Zeit noch in einigen anderen Seen der Region vorkam. Die Bedrohungen für den Fortbestand sind unterschiedlicher Natur. Das Laichareal beschränkt sich auf weniger als 20 m² und der saure Regen senkt den pH-Wert unter 5, was besonders für Jungfische tödlich ist. Überdies setzte man in die Gewässer einige Kilometer flussabwärts Elritzen und Seesaiblinge ein. Beide Arten treten mit den Forellen in Nahrungskonkurrenz und könnten bei ihrem wahrscheinlichen Vordringen die Forellenbestände weiter verringern.
In mehreren Seen Schwedens findet man reproduktiv isolierte Subpopulationen, die sich genetisch und oft auch ökologisch, jedoch nicht immer morphologisch unterscheiden. In solchen Fällen spricht man auch von Zwillingsarten. Eines der bekanntesten Beispiele dafür sind die Forellen des oligotrophen Gebirgssees Bunnersjöarna im südwestlichen Nordschweden. Eigentlich handelt es sich, wie der schwedische Name (Plural) anzeigt, um zwei Seen, die durch einen 50 m langen und etwa 1 m tiefen Kanal verbunden sind. Beide Seen haben eine Fläche von ca. 40 ha, der südliche ist sehr flach (0,5 bis 1,5 m), der nördliche etwas tiefer (1 bis 5 m). Zwei sympatrische Populationen (Subpopulationen) mit kompletter reproduktiver Isolation bewohnen diese Gewässer. Obwohl sich die Populationen deutlich im Wachstum unterscheiden, lassen sich keine signifikanten Unterschiede in der Morphologie oder in der Ernährungsweise feststellen. Eine der Populationen laicht im Zufluss, der vom Süden kommt. Der Anteil dieser Population ist im südlichen See größer. Die andere Population sucht den Abfluss im Norden zum Laichen auf. Ihr Anteil ist größer im nördlichen See. Über den Ursprung der zwei Populationen gibt es verschiedene Spekulationen. Als plausibelste Erklärung erscheint die, dass eine der Populationen die letzte Vereisung isoliert in einem Refugium der nördlichen Region überdauerte, während die zweite Population einer weit verbreiteten Linie angehört, die in niedrigeren Breiten die Eiszeit überlebte und erst in jüngerer Zeit zuwanderte. Die geschätzte Dauer der evolutionären Isolation der zwei Populationen beträgt etwa 125.000 Jahre. Diese Zeit stimmt mit dem Beginn der letzten Vereisung in dieser Region überein. In großen Seen mit vielen Zuflüssen, wie dem Lulejaure-See in Nord-Schweden, können gleich mehrere reproduktiv isolierte Subpopulationen vorkommen, da jede genetische Einheit in einem bestimmten Zufluss ablaicht. Ebenso kennt man Populationsaufsplitterungen aus größeren Flusssystemen.

Der überwiegende Teil des Koutajoki-Flusssystems liegt in Russland (Karelien). Einige größere Zuflüsse kommen aus dem nordöstlichen Finnland und fließen in den Pjaozero-See, welcher ins Weiße Meer entwässert. Allein im finnischen Teil dieses Flusssystems fand man fünf genetisch unterscheidbare Populationen mit drei separaten Laichgewohnheiten. Die Gewässer der Tundrengebiete im äußersten Norden Skandinaviens und auf der Kola-Halbinsel weisen eine vom Humus bräunliche Färbung auf. Die Forellen dort zeichnen sich durch eine braune Grundfärbung und ein fast völliges Fehlen von roten Flecken aus. Viele Flüsse (wie z.B. Jokanga, Umba, Harlovka) entspringen aus flachen Tundrenseen, die sich im Polarsommer stark erwärmen, daher gibt es sehr großwüchsige und korpulente Fische.
Das östliche Fennoskandinavien fungierte als postglaziale Kontaktzone zwischen Forellenpopulationen verschiedener eiszeitlicher Refugien. Am Ende der letzten Eiszeit dehnte sich über das Becken des heutigen Weißen Meeres und Teile Kareliens ein riesiger Eisstausee aus. Vor etwa 12.000 Jahren barst die Eisbarriere und ein Großteil des Wassers floss innerhalb nur kurzer Zeit in die Barentsee. In nicht mehr als 300 Jahren sank der Wasserspiegel des Weißmeerbeckens um mindestens 62 m. Vor rund 11.600 Jahren sank auch der Wasserspiegel des Baltischen Eisstausees, auch Ancylussee genannt, nachdem das Eis den Weg in Richtung Kattegat freigegeben hatte. Die ehemals schmale Landbarriere zwischen den heutigen Becken des Weißen Meeres und der Ostsee wurde sukzessive von unterschiedlichen Forellenstämmen besiedelt: zuerst aus dem Westen zur Zeit des Ancylussees und später aus dem Becken des Eisstausees des Weißen Meeres. Infolge der nacheiszeitlichen Landhebung verlagerte sich die Abflussrichtung vieler Gewässersysteme von West nach Ost, sodass die westlichen Zuwanderer in das Becken des Weißen Meeres gelangten. Gleichzeitig isolierten die durch die Landhebung entstandenen Wasserfälle die meisten Populationen der ersten Einwanderungswelle von jenen der zweiten. So unterscheiden sich die anadromen Forellenpopulationen der Kolahalbinsel genetisch deutlich von den Seepopulationen Kareliens, da sie aus verschiedenen Refugien stammen.
Einige Seen im Süden der Skandinavischen Halbinsel beherbergen besonders großwüchsige Forellen, wie Norwegens größter See, der Mjøsa, oder die beiden größten Seen in Schweden, Vänern und Vättern. Diese Seeforellen ernähren sich ab einer Größe von 20 bis 25 cm fast ausschließlich von den hier massenhaft auftretenden Binnenstinten (*Osmerus eperlanus*) und können so ein Gewicht von mehr als 20 kg erreichen. Im Jølster-See im Westen Norwegens, wo Beutefische wie Stinte, fehlen, steht den großwüchsigen Forellen eine kleinwüchsige, planktonfressende Forellenpopulation als Nahrungsquelle bereit.

Lärdalselva – ein guter Lachs- und Meerforellenfluss im Westen Norwegens

Otra (Mittellauf) – hier kommen marmorierte und gewöhnlich gezeichnete Forellen vor

Umba – im Süden der Kola-Halbinsel, Foto: Clemens Ratschan

An der südöstlichen Grenze Fennoskandinaviens befindet sich der größte See Europas, der Ladogasee. Seine Wasserfläche beträgt beinahe 18.000 km² und seine maximale Tiefe liegt bei 230 m. Das Seebecken bildete sich mit dem Abschmelzen der Gletscher vor rund 15.000 Jahren. Der Ladogasee entwässert über die Newa in die Ostsee. Einer seiner Hauptzuflüsse, der Swir, kommt aus dem nur etwa halb so großen und bis zu 120 m tiefen Onegasee, dem zweitgrößten See Europas. Nahezu 50 Fischarten leben in diesen Seen und ihren Zuflüssen, davon zahlreiche Salmonidenarten: mehrere zum Teil endemische Arten bzw. Unterarten von Coregonen, eine Saiblingsart (*Salvelinus lepechini*), die Europäische Äsche (*Thymallus thymallus*), der Atlantische Lachs (*Salmo salar*) sowohl als Wanderform als auch als stationäre Süßwasserform (*Salmo salar* morpha *sebago*, gemäß traditioneller Klassifikation). Seeforellen (*Salmo trutta*) kommen in beiden Seen vor, im Ladogasee jedoch seltener als der Binnenlachs. Laut Berg (1948) werden die Seeforellen im Ladogasee 5 bis 6 kg schwer, im Onegasee bis zu 8 kg. Im Frühjahr, vereinzelt auch im Sommer und von September bis Oktober steigen die Seeforellen in die Zuflüsse auf, um im Herbst desselben Jahres zu laichen. Ein Teil der Herbstaufsteiger besitzt noch unreife Gonaden und laicht erst im folgenden Jahr ab. Nach Berg (1948) zeigen einige Seeforellen charakteristische Merkmale, die auf die Möglichkeit hindeuten, dass es gelegentlich zur Kreuzung zwischen Binnenlachsen und Seeforellen kommt. Der Bau von Wasserkraftwerken, die Holzflößerei in den Zuflüssen sowie die Überfischung und andere Faktoren haben die Bestände vieler Fischarten des Ladogasees in den letzten Jahrzehnten empfindlich dezimiert. Vor allem die Salmoniden leiden unter der Eutrophierung verursacht durch Abwässer und die Wasserverschmutzung durch Industrie und Landwirtschaft. Überall im See wurden organische Chlorverbindungen von Pestiziden und erhöhte Konzentrationen von Schwermetallen wie Kupfer und Zink nachgewiesen. Verschiedene planktische und benthische Lebewesen sind während der letzten paar Jahrzehnte verschwunden. Einige der am schlimmsten betroffenen Areale konnten sich allerdings wieder erholen, nachdem in 1980er Jahren mehrere Zellstoff- und Papierfabriken geschlossen wurden.

Auch in Skandinavien gingen viele der ursprünglichen Forellenpopulationen verloren oder wurden stark reduziert, und zwar infolge von saurem Niederschlag, Wasserverschmutzung und Flussregulierungen. Zudem wurde durch Besatzmaßnahmen vielerorts der genetische Charakter der wilden Populationen verändert. In etlichen Seen und Flüssen des südlichen Norwegen sind Forellen aufgrund des niedrigen pH-Wertes infolge sauren Regens nicht mehr überlebensfähig. Als

Abhilfemaßnahme setzte man den gegen niedrige pH-Werte resistenteren Bachsaibling (*Salvelinus fontinalis*) ein. Allerdings konnten sich nur wenige selbst reproduzierende Populationen etablieren, zumeist in den Oberläufen von Bächen und kleineren Flüssen. Ein Regierungsprogramm zur Wiederherstellung akzeptabler pH-Werte in den Gewässern Südnorwegens startete im Jahre 1983. Das Einbringen von Kalkmergel erwies sich an manchen Orten als erfolgreich und einige fischleere Seen und Flüsse erhielten so wieder einen gesunden Forellenbestand. Die Restaurierung der anadromen Populationen geschah oft ohne menschliche Unterstützung durch Besatzmaßnahmen, sondern allein infolge natürlicher Zuwanderung aus Populationen benachbarter Flüsse. Vor allem in den größeren Flüssen konnten die Forellen im Gegensatz zum Lachs der Versauerung standhalten. Seit dem Kalken der Flüsse konnten auch wieder Lachse angesiedelt werden. Der kalkhaltige Boden im Setesdal kompensiert die Übersäuerung im Fluss Otra auf natürliche Weise. Erst in seinem Unterlauf, wo Zuflüsse aus huminhaltigen Böden einmünden, fällt der pH-Wert unter 7.

Fjord – im Südwesten Norwegens, Foto: Martin Hochleithner

Literatur: Behnke, 1972; Allendorf et al., 1976; Ryman et al., 1979; Ryman, 1981; Skaala & Jørstad, 1987, 1988; Huusko et al., 1990; Hindar et al., 1991; Skaala, 1992; Skaala & Solberg, 1997; Rumyantsev et al., 1999; Kuntsen & al., 2001; Lumme et al., 2005; Jonsson & Jonsson, 2006; Schöffmann, 2010b; Lunkka et al., 2012.

5.3. Britische Inseln

Der Großteil der Britischen Inseln war während der letzten Eiszeit, ebenso wie weite Teile Nordwesteuropas, von Eis bedeckt. Bei den heute hier lebenden Forellenpopulationen handelt es sich größtenteils um Nachfahren von Meerforellen verschiedener genetischer Linien, die sich in postglazialer Zeit über die Britischen Inseln verbreiteten. Man nimmt an, dass die Wiederbesiedelung von mindestens fünf verschiedenen Refugien ausging: Westfrankreich, Baltikum, Nordsee, Keltische See und Westirland. Die Entwicklung von der anadromen Form zu stationären Fluss- und Seeformen geschah unabhängig in jedem Wassersystem. Nicht alle Nachkommen anadromer Forellen wandern ins Meer. Es ist daher oft nicht möglich, den Unterschied zwischen Meerforellen und Süßwasserformen klar zu definieren. Die wichtigste Eigenschaft der Meerforellen besteht darin, dass sie eher ins Meer wandern als nur in die Unterläufe der Flüsse oder in die Seen. Obwohl genetisch verankert, wird das Wanderverhalten auch maßgeblich von Umwelteinflüssen, wie Nahrungsangebot und Populationsdichte in den Flüssen, gesteuert. Je größer das Nahrungsangebot und somit auch die Wachstumsrate der Fische im Süßwasser ist, desto weniger Individuen wandern ins Meer. So kann in einer Population der Wanderinstinkt latent vorhanden sein, aber nur dann wirksam werden, wenn sich die Umweltbedingungen ändern. Der Ernährungsvorteil im Meer bringt größeres Wachstum und höhere Fruchtbarkeit und wird im Allgemeinen mehr von weiblichen Tieren genutzt als von männlichen. In Populationen, die oberhalb größerer Wasserfälle schon seit vielen Generationen isoliert leben, ging das Wanderverhalten durch Selektion weitgehend verloren. Einst unterschied man zwei Arten der Meerforelle: *Salmo trutta* von der Ost- und Nordküste Großbritanniens und einem kleinen Teil Irlands, *S. cambricus* von den südlichen und westlichen Küstenteilen von England und Wales sowie von den meisten Küstenabschnitten Irlands. Die Unterschiede in Wachstum und Körperbau sind weniger genetisch bedingt als durch Umwelteinflüsse, wie Nahrung und Wassertemperaturen. Heute weiß man, dass sich die Meerforellenpopulationen der einzelnen Flusssysteme sowohl genetisch unterscheiden als auch in ihrer Morphologie, ihrem Wachstumspotenzial und ihrem Verhalten. Diese spezifischen Merkmale jeder Population entstanden durch die Anpassung an die Umweltbedingungen der jeweiligen Gewässer und werden von multiplen Genen in Verbindung mit verschiedenen Umweltfaktoren gesteuert.

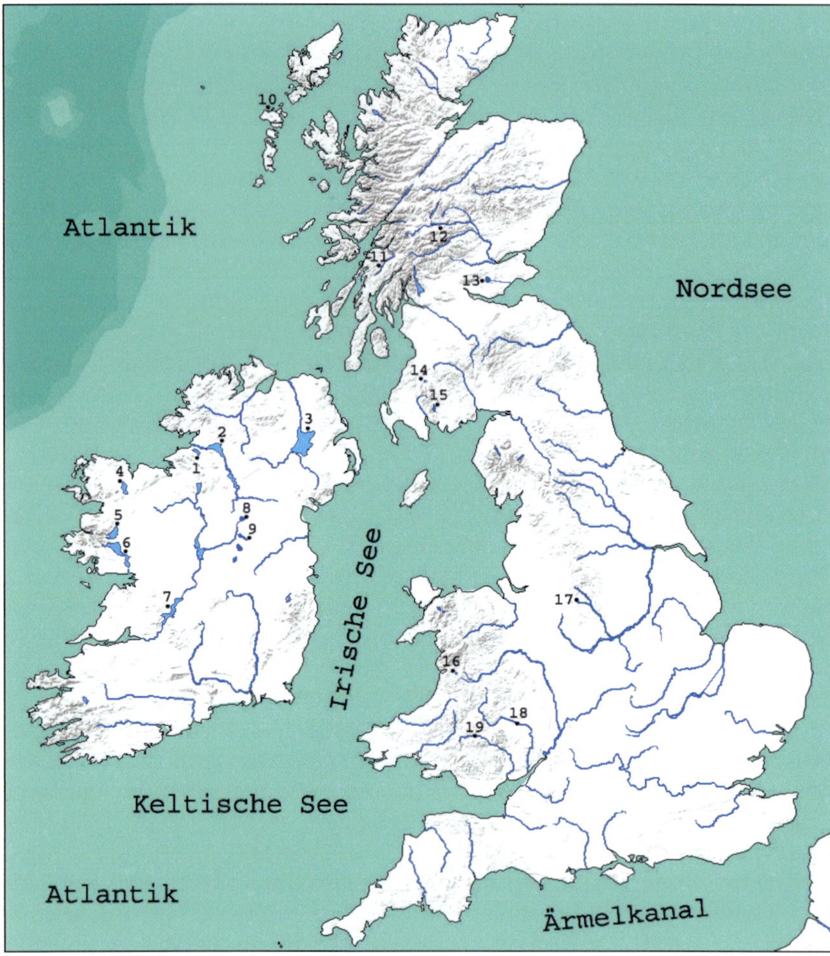

Hydrografische Karte von den Britischen Inseln

1 Lough Melvin, 2 L. Erne, 3 L. Neagh, 4 L. Conn, 5 L. Mask, 6 L. Corrib, 7 L. Derg, 8 L. Sheelin, 9 L. Derravragh, 10 South Uist (Äußere Hebriden), 11 Loch Awe, 12 L. Rannoch, 13 L. Leven, 14 L. Brecbowie, 15 L. Grannoch, 16 Llyn (Bergsee) Bugeilyn, 17 River Lathkill, 18 R. Wye, 19 R. Usk;

Stationäre Süßwasserformen entwickelten sich aus Nachkommen verschiedener Evolutionslinien, die zu unterschiedlichen postglazialen Zeiten das eisfrei gewordene Festland eroberten. Dadurch entstanden oft sympatrische, reproduktiv isolierte Populationen. Eines der bekanntesten und am besten erforschten Beispiele dafür sind die drei Forellenformen des irischen Sees Lough Melvin, von einigen Autoren auch als eigenständige Arten eingestuft. Entsprechend ihrer Häufigkeit unterscheidet man „Sonaghen“ (*Salmo nigripinnis*), „Gillaroo“ (*Salmo stomachicus*) und „Ferox“ (*Salmo ferox*). Diese Formen können klar von einander unterschieden werden, und zwar aufgrund ihrer morphologischen (Färbung, Fleckenzeichnung, Körperbau), meristischen (z. B. Anzahl der Zähne am Pflugscharbein und am Unterkiefer, Anzahl der Kiemenreusendornen) und biochemisch festgelegten genetischen Charaktere. Das Ausmaß der genetischen Unterschiede zwischen den drei Populationen belegt, dass der Grad der Vermischung sehr gering ist. Wahrscheinlich weniger als ein Individuum kreuzt sich jährlich mit einer anderen Form. Diese hohe reproduktive Isolation lässt sich auf die unterschiedlichen Laichareale der einzelnen Populationen zurückführen. Aufrechterhalten wird diese reproduktive Abgrenzung durch das angeborene Verhalten der Fische, an den Ort ihrer Geburt zurückzukehren. Der „Sonaghen“ laicht in den Zuflüssen, der „Gillaroo“ im Abfluss und in der davor liegenden flachen Bucht, möglicherweise auch in ein paar anderen Buchten des Sees. Der „Ferox“ scheint nur in den tieferen Abschnitten des Unterlaufs des Glenariff-Flusses, des größten Zubringers des Sees, zu laichen. Weiter flussaufwärts laicht auch der „Sonaghen“, aber erst später als der „Ferox“. In diesem Fluss liegen ebenfalls die Laichgründe eines besonderen Stammes des Atlantischen Lachses.

Die sympatrischen Forellenformen des Lough Melvin stammen aus verschiedenen glazialen Refugien. Der „Sonaghen“ kommt aus einem Refugium im Westen Irlands, der „Gillaroo“ wahrscheinlich aus einem Refugium im heutigen Keltischen Meer. Der „Sonaghen“ ist silbrig-bläulich gefärbt, mit zahlreichen großen schwarzen Flecken. Wegen seiner schwarzen Flossen wird er auch „black-finned trout“ genannt. Der lateinische Name, *nigri* – schwarz, *pinnis* – Flossen, ist eine direkte Übersetzung dieses Alternativnamens. „Gillaroo“ leitet sich vom gälischen Begriff „giolla rua“ (roter Gefährte) ab und deutet auf die Färbung des Fisches hin: eine hohe Anzahl großer, schwarzer und roter Flecken auf gelblichen Untergrund. Außerdem besitzt der „Gillaroo“, wie schon sein lateinischer Name andeutet, ein besonderes anatomisches Merkmal: verdickte Magenwände, um die Verdauung von hartschaligen Tieren zu erleichtern. Aufgrund der morphologischen Merkmale und des Laichverhaltens (Seeabfluss-Laicher) wurde ein Vorkommen des

„Gillaroo“ auch in einigen anderen Seen Irlands beschrieben (Loughs Neagh, Corrib, Mask, Derg und Conn), wo er aber heute verschwunden oder rar geworden ist. Eine weitgehende genetische Übereinstimmung mit dem Lough Melvin „Gillaroo“ konnte zumindest bei den Forellen des Lough Mask nachgewiesen werden. Der „Ferox“ des Lough Melvin hat einen braunen oder silbrigen Körper mit kleinen schwarzen Flecken. Der Kopf ist relativ lang und der Oberkiefer reicht bis weit hinter das Auge.

Die drei Forellenformen des Lough Melvin unterscheiden sich auch durch ihre Ernährungsgewohnheiten. Während der „Sonaghen“ sich in den mittleren Wasserschichten von Wasserflöhen und Mückenlarven ernährt, bevorzugt der „Gillaroo“, außer im Spätsommer, fast ausschließlich Bodenbewohner der ufernahen Flachwasserzonen, wie Schnecken, Flohkrebse und Köcherfliegenlarven. Beide Formen nehmen auch Insektennahrung von der Wasseroberfläche, jedoch ist der Anteil beim „Sonaghen“ größer als beim „Gillaroo“. Die Nahrung des „Ferox“ besteht ab dem dritten Lebensjahr in erster Linie aus Fisch, wie Barsch, Seesaibling und Forellen. Die Wachstumsrate ist beim „Sonaghen“ geringfügig höher als beim „Gillaroo“. Beide Formen werden kaum älter als 4 bis 5 Jahre. Der „Sonaghen“ erreicht ein Endgewicht von etwa 0,5 kg und der „Gillaroo“ von 1,5 kg. Die Lebensspanne des „Ferox“ beträgt 12 bis 13 Jahre, dementsprechend größer ist auch sein Wachstumspotential. Exemplare mit einem Gewicht von 3 bis 6 kg sind keine Seltenheit.

„Ferox“ kommt vom lateinischen Wort für „wild“ und ist ein weit verbreiteter Name für großwüchsige, spät geschlechtsreif werdende und langlebige Forellen mit räuberischer Lebensweise, welche die Seen von Irland und Schottland bewohnen. Wie genetische Untersuchungen dokumentieren, gehören die Ferox-Forellen einem älteren phylogenetischen Stamm an, der die Britischen Inseln unmittelbar nach dem Rückzug der Gletscher besiedelte und vermutlich in einem Refugium auf dem Gebiet der heutigen Nordsee die letzte Vereisung überdauerte. Allerdings zählen zu dieser stammesgeschichtlichen Linie auch etliche Populationen, die keine charakteristischen Eigenschaften der Ferox-Forellen aufweisen. Dieser „Urstamm“ wurde großteils von den später eindringenden „modernen“ Stämmen verdrängt. In vielen Fällen konnte der ursprüngliche Stamm nur in durch unüberwindbare Wasserfälle isolierten Regionen überleben. Im Hochland von Schottland befinden s ich zahlreiche solcher Populationen, in Irland nur wenige. Lough Melvin[1] ist einer der wenigen Plätze, wo der „Urtyp“ neben anderen Forellenstämmen erhalten blieb. Im nahe gelegenen Lough Erne lebt eine homologe Population der Ferox-Forelle in Sympatrie mit einer Forellenform der „modernen“ Rasse. Als die Vorfahren der heutigen Ferox-Forellen in die vom Eis befreiten Zonen der Britischen

Inseln vordrangen, hatten sich dort bereits Populationen des Arktischen Saiblings etabliert, dessen Wanderform während der Eiszeit in die Flüsse der Randregionen der Gletscher von Irland und England zum Laichen aufstieg. Die kälteresistenteren Saiblinge folgten als Erste dem Rückzug des Eises nach Norden und bildeten viele stationäre Seeformen, die dann zur Nahrungsgrundlage der Forellen wurden, welche erst später aus den klimatisch milderen Refugien hinzukamen. Die großwüchsigen Seeforellen einiger Lochs im Norden Schottlands wurden 1835 erstmals von W. JARDINE als *Salmo ferox* beschrieben. Großwüchsigkeit und Langlebigkeit stellt sich nur bei solchen Individuen ein, die sich von Insekten- auf Fischnahrung umstellen. In den Seen Großbritanniens erfolgt dies in der Regel bei einer Körperlänge von 30 bis 35 cm. Die Höhe des Anteils der Ferox-Forellen an der Gesamtpopulation hängt von verschiedenen Umweltfaktoren ab, übersteigt aber kaum jemals 6%. Die größten Ferox-Forellen werden im Loch Awe gefangen, im südwestlichen Schottischen Hochland. Sie können hier ein Gewicht von 15 bis 20 kg erreichen und mehr als 20 Jahre alt werden. Es besteht ein genetischer Unterschied zu den normalwüchsigen Forellen des Loch Awe. Die Ferox laichen im Abfluss, dem Awe-Fluss, während die sympatrisch vorkommenden Artgenossen in den zahlreichen Zuflüssen des Sees ihr Laichgeschäft verrichten. Innerhalb der Ferox-Forellen des Loch Rannoch herrscht eine ungewöhnlich große genetische Variabilität, welche sich in einem breiten Spektrum von verschiedenen Körperformen, Färbungen und Fleckenzeichnungen widerspiegelt. Eine bemerkenswerte und morphologisch spezifische Seeforellenform ist der „Croneen“ aus dem Lough Derg im mittleren Westen der irischen Insel. Er steigt ab Mitte Juli in einige seiner Zuflüsse auf, um im Spätherbst in deren Quellregionen zu laichen. Aus dem Lough Neagh, Irlands größtem See, wurden vier verschiedene Forellenformen bekannt: „Ferox“, hier auch „Buddagh“ genannt, „Gillaroo“, „Dollaghan“ und „Salmon-Trout“ (Lachsforelle), die wegen ihrer silbrig glänzenden Färbung und des tiefroten Fleisches so bezeichnet wird. Eutrophierung, die Zerstörung der Laichareale und wahrscheinlich auch Überfischung sowie der Besatz mit domestizierten Forellen haben „Ferox“ und „Gillaroo“ zum Verschwinden gebracht. Andererseits lassen genetische Untersuchungen erkennen, dass es heute noch mehrere reproduktiv isolierte Subpopulationen im Lough Neagh und dessen Einzugsgebiet gibt. Weiter südlich sind zwei berühmte und hoch produktive Forellenseen, Loughs Sheelin und Derravragh, durch Nitrate und Phosphate aus landwirtschaftlicher Düngung stark belastet. In Schottland sind Anzeichen desselben Problems im wohl bekanntesten Forellensee, dem Loch Leven[2], zu verzeichnen.

Sonaghen (*S. nigripinnis*), Lough Melvin (Irland), Foto: Andy Ferguson

Gillaroo (*S. stomachicus)*, Lough Melvin (Irland), Foto: Andy Ferguson

Ferox (*S. ferox)*, Loch Awe (Schottland), Foto: Alan Kettle-White

Forelle, Loch Leven (Schottland), Foto: Dave Stewart

Forelle, Loch Brecbowie (Schottland), Foto: Andy Ferguson

Forelle, Loch Grannoch (Schottland), Foto: Andy Ferguson

Forelle, Lough Conn (Irland), Foto: Andy Ferguson

Forelle, Lough Mask (Irland), Foto: Andy Ferguson

Forelle, Upper Loch Kildonnan (Insel South Uist, Hebriden), Foto: Paul Reddish

Forelle, Llyn Bugeilyn (Wales), Foto: Paul Reddish

Forelle, River Usk (Wales), Foto: Paul Reddish

"Rote" Forelle, River Lathkill (England), Foto: James Prosek

[1] Der Lough Melvin ist ein mesotropher See im Nordwesten von Irland. Er ist ungefähr 12 km lang, kaum 3 km breit und bis zu 45 m tief. Der größte Teil des Sees weist jedoch nur eine Tiefe von 10 bis 20 m auf. Der See liegt in einem typischen von Gletschern geformten Tal.

[2] Loch Leven liegt im Südosten Schottlands, besitzt eine beinahe dreieckige Form und misst mit seinem längsten Durchmesser etwa 6 km. Das relativ flache Gewässer weist eine maximale Tiefe von 25,5 m auf und bedeckt eine Fläche von ungefähr 13,3 km². In den vorangegangenen Jahrhunderten war die Seefläche noch um ein Viertel größer und der Wasserstand um etwa 3 m höher. Nach der Fertigstellung des Bewässerungssystems und der Kanalisation des Abflusses, des River Leven, im Jahre 1830 veränderte sich neben der Größe des Sees auch sein Ökosystem. Während des letzten Jahrhunderts kam noch die zunehmende Wasserverschmutzung durch die massive industrielle und landwirtschaftliche Entwicklung hinzu. Die Seesaiblinge starben um 1837 aus und seit den 1960ern verringerte sich die Population der Seeforellen dramatisch. Durch die Absperrung des Wanderweges verschwanden bereits im 18. Jahrhundert die Meerforellen und Lachse ebenso wie die Flundern, die im River Leven aufstiegen. Seit 1873 wird die Loch Leven-Forelle künstlich vermehrt. Erst 1983 begann man zur Stärkung des Bestandes die nachgezüchtete Brut in den See und seine Zuflüsse einzubringen. Zwischen 1993 und 2004 versuchte man mit dem Besatz von Regenbogenforellen die fischereilichen Erträge im See zu verbessern. Glücklicherweise konnten sich die Nordamerikaner hier nicht selbständig reproduzieren und so wurden bis heute alle 370.000 eingesetzten Regenbogenforellen entnommen oder sind verendet. Wenn auch die Population der Loch Leven-Forelle einen langfristigen Rückgang erlitt, sind die Individuen derzeit in sehr gutem Zustand. Schon vor langer Zeit wurde die Leven-Forelle nicht nur in Flüsse und Seen Großbritanniens eingesetzt, sondern auch in verschiedene Regionen der Erde, von Neuseeland bis Südamerika, gebracht. Die erste Verschiffung nach Nordamerika fand im Jahre 1884 statt.

1808 beschreibt P. NEILL erstmals die Loch Leven-Forelle als eigene Spezies, *Salmo Levenensis.* Dieser Name und auch die von WALKER 1812 angeführten Synonyme (*Salmo Taurinus, S. Montana*) genügen nicht den Anforderungen des Nomenklatur-Codes und sind daher *nomina nuda* (nackte Namen) und als solche nicht verfügbar. Das Farbkleid der Loch Leven-Forelle entspricht ihrer lakustrischen Lebensweise: Der Rücken ist dunkel olivgrün, die Seiten sind heller, meist silbrig glänzend, die Unterseite zeigt sich gelblich gefärbt, zahlreiche schwarze Flecken sind hauptsächlich an der oberen Körperhälfte und an den Kiemendeckeln verteilt, rote nur bei juvenilen Tieren vorhanden. Alle Strahlenflossen besitzen spitze Enden. Das Fleisch erwachsener Individuen ist dunkelrot. Die vergleichsweise hohe Anzahl von bis zu 90 Pylorusanhänge (engl.: pyloric caeca) veranlasste PARNELL 1838 den Namen *Salmo caecifer* vorzuschlagen. Im Loch Leven erreichen die Forellen kaum beeindruckende Größen. Selten werden sie schwerer als etwa ein halbes Kilogramm. Exemplare mit 2 bis 3 kg bilden die Ausnahme. In fremde Gewässer eingebracht kann die Loch Leven-Forelle nicht nur ihr Aussehen verändern, sondern auch ein bedeutend größeres Wachstum erzielen. Gelegentlich ändert sich auch ihr Verhalten. In Neuseeland, Neufundland und auf den Falkland-Inseln wanderten Nachkommen der in die Binnengewässer eingesetzten Loch Leven-Forellen ins Meer und besiedelten in der Folge andere Flüsse und Seen. Dieses Phänomen der Eroberung neuer Lebensräume und geeigneter ökologischer Nischen ist allerdings eine elementare Charaktereigenschaft der Europäischen Forelle und trug maßgeblich zur erfolgreichen Verbreitung und postglazialen Wiederbesiedelung bei.

Die zahlreichen Seen der Region Galloway im Südwesten Schottlands beherbergen Forellenpopulationen, die sich nicht nur durch ihr Farbmuster, sondern auch genetisch stark von einander unterscheiden. Im vergleichsweise eher kleinen Loch Brecbowie lebt eine Form mit auffallend goldenen Flanken. Der Name „Brecbowie“ leitet sich vom Gälischen ab und bedeutet „Goldforelle“, ein Hinweis darauf, dass diese Population schon seit Langem bekannt ist. Die Forellen des Loch Grannoch weichen genetisch am meisten von jenen der anderen Seen der Region ab. Zudem konnten im Loch Grannoch zwei Populationen nachgewiesen werden, die reproduktiv von einander isoliert sind.

In den dichter bevölkerten Regionen Großbritanniens, wo der fischereiliche Druck durch Sportangler groß ist, werden viele der Forellenbestände durch Besatz mit domestizierten Bachforellen aus Brutanstalten aufgestockt. Dies führt naturgemäß zur genetischen Beeinträchtigung der nativen Populationen. Um diesen negativen Einfluss möglichst gering zu halten, setzt man vermehrt Regenbogenforellen oder triploide (sterile) Bachforellen aus. Ein Teil der ursprünglichen Populationen auf den Britischen Inseln ging unwiederbringlich verloren. Dennoch ist die Situation entschieden weniger dramatisch als in weiten Teilen Mitteleuropas und es existiert weiterhin eine beachtliche genetische Vielfalt, sowohl innerhalb der noch bestehenden natürlichen Populationen als auch zwischen ihnen. Insbesondere die unzähligen kleineren und größeren Seen im Norden und Westen des Vereinigten Königreiches (wie z.B. die Lochs der Äußeren Hebriden und verschiedene Bergseen in Wales) blieben von Besatzmaßnahmen weitgehend verschont. In Irland führte der Besatz mit nicht heimischen Arten, wie Hecht, Rotfeder und Rotauge vereinzelt zur Reduktion der Salmonidenvielfalt. Der Hecht ersetzte mancherorts die Ferox-Forelle als Spitzenpredator. Die steigende Anzahl an planktonfressenden Cypriniden ebenso wie die eingeschleppte Zebramuschel (*Dreissena polymorpha*) können das ökologische Gleichgewicht aus dem Lot bringen und die Bestände an planktivoren Salmoniden, wie zum Beispiel Sonaghen und Seesaibling, ernsthaft gefährden.

Loch Stilligarry – See auf der Insel South Uist (Hebriden), Foto: Paul Reddish

Llyn Bugeilyn – See in Wales, Foto: Paul Reddish

River Wye – Fluss in Wales, Foto: Paul Reddish

Der deutschstämmige Zoologe Albrecht K. L. G. (Albert C. L. G.) GÜNTHER arbeitet ab 1856 als Ichthyologe am Naturhistorischen Museum von London und wird 1875 Direktor der Zoologischen Abteilung. Er erstellt zwischen 1859 und 1870 die 8 Bände des „Catalogue of Fishes in the British Museum". Im 6. Band (1866) führt er 10 Forellenarten an, darunter die „Große Seeforelle" (*Salmo ferox*), den irischen „Gillaroo" (*Salmo stomachicus*) und die „Schwarzflossen-Forelle" von Wales, welche äußerlich dem irischen „Sonaghen" ähnelt, genetisch aber verschieden ist. Eine weitere Autorität der Viktorianischen Epoche ist der Ichthyologe und Fischereiinspektor für Indien und Burma, Francis DAY. Neben seinen Arbeiten über die Fischfauna von Indien und Burma veröffentlicht er 1887 sein umfangreiches Werk über die Salmoniden der Britischen Inseln, „British and Irish Salmonidae". DAY ist der Erste, der mit voller Überzeugung erklärt, dass alle europäischen Forellen derselben Art angehören, nämlich *Salmo trutta.*

Literatur bezüglich Lachsfische und deren Fang hat in England eine lange Tradition. Der Schriftsteller Izaak WALTON veröffentlicht im Jahre 1653 die erste Fassung seines berühmtes Werkes über die Angelfischerei „The Complete Angler" (deutsch: „Der vollkommene Angler oder eines nachdenklichen Mannes Erholung", 1859). Weitere vier Ausgaben folgen. Die letzte, von 1676, beinhaltet anstatt der ursprünglich 13 Kapitel nun 21 und einen zweiten Teil, hinzugefügt von seinem Angelfreund Charles COTTON. „The Complete Angler" wurde nach der Bibel und den Werken von Shakespeare zum meist gedruckten Buch in englischer Sprache und in über 400 Auflagen weltweit verlegt.

Literatur: Day, 1887; Crozier & Ferguson, 1986; Ferguson, 1986; Stephen & McAndrew, 1990; Ferguson & Taggart, 1991; Greer, 1995; Mangel & Abrahams, 2001; Duguid et al., 2006; Ferguson, 2006a; McKeown et al., 2010; Winfield et al., 2012.

5.4. Island

Island ist die größte Vulkaninsel der Erde und liegt etwa 300 km östlich von Grönland im Nordatlantik, knapp südlich des nördlichen Polarkreises und auf dem 20. westlichen Längengrad. An der Westküste der Insel befindet sich die westlichste natürliche Verbreitungsgrenze der Europäischen Forelle. In den Eiszeiten war Island fast vollständig vergletschert. Nach dem Abschmelzen der Gletscher am Ende der letzten Kaltzeit vor etwa 10.000 Jahren war die Insel beinahe gletscherfrei, bevor es vor rund 1.000 Jahren wieder kühler wurde. Heute bedecken die Gletscher wieder etwa 11% der Landesoberfläche. Die zahlreichen Flüsse und Seen sind dank der dünnen Besiedlungsdichte weder überfischt noch verunreinigt. Die Ufer der Gewässer sind vegetationsarm und infolge des Mangels an aquatischen Insekten in den Binnengewässern zieht ein wesentlicher Teil der Forellen und Saiblinge während des kurzen Sommers in die nahrungsreichen Küstengewässer.

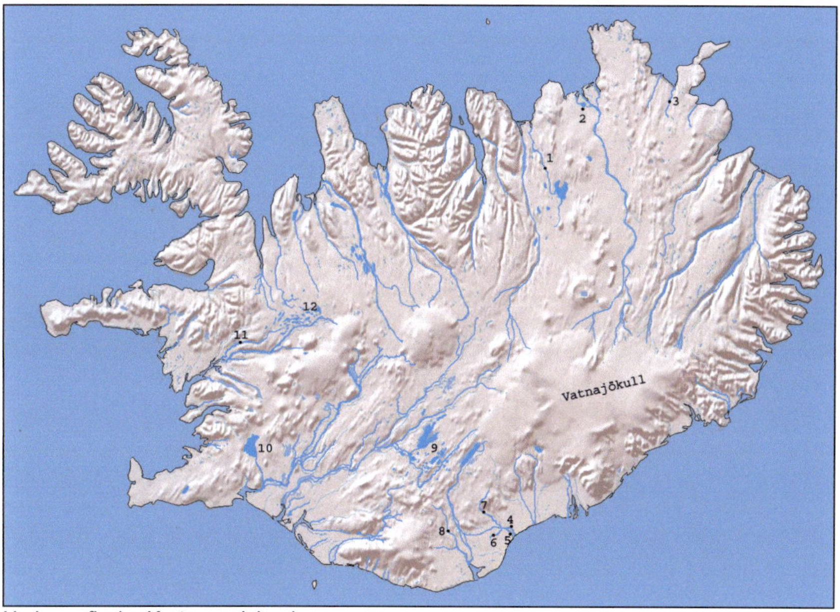

Hydrografische Karte von Island

1 Laxá i Aðaldal, 2 Skalftavatn, 3 Hafralónsá, 4 Vatnamót, 5 Grenlækur, 6 Tungulækur, 7 Geirlandsá, 8 Tungufljót, 9 Veiðivötn, 10 Thingvallavatn, 11 Norðura, 12 Arnarvatnsheiði;

In Islands Süßgewässern waren ursprünglich nur fünf Fischarten heimisch: die Europäische Forelle (*Salmo trutta*), der Atlantische Lachs (*Salmo salar*), der Arktische Saibling (*Salvelinus alpinus*)*, der Dreistachlige Stichling (*Gasterosteus aculeatus*) und der Aal (*Anguilla anguilla*). Die Regenbogenforelle (*Oncorhynchus mykiss*) brachten Fischzüchter nach Island, sie vermehrt sich aber nicht in den Freigewässern. Vereinzelt trifft man auf den Buckellachs (*O. gorbuscha*), der durch Besatzmaßnahmen in weiten Teilen des Nordatlantiks eingebürgert wurde. Anders als auf der Kola-Halbinsel und in einigen Flüssen Finnlands und Norwegens, wo sich dieser pazifische Lachs etablieren konnte, wurde bisher nicht bekannt, dass er in den Flüssen Islands laicht, obwohl er manchmal gefangen wird.

* Der Arktische Saibling kommt in Island als anadrome Form in Flüssen wie auch als stationäre Form in den Seen vor. Aus dem Thingvalla-See im Südwesten der Insel kennt man vier sympatrische, morphologisch und ökologisch unterschiedliche Formen, die von einigen Autoren als eigenständige Arten behandelt werden. Demzufolge müsste die Artenzahl der Süßwasserfische Islands um drei oder vier erweitert werden.

Meerforellen kommen in Flüssen rund um die Insel vor, die meisten jedoch im Südosten und im Westen. Die größten Exemplare werden im Südosten gefangen, mit Gewichten bis zu 5 kg, gelegentlich auch 10 kg. Zu den besten Meerforellenflüssen zählen Tungulækur, Geirlandsá, Grenlækur, Tungufljót und Vatnamót. Die jungen Meerforellen verbringen 3 bis 5 Jahre im Süßwasser, bevor sie im Frühjahr mit einer Durchschnittslänge von 26 cm erstmalig ins Meer wandern. Im Spätsommer oder Herbst desselben Jahres kehren sie in ihre Heimatgewässer zurück, um zu überwintern. Generell unternehmen die Meerforellen zwei oder drei Wanderungen ins Salzwasser, bevor sie geschlechtsreif werden und laichen. Danach können sie bis zu sechs Mal, in sehr seltenen Fällen noch öfter, in die Küstengewässer ziehen und gewöhnlich jedes Jahr zum Laichen aufsteigen.
Neben den anadromen Meerforellen leben in Islands Flüssen und Seen auch stationäre Forellenformen. Die stationäre Population des Flusses Laxá í Aðaldal im Norden Islands ist durch unüberwindbare Wasserfälle im Unterlauf von den anadromen Artgenossen getrennt und gilt als eine der wenigen großwüchsigen (mehr als 60 cm Körperlänge) Inlandspopulationen, die sich ausschließlich von Wirbellosen (Mückenlarven und Süßwasserschnecken) ernähren.

Meerforelle, Hafralónsá (Nordost-Island), Foto: James Prosek

Bachforelle, Laxá í Aðaldal (Nordisland), Foto: Paul Reddish

Seeforelle, ~610 mm, Litla, Skjalftavatn-Abfluss, Foto: Winfried Rothermel

Norðura (Westisland), Foto: Paul Reddish

Laxá í Aðaldal (Nordisland), Foto: Paul Reddish

Seeforellen findet man vorwiegend in den Seen von Veidivötn im Süden des zentralen Hochlandes und in den flachen Seen des im Nordwesten gelegenen Hochlandmoores Arnarvatnsheiði. Ulfsvatn, der zweitgrößte See in diesem ausgedehnten Moorgebiet, ist berühmt für seine großen Forellen, die hier bis zu 4 kg schwer werden können. In früheren Zeiten wurde der See, wie auch ein paar andere in dieser Region, intensiv mit Netzen befischt. Seeforellen kommen so gut wie immer gemeinsam mit Seesaiblingen vor. Der im Südwesten Islands gelegene See Thingvallavatn (Þingvallavatn) ist mit seinen annähernd 84 km² der größte natürliche See der Insel. In dem bis zu 114 m tiefen See leben vier reproduktiv getrennte Formen bzw. Arten von Seesaiblingen. Die Seeforelle steht an der Spitze der Nahrungskette im See und erreicht ein Gewicht von bis zu 15 kg. Die Forellen Islands, sowohl die stationären als auch die anadromen, zeigen allgemein eine dichte Fleckenzeichnung. Zumeist sind bei adulten Tieren nur schwarze Flecken vorhanden, die entweder rundlich oder unregelmäßig geformt sind. Rote Flecken treten nur manchmal in geringerer Zahl zwischen den schwarzen verstreut auf.
Bei genetischen Untersuchungen an 20 Populationen aus 8 über die gesamte Insel verteilten Flusssystemen konnte nur ein einziger Haplotypus festgestellt werden, ein weit verbreiteter Genotyp des Atlantikstammes, der von den Britischen Inseln über Skandinavien bis zum Weißen Meer vorkommt. Die Forellen Islands stammen offensichtlich von einer einzigen Urpopulation ab, die erst in einer relativ jungen Vergangenheit durch einen genetischen Flaschenhals ging. Dieser Populationsengpass wurde durch eine dramatische Klima- bzw. Umweltverschlechterung verursacht, die möglicherweise als Folge übermäßiger vulkanischer Aktivitäten auf der Insel auftrat. Dennoch gibt es Hinweise dafür, dass auch Island davor sukzessive von zwei unterschiedlichen Populationsgruppen, einer „Urrasse“ und einer „modernen Rasse“, besiedelt wurde.

Literatur: Hamilton et al., 1989; Hynes et al., 1996; Gíslason et al., 2002; Steingrímsson & Gíslason, 2002.

5.5. Iberische Halbinsel

Die geografisch isolierte Lage der Iberischen Halbinsel, mit dem gewaltigen Gebirgszug der Pyrenäen als Barriere zum übrigen Kontinent, führte zur Entstehung einer Fischfauna, die durch einen hohen Grad an Endemismen und einer geringen Artenzahl gekennzeichnet ist. Wie auch auf den anderen südeuropäischen Halbinseln dominieren hier die karpfenähnlichen Fische (Cypriniden). Dennoch gilt die Pyrenäenhalbinsel als eines der wichtigsten eiszeitlichen Rückzugsgebiete der Europäischen Forelle. Die Besiedelung kann nur über das Meer durch anadrome Populationen stattgefunden haben. Die tropisch warmen Gewässer, welche die Iberische Halbinsel umgaben, verhinderten eine Zuwanderung vor der Wende Pliozän/Pleistozän und der globalen Abkühlung vor 2 bis 3 Mio. Jahren. Die atlantikstämmigen Forellen Iberiens bilden seit mindestens 200.000 Jahren eine eigenständige, von den nördlichen Atlantikforellen getrennte Gruppe, obgleich ein gewisser Grad an Introgression durch nördliche Populationen, die während der nachfolgenden Kälteperioden südwärts wanderten, in den kantabrischen Zuflüssen zu verzeichnen ist. Das Überschneidungszentrum zwischen nördlichen und südlichen Atlantikpopulationen liegt im Südwesten Frankreichs, in den Einzugsgebieten von Adour und Garonne. Von hier aus erfolgte auch ein geringer Einfluss südlicher Populationen auf die nordwest-europäischen Forellen.

Im Einzugsgebiet des Atlantiks, vom Golf von Biskaya bis zum Tajo, findet man drei genotypisch und phänotypisch unterscheidbare geografische Gruppen des Atlantikstammes (AT):

a) in den Küstenflüssen Nordspaniens von der Biskaya bis Galizien und weiter bis zum Lima im Norden Portugals.
b) im Duero (Douro)-Becken.
c) im Tajo (Tejo)-Becken und in den Küstenflüssen Portugals südlich des Lima.

Im Osten Spaniens, im Mittelmeerbecken von den Pyrenäen bis nach Andalusien, sowie im Einzugsgebiet des Guadalquivir lassen sich zwei Stämme der mediterranen Evolutionslinie nachweisen: der Mittelmeer-stamm mit dem Verbreitungszentrum im Nordosten Spaniens und der Adriastamm mit dem Zentrum in Andalusien. Dazwischen befinden sich disjunkte Vorkommen beider Stämme.

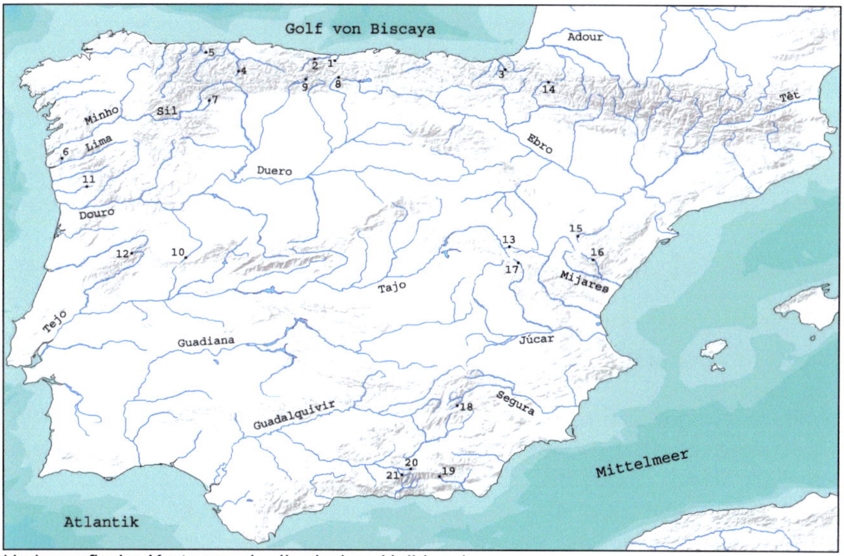

Hydrografische Karte von der Iberischen Halbinsel

1 Rio Purón, 2 Rio Sella, 3 Leitzaran Ibaia, 4 Rio Trubia, 5 Rio Chabatchos, 6 Rio Estorãos, 7 Rio Boeza, 8 Rio Pisuerga, 9 Rio Yuso, 10 Rio Agueda, 11 Rio Ave, 12 Rio Zêzere, 13 Rio de la Hoz Seca, 14 Irati, 15 Rio Guadalope, 16 Rio Linares, 17 Rio Cabriel, 18 Rio Zumeta, 19 Rio Andarax, 20 Rio Genil, 21 Rio Genil;

a) Die Küstengebiete von der Biskaya bis zum Lima-Becken

Entlang der Nordküste Spaniens, vom Baskenland bis Galizien, erstreckt sich das Kantabrische Gebirge. Die höchsten Erhebungen befinden sich in den zentral gelegenen Picos de Europa (Gipfel Europas), deren höchster Gipfel der Torre de Cerredo mit 2648 m ist. Das Kantabrische Gebirge fängt die feuchten Luftmassen, die vom Atlantik kommen, ab und sorgt für reichlich Niederschlag. Von den üppig bewachsenen Nordhängen fließt eine beträchtliche Anzahl von meist kurzen, aber wasserreichen Flüssen zum Kantabrischen Meer. Viele dieser Flüsse nützt der Atlantische Lachs zur Fortpflanzung. Bedeutend zahlreicher steigen jedoch Meerforellen zum Laichen in die kantabrischen Flüsse auf. Die Meerforelle, hier auch Reo genannt, trifft man am häufigsten noch in den Flüssen Galiziens an. Aber auch aus dem angrenzenden Asturien kennt man ein paar berühmte Lachs- und Meerforellenflüsse, wie den Rio Sella, der westlich der Picos de Europa entspringt. Während die südlichste Verbreitungsgrenze für den Lachs der Minho (Miño) darstellt, wandern die anadromen Forellen bis zum Lima im Norden Portugals. Allerdings kamen Meerforellen bis vor wenigen Jahrzehnten noch weiter südlich, bis zum Douro (Duero), vor.

Durch ihr angeborenes Verhalten, zum Laichen die Gewässer ihrer Herkunft aufzusuchen, verfügt jeder Fluss über seine spezifische Population. Es kommt jedoch immer wieder vor, dass einige Individuen als so genannte „Streuner“ zur Laichablage in andere Flusssysteme ziehen und so zur weiteren Verbreitung des Genpools der Population beitragen. Die Meerforellen bleiben zumeist zwei Jahre im Süßwasser, bevor sie ins Meer wandern. Nach ein bis zwei Jahren im Salzwasser beginnen sie üblicherweise während der Sommermonate in ihre Laichflüsse zu ziehen. Tiere, die nur ein Jahr im Meer verbrachten, treffen in der Regel als Erste ein, mancherorts schon im März und im April. Die großen Exemplare kehren vorwiegend erst im Winter zurück, manchmal bereits Anfang Oktober. Im Gegensatz zum Lachs nehmen die Meerforellen im Süßwasser weiterhin unvermindert Nahrung auf. Bald nach ihrem Eintritt in die Flüsse weicht die silbrig glänzende Färbung dunklen Brauntönen. Gleichzeitig nehmen die sternförmigen Flecken eine rundliche Form mit heller Umrandung an. Der Laichvorgang vollzieht sich in den Oberläufen der Flüsse und erstreckt sich von Dezember bis Februar. Die Rückkehr ins Meer findet zwischen Dezember und Mai statt. Die anadromen und die stationären Forellen eines Flusses gehören im Grunde genommen zur selben Population. Der genetische Unterschied zwischen Meerforellen aus verschiedenen Flusssystemen ist demnach größer als zwischen den zwei Ökoformen desselben Gewässers. Im Verbreitungsraum der anadromen Form lassen sich bei den stationären Populationen einige phänotypische Gemeinsamkeiten feststellen, die sie von den Forellen der weiter südlich gelegenen Einzugsgebiete der Iberischen Halbinsel unterscheiden. Auffallend ist die spitze Schnauze mit dem langen Maul. An den Flanken, oft auch am Rücken und an der Oberseite des Kopfes, befinden sich mittelgroße bis große rundliche Flecken mit einer deutlichen hellen Umrandung, bei juvenilen Tieren (bis zu einer Körperlänge von etwa 20 cm) außerdem 8 bis 10 runde Jugendflecken entlang der Seiten. Bei adulten Exemplaren können vier dunkle Flächen an den Flanken sichtbar werden. Eine abweichende Fleckenzeichnung zeigen nur Forellen aus Populationen, die durch große Entfernung von der Küste geografisch isoliert sind, wie z. B. im oberen Becken des Sil, einem Zufluss des Minho (Miño). Die schwarz gesäumte weiße Vorderkante an der Rücken- und an der Afterflosse stellt hingegen ein charakteristisches Merkmal der stationären Populationen des gesamten Gebietes dar. Bei sehr großen und vor allem bei den ins Meer wandernden Tieren geht dieses Merkmal allerdings verloren.

Meerforellen zu Beginn des Laichaufstiegs, Rio Purón (Asturien), Foto: Juanjo Alonso

Meerforelle nach längerem Aufenthalt im Fluss, Rio Sella (Asturien), Foto: Juanjo Alonso

Forelle, ~250 mm, Leitzaran Ibaia (Zufluss des Rio Oría, Baskenland)

Forelle, ~230 mm, Rio Chabatchos (Zufluss des Rio Esva, Asturien)

Forelle, ~220 mm, Rio Estorãos (Zufluss des Lima, Portugal)

Forelle, ~180 mm, Rio Boeza (Miño-Becken, León)

b) Das Duero-Becken

Die Forellen des Duero-Beckens gehören einer auf der Iberischen Halbinsel endemischen Gruppe an, welche sich schon lange vor der letzten Vereisung vom Atlantikstamm absonderte und als eigene phylogenetische Linie – Duero-Stamm (DU) – eingestuft wird. Die separate stammesgeschichtliche Entwicklung dieser Forellen lässt sich auf die geologische Besonderheit dieses Gebietes zurückführen. Der Duero durchfließt die höchstgelegene Beckenlandschaft Spaniens. Markante Änderungen des Gefälles könnten den Zugang vom Unterlauf in das obere Duero-Becken unterbrochen haben, was zu einer geografischen Isolation der Populationen des Hochlandes führte. Eine genetische Divergenz wurde jedoch zwischen den nördlichen und den südlichen Populationsgruppen des Duero-Beckens festgestellt. Die genetische Charakteristik der südlichen Populationen lässt einen sekundären Kontakt mit migrierenden Atlantikstämmen vermuten. Nach STEINDACHNER (1866) stiegen die Meerforellen im Duero-Becken einst bis Palencia auf. Die südlichen Zuflüsse des Duero weisen ein geringeres Gefälle auf als die nördlichen Zubringer aus dem Kantabrischen Gebirge und ermöglichten so eher den Zugang für die anadromen Forellen. Andererseits wurde auch ein genetischer Einfluss der Duero-Gruppe auf Populationen angrenzender Einzugsgebiete in den Becken des Sil und des oberen Tajo nachgewiesen.

Einige typische äußere Merkmale kennzeichnen die Duero-Forellen: eine kurze Schnauze mit einem leicht unterständigen Maul; an den Flanken einige rote, hell umrandete Flecken sowie eine dichte braune Fleckenzeichnung, die eher einer Marmorierung gleicht; viele kleine Flecken an der Schwanzflosse. Die dicht gefleckte Schwanzflosse ist eigentlich untypisch für die Europäische Forelle. Adulte Tiere (ab einer Körperlänge von 15 bis 20 cm) zeigen vier große dunkle Flecken an den Seiten, und zwar jeweils eine hinter dem Kopf, zwischen der Rücken- und der Bauchflosse, zwischen der Fett- und der Afterflosse und am Schwanzstiel. Ähnliche Flecken findet man auch bei Forellen aus dem Tajo-Becken, aus Marokko und aus dem Mittelmeerraum.

Forelle, ~240 mm, Rio Pisuerga (Duero-Becken)

Forelle, ~260 mm, Rio Yuso (Zufluss des Rio Esla, Duero-Becken)

Forelle, ~230 mm, Rio Agueda (Duero-Becken)

Rio Agueda – südliches Duero-Becken, im Grenzbereich von Portugal und Spanien

c) Portugal südlich des Lima und das Tajo-Becken

Die Region Portugals zwischen dem Lima im Norden und dem Tejo (Tajo) im Süden beherbergt einige genetisch einzigartige Forellenpopulationen, die auf eine lange Isolation von den übrigen atlantikstämmigen Populationen Südwesteuropas schließen lassen. Das Riss/Würm-Interglazial war die letzte Warmzeit vor der heutigen. Sie begann vor etwa 130.000 Jahren und endete vor etwa 114.000 Jahren. Der rasche und dramatische Temperaturanstieg während dieser Zwischeneiszeit ließ innerhalb weniger Jahrtausende die Wassertemperaturen um die westliche Iberische Halbinsel von subpolaren zu subtropischen Konditionen wechseln. Das Klima wurde also bedeutend wärmer als es heute ist. Unter diesen Bedingungen starben viele der Forellenpopulationen der Küstenflüsse im Westen Iberiens aus oder wurden stark dezimiert. Nur die Populationen in den höher gelegenen Quellregionen konnten überleben. Physische Barrieren, wie unüberwindbare Wasserfälle, isolierten diese Populationen von den während späterer Kaltzeiten aus den nördlicheren Küstenregionen vordringenden Populationen. Diese Populationen aus dem Norden Spaniens besiedelten dann auch weiter südlich gelegene Gebiete. Die nahe Verwandtschaft einiger Populationen Kantabriens mit Populationen aus dem Atlas-Gebirge in Marokko und jenen Siziliens beweist die Verbreitung der Forellen vom Norden der Iberischen Halbinsel bis nach Nordafrika und in den südlichen Mittelmeerraum. Isolierte Populationen mit höchst divergenten Haplotypen des südlichen Atlantikstammes fand man im Oberlauf des Ave im Norden Portugals und im Oberlauf des Zêzere, eines rechten Zuflusses des Tejo, der gleichzeitig die heute südlichste Verbreitungsgrenze der Europäischen Forelle in Portugal darstellt. Adulte Tiere beider Populationen weisen an den Flanken vier dunkle Flecken auf, so wie man sie von den Inlandspopulationen der Iberischen Halbinsel kennt.

Das Becken des Tajo wurde mehrmals, während verschiedener Kaltperioden, von südwärts wandernden Populationen besiedelt. Die warmen Interglazialzeiten überlebten die Forellen in isolierten Quellregionen. Diese sich wiederholenden Ereignisse führten zu einer großen genetischen Vielfalt. Die Populationen des Tajo-Beckens gehören einer eigenen genetischen (Haplotypen-) Gruppe an, die aber der kantabrischen Gruppe nahe steht.

Forelle, ~220 mm, Rio Ave (Portugal)

Forelle, ~170 mm, Rio Zêzere (Tajo-Becken, Portugal)

Forelle, ~340 mm, Rio de la Hoz Seca (Tajo-Quellgebiet)

Forelle, ~220 mm, Rio de la Hoz Seca (Tajo-Becken)

d) Das Mittelmeerbecken und Andalusien

Im mediterranen Einzugsbereich Spaniens und im Einzugsgebiet des Guadalquivir, der in den Atlantik mündet, kommen zwei der mediterranen Forellenstämme vor: Die Gebiete südlich des Segura-Flusses in Südspanien werden ausschließlich vom Adriastamm (AD) bewohnt, nördlich des Segura findet man sowohl Populationen des Adriastammes als auch des Mittelmeerstammes (ME), wobei im Nordosten Spaniens der Mittelmeerstamm vorherrscht. Das ursprüngliche Verbreitungszentrum des Mittelmeerstammes liegt vermutlich nördlich der Pyrenäen, im heutigen Rousillon. Der Ursprung des Adriastammes befindet sich nicht, wie früher angenommen, am Balkan, sondern mit großer Wahrscheinlichkeit auf der Iberischen Halbinsel. Neuere Untersuchungen lassen erkennen, dass hier eine weit größere Anzahl verschiedener AD-Haplotypen vorkommt als im übrigen Verbreitungsraum des Adriastammes. Die warmen und trockenen Perioden der Zwischeneiszeiten im Mittelmeerraum verringerten den Lebensraum der Forellen und beschränkten die Vorkommen auf die Oberläufe und Quellregionen der Flüsse. Die geografische Isolation über viele Generationen hinweg förderte die eigenständige genetische Entwicklung. Anders als in den nördlichen Regionen kam es im Mittelmeerraum während der kälteren Perioden zur erneuten demografischen Ausbreitung und zu sekundären Kontaktzonen genetisch unterschiedlicher Populationen. Man findet daher im mediterranen Raum Spaniens auch eine Anzahl gemischter Populationen.

Wie in vielen anderen Regionen innerhalb des Verbreitungsgebietes der Europäischen Forelle wurde auch auf der Iberischen Halbinsel ihr Lebensraum während der letzten zwei Jahrhunderte stark beeinträchtigt oder zerstört. Hinzu kommen noch die Überfischung und der Besatz mit ortsfremden Forellenstämmen, was vielerorts zur Vernichtung oder Hybridisierung der heimischen Bestände führte. Die letzten genetisch reinen autochthonen Bestände befinden sich meist in entlegenen Quellregionen, durch natürliche (Wasserfälle) oder künstliche (Dämme) Barrieren gegen eine Zuwanderung von Besatzfischen aus den unteren Flussbereichen geschützt. Heute versucht man, diese genetischen Ressourcen durch rigorose Fischereigesetze zu erhalten. Für diese Gewässer gilt daher entweder ein totales Fangverbot oder „pesca sin muerte", das heißt, die Fische müssen nach dem Fang zurückgesetzt werden. Die zunehmende Wasserknappheit in großen Teilen Iberiens könnte den Fortbestand vieler autochthoner Populationen gefährden.

Literatur: García-Marín et al., 1991; Toledo et al., 1993; Morán et al., 1995; García-Marín & Pla, 1996; Atunes et al., 1999; Dunner et al., 2000; Machordom et al., 2000; Sanz et al., 2000; Bouza et al., 2001; Suárez at al., 2001; Schöffmann, 2002b; Cortey et al., 2004; Aparicio et al., 2005; Atunes et al., 2006; Caballero et al., 2006;

Forelle, ~160 mm, Irati (Zufluss des Aragón, nördl. Ebro-Becken, Frankreich)

Forelle, ~230 mm, Rio Guadalope (südl. Ebro-Becken)

Forelle, ~190 mm, Rio Linares (Mijares-Becken)

Forelle, ~190 mm, Rio Cabriel (Júcar-Becken)

Forelle, ~200 mm, Rio Zumeta (Segura-Becken)

Forelle, ~210 mm, Rio Andarax (Andalusien, Südhang der Sierra Nevada)

Forelle, ~330 mm, Rio Dilar (Guadalquivir-Becken)

Forelle, ~240 mm, Rio Genil (Gaudalquivir-Becken)

5.6. Nordafrika

Die Fauna der Binnengewässer im Nordwesten Afrikas hatte bis zum Miozän einen tropischen Charakter, erst danach wurde sie von einem europäischen Charakter geprägt. Die Süßwasserfische Nordwestafrikas weisen einen noch geringeren Artenreichtum auf als die der Iberischen Halbinsel. Einen wesentlichen Anteil der Arten machen die Barben (mehrere Arten der Gattung *Barbus*) aus. Die Europäische Forelle ist auf dem Gebiet des heutigen Marokko seit mindestens 1,2 Mio. Jahren heimisch, also seit Beginn des gegenwärtigen Eiszeitalters. Die Wärmeperioden, mit einem zum Teil bedeutend wärmeren Klima als heute, überlebte sie in höher gelegenen Lagen, vor allem im Hohen Atlas. Molekularbiologische Untersuchungen lassen erkennen, dass die Binnengewässer Marokkos von wenigstens drei sukzessiven Einwanderungswellen (vor 1,2 Mio. Jahren, vor 400.000 und vor 200.000 bis 100.000 Jahren) mit Forellen aus dem Atlantikbecken Südwesteuropas besiedelt wurden. Von Marokko aus setzte sich die Kolonialisierung entlang der nordafrikanischen Küste bis nach Sizilien fort, wo noch heute atlantikstämmige Forellen vorkommen. Entlang der Atlantikküste Nordwestafrikas drangen die Forellen bis zum Becken des Drâa vor, das mit etwa 28° nördlicher Breite die südlichste nachweisbare Verbreitungsmarke der Europäischen Forelle aus prähistorischer Zeit darstellt. Die südlichste natürliche Verbreitungsgrenze liegt heute bei 30° 50´ (Oued Nfiss) bzw. 31° 02´ (Lac d'Ifni). Beide Vorkommen befinden sich im westlichen Hohen Atlas südlich von Marrakesch.
Auf der Basis phänotypischer Unterschiede wurden vier Arten aus Nordafrika beschrieben: *Salmo macrostigma* (Duméril, 1858), *S. pallaryi* Pellegrin, 1924, *S. pellegrini* Werner, 1931 und *S. akairos* Delling & Doadrio, 2005. Auguste DUMÉRIL beschreibt 1858 zwei Exemplare aus einem Zufluss des Oued Zhour, dem Oued el-Abaïch im Nordosten Algeriens nahe der Küstenstadt Collo, als *Salar macrostigma.* Spätere Autoren verwenden allgemein den Namen *Salmo macrostigma* bzw. *S. trutta macrostigma* für die Forellen Nordafrikas. Léonce JOLEAUD erwähnt 1938 ein weiteres Vorkommen in Algerien, im Oued Amizour südlich der Hafenstadt Bougie (Bejaïa), und bestätigt die Vorkommen im Rif-Gebirge, im Mittleren und im Hohen Atlas Marokkos. Die heute ausgestorbene Forellenform des Sees Sidi Ali im Mittleren Atlas klassifiziert PELLEGRIN 1924 als *S. pallaryi.* Der österreichische Zoologe Franz WERNER erhält 1930 zwei Forellen aus dem Ourika-Tal südlich von Marrakesch und stellt sie aufgrund morphologischer Merkmale zwischen *S. macrostigma* und *S. pallaryi.* Aus Dankbarkeit gegenüber seinem französischen Kollegen Jacques PELLEGRIN für die

ihm vielfach erwiesene Hilfe benennt er sie 1931 „Salmo Trutta var. Pellegrini". Erst 2005 wird die endemische Forellenform des Hochgebirgssees Lac d'Ifni als neue Spezies, *S. akairos,* beschrieben.

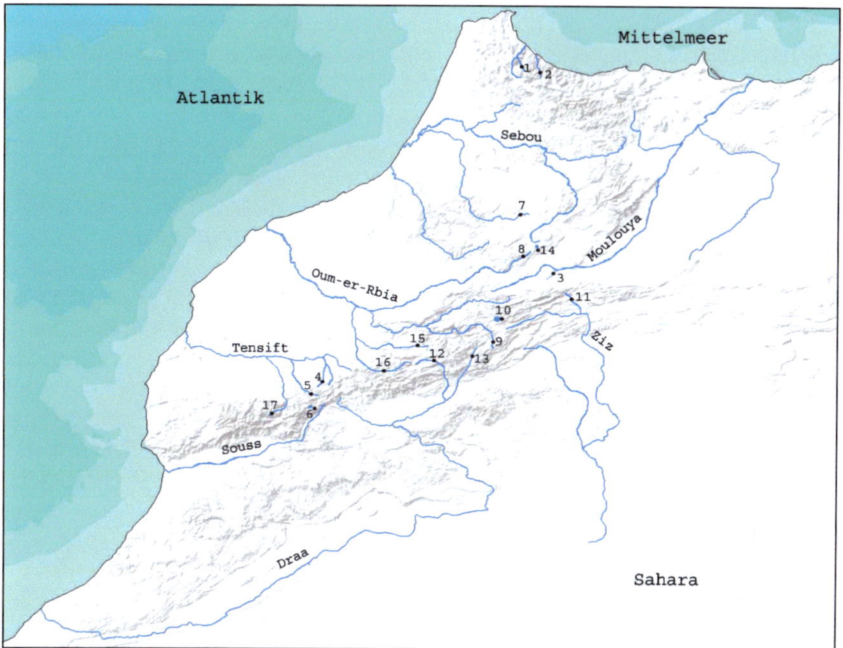

Hydrografische Karte von Nordwestafrika (Marokko)

1 Oued el-Kanar, 2 Oued Adelma, 3 Oued Berrem, 4 Oued Ourika, 5 Asif Aït Mizane, 6 Lac d'Ifni, 7 Oued Tigrigra, 8 Oum-er-Rbia, 9 Asif Melloul, 10 Lac d'Isli, 11 Zaouia-Sidi-Hamza, 12 Asif M'Goun, 13 Oued Dadés, 14 Aguelmame Sidi Ali, 15 Oued Lakhdar, 16 Oued Tessaout, 17 Oued Nfiss;

Geografisches Glossar zu den Binnengewässern Marokkos:

Oued wird in Nordwestafrika für das hocharabische Wort „Wadi" verwendet und bedeutet so viel wie Tal oder Fluss.

Asif ist im Hohen Atlas die lokale Bezeichnung (Berbersprache) für Fluss oder Bach.

Aguelmame ist die im Mittleren Atlas gebräuchliche Bezeichnung (Berbersprache) für Gebirgssee.

Tiguelmamine ist das Diminutiv von Aguelmame und bezeichnet drei kleine Bergseen im südlichen Mittleren Atlas. Aus zwei dieser Seen wurde über ein Vorkommen von *Salmo pallaryi* berichtet.

Lac ist das französische Wort für See.

In Marokko bewohnen die autochthonen Forellen beide Einzugsgebiete, sowohl das des Atlantik als auch das des Mittelmeeres. Die Vorkommen des Atlantikbeckens befinden sich im Mittleren Atlas in den Einzugsbereichen der beiden wasserreichsten Flüsse Marokkos, Sebou und Oum-er-Rbia, an der Nordflanke des Hohen Atlas im Einzugsbereich von Oum-er-Rbia und Tensift und an der Südflanke in den Quellregionen von Souss und Drâa. Aus dem Atlantikbecken wurden auch drei endemische Seeformen bekannt: der heute ausgestorbene *S. pallaryi* aus dem See (Aguelmame) Sidi Ali im Mittleren Atlas und aus zwei kleineren Seen (Tiguelmamine N'Aït Mahi), ca. 35 km südwestlich vom Typusfundort gelegen, die so genannte „Zwergforelle“ (Truite naine) aus dem Lac d'Ifni im westlichen Hohen Atlas und die „Grüne Forelle“ (Truite verte) des Lac d'Isli im zentralen Hohen Atlas. Kurioserweise gibt es sogar eine Forellenpopulation in einem Zufluss des Ziz, der an der Südflanke des Hohen Atlas entspringt und nach Süden in die Sahara entwässert. Im mediterranen Becken kommen Forellen in einigen Quellflüssen des Moulouya vor, die im zentralen Hohen Atlas entspringen. Auch in einigen seiner Zuflüsse aus dem Mittleren Atlas gibt es Forellen. Der Moulouya ist mit 520 km der längste Mittelmeerzubringer Marokkos und mündet nahe der Grenze zu Algerien. In mindestens zwei Mittelmeerzuflüssen des Rif-Atlas findet man noch autochthone Forellen.

Oued el-Kanar – Zufluss des Oued Laou (links) und Oued Adelma im Rif-Gebirge (rechts)

a) Das Mittelmeerbecken

Die beiden Karstflüsse Oued Laou und Oued Adelma fließen vom Rif-Gebirge zum Mittelmeer. Die Forellenvorkommen im Einzugsbereich des Oued Laou beschränken sich auf die Quellregion des Zuflusses Oued el-Kanar, ab einer Seehöhe von etwa 400 m. Im benachbarten Oued Adelma kommen die Forellen bereits bei etwa 300 m über dem Meer vor. Die zwei Populationen weisen einige phänotypische Gemeinsamkeiten auf: Entlang der Flanken befinden sich große schwarze und rote Flecken mit heller Umrandung sowie runde bis ovale „Jugendflecken", die auch bei Exemplaren mit einer Körperlänge von mehr als 30 cm noch vorhanden sind. Die Rückenflosse besitzt einen weißen vorderen Rand (O. el-Kanar) oder eine weiße Spitze (O. Adelma) mit einem schwarzen Saum, der weiße vordere Rand der Afterflosse ist schwarz oder rot gesäumt. Diese farblichen Merkmale an der Rücken- und an der Afterflosse, die bei älteren Tieren oft weniger ausgeprägt erscheinen, kennzeichnen neben vielen europäischen Atlantikpopulationen auch die Forellen des Lac d'Ifni und Siziliens. Die vergleichsweise kleine Fettflosse weist stets mehrere schwarze Flecken auf. Der Kopf ist lang und spitz zulaufend, das Maul tief gespalten. Ganz anders präsentiert sich dazu der Phänotypus aus dem Oued Berrem, einem Zufluss des oberen Moulouya, der im Hohen Atlas nahe der Stadt Midelt entspringt: Die Flanken dieser Fische sind mit kleinen Flecken übersät, die „Jugendflecken" (auch bei adulten Tieren) sind schmal und hoch. Die Rücken- und die Afterflosse zeigen keine weißen, dunkel gesäumten vorderen Kanten. Das Maul ist verhältnismäßig klein, das obere Kopfprofil stark abgerundet. Sie gleichen somit morphologisch eher den Forellen aus den Flüssen des Atlantikbeckens. Der eigentliche Ursprung des Moulouya liegt zwischen Hohem und Mittlerem Atlas, in unmittelbarer Nähe zu einigen Quellflüssen des Oum er-Rbia. Eine direkte Zuwanderung aus dem Atlantikbecken in das obere Moulouya-Becken während des Pleistozäns wäre vorstellbar.

Wie die genetischen Daten erkennen lassen, besitzen alle Populationen aus dem mediterranen Einzugsbereich (Rif-Gebirge, Moulouya) sowie die Populationen aus dem Ourika-Tal (Tensift- bzw. Atlantikbecken) und aus dem Lac d'Ifni (Souss- bzw. Atlantikbecken) nahe verwandte Genotypen des Atlantikstammes und gehören einer Gruppe an, die seit etwa 100.000 Jahren besteht. Mindestens zwei der für Marokko beschriebenen Taxa (*S. pellegrini, S. akairos*) befinden sich in dieser Gruppe. Einer der innerhalb dieser Gruppe nachgewiesenen Haplotypen der mitochondriellen DNS (O. el-Kanar) wurde auch im Nordwesten Spaniens dokumentiert, mehrere nahe verwandte Haplotypen kommen im Atlantikbecken der Iberischen Halbinsel und in Sizilien vor. Gemeinsam bilden sie den südlichen Zweig des Atlantikstammes.

Forelle, ~210 mm, Oued el-Kanar (Zufluss des Oued Laou)

Forelle, ~400 mm, Oued el-Kanar (Zufluss des Oued Laou)

Forelle, ~320 mm, Oued Adelma

Forelle, ~200 mm, Oued Berrem (Moulouya-Becken)

b) Das Atlantikbecken

Die Mehrheit der Forellenvorkommen Marokkos findet man im Einzugsgebiet des Atlantiks. Die Forellen aus den Einzugsbereichen von Oum er-Rbia und Tensift lassen einige gemeinsame Merkmale erkennen: eine meist hohe Anzahl kleiner Flecken an den Seiten und in der Rückenflosse, das Fehlen von weißen, schwarz gesäumten vorderen Kanten an der Rücken- und an der Afterflosse, hohe und schmale Jugendflecken, die bei älteren Tieren zu vier dunklen Flächen verschmelzen, ein gedrungener Körperbau und ein relativ kleines Maul. Die Fettflosse zeigt keine Flecken und nur bei jüngeren Tieren einen roten Rand. Eine außerordentlich geringe Wirbelzahl von 51 bis 57 kennzeichnet die Forellen aus dem Becken des Oum er-Rbia. Ein ähnliches Erscheinungsbild weisen auch die Forellen aus dem Zufluss des Ziz (Zaouia-Sidi-Hamza) am Südhang des Hohen Atlas auf. Wie genetische Untersuchungen darlegen, besteht eine enge Verwandtschaft zwischen den Forellen des Ziz und der „Grünen Forelle" des Lac d'Isli. Die Quellgebiete der Flüsse Ziz und Melloul liegen in naher Nachbarschaft. Der Melloul fließt von seiner Quelle nach Norden und biegt unweit vom Lac d'Isli nach Westen, um durch ein sich stetig verengendes Tal mit vielen Windungen weiter in Richtung Oum er-Rbia zu fließen. Aufgrund der geografischen und geologischen Gegebenheiten wäre es durchaus denkbar, dass der Lac d'Isli zeitweise mit dem gegenwärtigen Oberlauf des Melloul in Verbindung stand, der vor dem Entstehen des Durchbruchs nach Westen noch in Richtung Osten zum Ziz entwässert haben könnte. Der Wasserspiegel des heute abflusslosen Lac d'Isli lag gegen Ende der letzten Eiszeit um 50 m höher, wodurch ein Abfluss in Richtung Nordosten über das Oued el-Abid zum Oum er-Rbia bestand. Die Zuwanderung der Forellen aus dem Atlantikbecken in das abflusslose Becken am Rande der Sahara könnte über diese potenziellen Verbindungswege stattgefunden haben, zumal die Topografie der Region keine ehemalige Verbindung des Ziz mit dem Becken des Drâa und somit zum Atlantik erkennen lässt. Die rezente Forellenpopulation im Oberlauf des Melloul stammt offensichtlich von einer späteren Zuwanderung, die direkt über den Melloul erfolgte, da sie genetisch weiter entfernt von den zwei vorhin genannten Populationen steht und eine nähere Verwandtschaft zu einer der Populationen aus dem Becken des Tensift (Aït Mizane) besteht. Die Forellen des Lac d'Isli und des Ziz gehören einer Gruppe an, die sich vor rund 200.000 Jahren entwickelte und einem Zweig des Atlantikstammes nahe steht, der über das gesamte europäische Atlantikbecken verbreitet ist. Die Forellen aus dem Melloul und aus dem Aït Mizane hingegen gehören zu einer Gruppe, die einen Basiszweig zu allen übrigen Zweigen des Atlantikstammes bildet und bereits seit etwa 400.000 Jahren existiert.

Forelle (*S. pellegrini*), ~210 mm, Oued Ourika (Tensift-Becken)

Forelle, ~180 mm, Asif Melloul (Becken des Oum-er-Rbia)

Forelle, ~380 mm, Oued Oum-er-Rbia (Quellregion)

Forelle, ~220 mm, Zaouia-Sidi-Hamza (Ziz-Becken)

„Grüne“ Forelle, Lac d’Isli, Foto: Manu Esteve

Zwergforelle (*S. akairos*), ~150 mm, Lac d’Ifni

Forelle, ~210 mm, Asif M’Goun (Drâa-Becken)

Forelle, ~190 mm, Oued Dadés (Drâa-Becken)

Der auf 2270 m Seehöhe liegende Lac d'Isli ist ein endorheischer (abflussloser), mesosaliner (leicht salzhaltiger) See mit einer Fläche von 215 ha und einer maximalen Tiefe von 95 m. Obwohl man von der Existenz der endemischen Forelle des Lac d'Isli schon seit längerer Zeit wusste und der französische Forscher Paul VIVIER 1948 kurz darüber berichtet, ist bis heute nur wenig über ihre Lebensweise bekannt. VIVIER nennt die „Grüne Forelle“ *Salmo pallaryi,* weist jedoch auf ihre grüne Färbung hin sowie auf das Fehlen einer Fleckenzeichnung und auf das rötlich gefärbte Fleisch, das er auf die Ernährung mit Copepoden (Ruderfußkrebse) zurückführt. Ergänzend zu dieser knappen Beschreibung kann noch hinzugefügt werden: Der Rücken ist dunkel olivgrün oder graugrün, die Flanken sind silbrig-grau und zum Bauch hin gelb gefärbt. Laichbereite Männchen bekommen über den ganzen Körper eine intensivere Färbung, wobei an den Seiten dunkelgelbe und zum Rücken hin meist grünliche Töne vorherrschen. Das leicht unterständige Maul deutet auf eine Ernährungsweise, die auf benthischen Lebewesen basiert, hin. Während des Sommers halten sich die Forellen in tieferen Wasserschichten des Sees auf, wo sie sich überwiegend von Ruderfuß- und Flohkrebsen ernähren. Ab Anfang November kommen sie in Ufernähe, um auf kiesigem Grund zu Laichen. An welchen Stellen des Sees sie den Winter überdauern, wurde bislang noch nicht erforscht. Die Forellen des Lac d'Isli werden in der Regel 30 bis 40 cm lang und etwa 800 g schwer, mitunter aber auch bis zu 5 kg.

Der Aguelmame Sidi Ali, der größte See im Mittleren Atlas, liegt auf einer Seehöhe von 2078 m, hat eine Fläche von 250 ha und eine maximale Tiefe von 35 m. Der bekannte Ichthyologe Jacques PELLEGRIN benennt 1924 erstmals die endemische Seeforelle des Aguelmame Sidi Ali mit *Salmo pallaryi* und beschreibt sie als Forelle mit kleinen und zahlreichen Schuppen, schlankem Körper, großen Augen, kurzen Kiefern und ohne Fleckenzeichnung an den Seiten, aber mit gefleckten oder marmorierten Markierungen am Kopf. Er glaubt, diese Art stehe als Zwischenform zwischen den Gattungen *Salmo* und *Salvelinus* und bezeichnet sie deshalb auch „Truite-Omble“ (Saiblingsforelle). Erst VIVIER widerlegt 1948 diese These und betrachtet *S. pallaryi* lediglich als eine Forellenvariation. Weiters berichtet er von zwei kleinen Seen, Tiguelmamine N'Aït Mahi, im südlichen Mittleren Atlas auf 1650 m Seehöhe, wo ebenfalls *S. pallaryi* vorkommen soll. Die Beschreibung dieser Forellen stimmt mit der Originalbeschreibung überein, nur dass diese Forellen einen noch kleineren und schlankeren Körperbau aufweisen und die Augen groß und hervorquellend sind. Im Aguelmame Sidi Ali ist *S. pallaryi* vermutlich um 1938 wegen veränderter tropischer Bedingungen und Karpfenbesatz ausgestorben. Über die Forellen der zwei kleinen Seen wurde nichts mehr bekannt.

Lac d'Ifni – hier kommt die Zwergforelle (*S. akairos*) vor, Foto: Clemens Ratschan

Asif M'Goun – Quellregion (links) und Oued Dadès – Oberlauf (rechts)

Der etwa 30 ha große und bis zu 60 m tiefe Lac d'Ifni befindet sich rund 100 km vor dem westlichen Ende des Hohen Atlas auf einer Seehöhe von 2300 m. Der See wurde durch einen natürlichen Damm im Tal des Asif n'Moursaine gebildet, der an der Südabdachung des Toubkal (4167 m), der höchsten Erhebung Nordafrikas, entspringt. Die Zuflüsse des Sees führen nur während der Schneeschmelze und nach schweren Regenfällen Wasser, der Abfluss ist unterirdisch. Dadurch sinkt der Wasserspiegel während des Sommers um mindestens 7 m. Die Forellen des Lac d'Ifni wurden einst durch einen Bergrutsch, der zur Entstehung des Sees führte, von der weiter flussabwärts lebenden Population isoliert. Jene, die noch vor wenigen Jahrzehnten den Abfluss des Sees bis in den Oberlauf des Asif Tifnoute bewohnten, sind heute infolge anthropogener Einflüsse verschwunden. Im Tifnoute, einem Zubringer des Oued Souss, leben heute nur noch Barben. Im Lac d'Ifni stellen die endemischen Forellen die einzige Fischart dar. Ihre große Populationsdichte, das knappe Nahrungsangebot und das Fehlen von Fressfeinden – auch die Fischerei wird in diesem schwer zugänglichen See kaum betrieben – führten zu Kleinwüchsigkeit. Gewöhnlich erreichen die Fische eine maximale Länge von 8 bis 16 cm, in seltenen Fällen bis zu 22 cm. Sie werden kaum älter als 5 Jahre. Während der Sommermonate kann man die Forellen nahe der Oberfläche bei der Nahrungsaufnahme beobachten. Sie ernähren sich von Ruderfußkrebsen (Cyclopoida), terrestrischen Gliederfüßern (Arthropoda) sowie von Kiesel- und Fadenalgen. Da der Lac d'Ifni weder über geeignete Zuflüsse noch über einen oberirdischen Abfluss verfügt, kann die Laichablage nur im See stattfinden. Die äußeren Merkmale, besonders aber die Färbung, unterscheiden die „Zwergforelle" klar von allen anderen Forellen des Hohen und des Mittleren Atlas: Die Rücken- und die Afterflosse sind ungewöhnlich lang und mit einem deutlichen weißen, schwarz gesäumten vorderen Rand versehen. Alle Exemplare haben 9 bis 11 ovale oder längliche Jugendflecken. Einige Individuen zeigen zudem wenige größere bis kleine schwarze oder rötliche Punkte mit breiter, heller Umrandung entlang der Seitenlinie. Vielen Tieren fehlt allerdings diese Fleckenzeichnung. Gelegentlich ist eine leichte Marmorierung an den Seiten und am Rücken zu erkennen. Die vergleichsweise kleine Fettflosse ist rot umrandet, die Rückenflosse schwarz gefleckt. Aufgrund einiger diagnostischer morphologischer Merkmale wurde die „Zwergforelle" als eigene Art beschrieben: *Salmo akairos* Delling & Doadrio, 2005.

Der Phänotypus aus dem Becken des Sebou, des nördlichsten Atlantikzuflusses mit Forellenvorkommen, lässt sich heute nicht mehr mit Sicherheit bestimmen. Im Laufe der letzten Jahrzehnte wurden diese Gewässer mit Material aus der staatlichen Fischzucht „Ras el Ma"

bei Azrou besetzt. Die Elterntiere stammen aus verschiedenen Flüssen des Mittleren Atlas, vor allem aus dem Oberlauf des Oum er-Rbia. Zwei konservierte Exemplare aus dem Naturhistorischen Museum in Paris (Muséum National d'Histoire Naturelle) geben jedoch Aufschluss über die äußeren Kennzeichen der ursprünglichen Population des Tigrigra, eines Zuflusses des Beth, der wiederum einen der Hauptzuflüsse des Sebou darstellt. Beide Exemplare wurden, in den 1920er Jahren gesammelt und präsentieren einige charakteristische Merkmale, die sonst nur bei den Forellen des Rif-Gebirges auftreten: große rundliche Flecken an den Flanken; Rücken- und Afterflosse mit weißen, dunkel gesäumten Vorderkanten; spitze Schnauze mit weit gespaltenem Maul. Die Übereinstimmung der äußeren morphologischen Merkmale mit den Forellen aus dem nördlichsten Verbreitungsraum von Marokko könnte auf eine engere Verwandtschaft mit diesen hinweisen und somit würden auch die ursprünglichen Forellen aus dem Becken des Sebou dem südlichen Zweig des Atlantikstammes angehören.
Eine sowohl phänotypisch als auch genotypisch einzigartige Forellenpopulation bewohnt die Quellregionen des Dadès und seines Nebenflusses M'Goun im zentralen Hohen Atlas. Der Dadès ist der größte Zubringer des Drâa. Mit einer Länge von etwa 1100 km ist der Drâa der längste Fluss Marokkos. Sein übliches Wasservolumen reicht aber schon lange nicht mehr aus, um den Atlantik zu erreichen. Nur außergewöhnlich hohe Niederschläge können das Flussbett bis zum Unterlauf mit Wasser füllen. Die äußeren Merkmale, insbesondere die Fleckenzeichnung der Forellen aus dem Dadès und aus dem M'Goun, unterscheiden diese von den Forellen aus den übrigen Einzugsgebieten Marokkos. Die goldgelb bis silbrig glänzenden Flanken sind bei adulten Tieren dicht mit unregelmäßig geformten schwarzen Flecken besetzt. Bei näherer Betrachtung zeigt es sich jedoch, dass diese Flecken, mit Ausnahme der eher rundlich geformten an der Oberseite, einen weinroten Untergrund mit netzförmigen schwarzen Überlagerungen aufweisen. Bei jüngeren Tieren bis zu einer Körperlänge von etwa 18 cm tritt der rote Untergrund, vor allem entlang der Seitenlinie, noch deutlicher hervor. Außerdem haben juvenile Tiere 16 bis 19 schmale, teilweise fragmentierte Jugendflecken, die bei älteren Tieren durch vier dunkle Flächen ersetzt werden. An den Kiemendeckeln befinden sich mehrere kleine rötlichbraune oder schwarze Flecken, am Kopf zwei oder drei größere schwarze Flecken. Die Flossen sind gelb bis orange gefärbt, der obere und untere Rand der Schwanzflosse ist rot, die Bauchflossen und die Afterflosse sind weiß gesäumt. Die mit kleinen schwarzen, bei Jungtieren auch roten Flecken übersäte Rückenflosse zeigt eine helle Spitze und eine dunkle Vorderkante. Das obere Schnauzenprofil ist stark abgerundet, das Maul vergleichsweise klein.

Wenn auch vergleichende morphologische und meristische Untersuchungen keine nennenswerten Eigenheiten aufzeigen konnten, belegen die Ergebnisse molekulargenetischer Analysen, dass sich diese Forellen seit annähernd 1,2 Mio. Jahren von allen anderen Populationen isoliert entwickelt haben. Sie sind das Relikt einer stammesgeschichtlichen Linie, die bereits vor der Entwicklung der drei phylogenetischen Hauptlinien bestand. Wie bereits eingangs erwähnt, wurde diese Evolutionslinie nach ihrem Fundort „Dades" benannt. Die große genetische Distanz zu allen übrigen Vertretern der Europäischen Forelle, die in etwa jener zwischen der Weichmaulforelle der Neretva und der Ohridforelle des Ohridsees entspricht, würde die Zuordnung der Dadès-Forelle zu einer eigenständigen Spezies rechtfertigen.
Wie schon im vorangegangenen Kapitel über die Iberische Halbinsel erörtert wurde, zeigen adulte Tiere vieler atlantikstämmiger Forellenpopulationen Iberiens ebenso wie fast alle Populationen der mediterranen Stämme, von Spanien bis Anatolien, vier dunkle Flächen oder Querbänder an den Körperseiten. Da dieses Farbmuster auch bei der Reliktpopulation des Dadès in Erscheinung tritt, kann man davon ausgehen, dass es sich hierbei um ein plesiomorphes (ursprüngliches) Merkmal handelt, welches von einem gemeinsamen Vorfahren aus dem südlichen atlantischen Raum Europas stammt.
Die Bedrohungen, die den Fortbestand der autochthonen Forellenpopulationen im Nordwesten Afrikas gefährden, entsprechen im Großen und Ganzen denen anderer arider Zonen im Verbreitungsraum der Europäischen Forelle, wenngleich einige spezifische Risikofaktoren für dieses Gebiet am Rande der Sahara in Betracht zu ziehen sind. Anders als in weiten Teilen Südeuropas, wo die Besiedlungsdichte in den ländlichen Regionen in den letzten Jahrzehnten kontinuierlich abnahm, gibt es in Marokko trotz Abwanderung in die Städte einen erheblichen Bevölkerungszuwachs auch auf dem Lande zu verzeichnen. Die Folgen des anhaltenden Bevölkerungsdrucks sind die vermehrte Nutzung von Agrar- und Weideflächen sowie die Abholzung der Wälder zur Flächen- und Brennstoffgewinnung. Dies führt zu erhöhter Bodenerosion und zu einer empfindlichen Störung des Wasserhaushalts. Der Wasserverbrauch für die Bewässerung verringert die Abflussmenge der Flüsse, wodurch höhere Wassertemperaturen während des Sommers auftreten. Extreme Trockenjahre, wie sie immer wieder vorkommen, verstärken dieses Problem. Mitte des letzten Jahrhunderts lag die untere Verbreitungsgrenze der Forellen im Mittleren Atlas noch bei 900 m, heute befindet sie sich bei etwa 1.200 m im Mittleren Atlas und bei 1.500 m im Hohen Atlas. Die Auswirkungen des Bevölkerungswachstums und des Klimawandels verbunden mit einer Abnahme der Niederschläge stellen, neben den Beeinträchtigungen durch den Bau

von Straßen und Dämmen, die größten Bedrohungen für den ökologischen Lebensraum der marokkanischen Forellen dar. Die meisten Populationen konnten nur in kleinen Arealen der Quellregionen überleben. Als Folge der verminderten Niederschlagsmengen im südlichen mediterranen Raum wird der Grundwasserspiegel in den nächsten Jahrzehnten dramatisch sinken. Nach offiziellen Schätzungen sind heute bereits 93% des Staatsgebietes von Marokko in unterschiedlichem Ausmaß von fortschreitender Desertifikation betroffen.

Im Hohen Atlas ist die ursprüngliche Bewaldung der Nordflanke durch Abholzung stark zurückgegangen, was zu einer beträchtlichen Erosion und Degradierung der Böden führte. An der Südabdachung gibt es durch die geringen Niederschläge kaum Vegetation. In den Tälern, deren Flüsse ganzjährig genügend Wasser aus den niederschlagsreichen Hochlagen bringen, wird intensiver Bewässerungsfeldbau betrieben. Trotz der höheren Niederschlagsmengen im Norden werden die Landnutzungsmöglichkeiten dort sehr oft durch die steilen Hangneigungen erschwert, womit die Täler einem massiven Agrardruck ausgesetzt sind. Im Sommer kommt es in den letzten Jahrzehnten immer häufiger zu gewittrigen Starkniederschlägen, die vorwiegend an der Nordseite des westlichen und des zentralen Hohen Atlas auftreten und Überschwemmungen und damit verbunden flächenhafte Bodenerosion auslösen können. Die negativen Auswirkungen dieser Entwicklung auf die Fließgewässer haben dazu geführt, dass die heutigen Forellenvorkommen, bis auf wenige Ausnahmen, nur noch auf kurze Abschnitte in den Quellregionen beschränkt sind. Stabile, durch rigorose Fischereiregelungen und mehr oder weniger strenge Kontrollen geschützte Bestände weisen noch die Oberläufe folgender Flüsse im zentralen Hohen Atlas auf: Tessaout, Lakhdar und Melloul.

Im Mittleren Atlas befinden sich einige für Sportangler leichter zugängliche Forellengewässer, wo neben den Regenbogenforellen auch heimische Bachforellen vorkommen. Leider stammen diese Forellen von Besatzmaßnahmen mit bereits hybridisierten Tieren aus der staatlichen Zuchtstation. Die genetische Integrität der einzelnen Populationen ging durch diesen Einfluss weitgehend verloren.

Literatur: Duméril, 1858; Pellegrin, 1924a, 1924b; Werner, 1931; Joleaud, 1938; Vivier, 1948; Kerans, 1962; Panouse, 1963; Mouslih, 1987; Gee & Duigan, 1993; Schöffmann, 1993, 2007a, 2011; Doadrio, 1994; Lamb et al., 1994; Delling & Doadrio, 2005; Snoj et al., 2011.

5.7. Frankreichs Mittelmeerbecken

Das Mittelmeerbecken Frankreichs, von den Pyrenäen bis zu den Seealpen, wird fast ausschließlich vom Mittelmeerstamm bewohnt. Die weitgehende Abwesenheit des Adriastammes in dieser Region lässt sich vielleicht mit der Verdrängung der ursprünglichen Adriastamm-Populationen durch den sich später ausbreitenden Mittelmeerstamm erklären. Der Genfer See konnte aufgrund einer seit dem Würmglazial bestehenden Barriere unterhalb von Genf (Perte du Rhône) vom Mittelmeerstamm nicht erreicht werden. In der Drance, einem Zufluss des Genfer Sees, wurde hingegen eine Adriastamm-Population nachgewiesen. Sollte es sich dabei um ein natürliches Vorkommen handeln, wäre dies ein Beweis für eine Erstbesiedelung des Rhône-Beckens durch den Adriastamm. Erst über postglaziale Verbindungswege gelangten atlantikstämmige Forellen aus dem Rheintal in den Genfer See und in das obere Rhônetal. Im Genfer See entstand eine lakustrische Form, die in die Zuflüsse zum Laichen aufsteigt. Sie wurde vom französischen Naturforscher Georges CUVIER 1828 als *Salmo Lemanus* beschrieben. Infolge massiver Besatzmaßnahmen mit allochthonen Forellen ist diese ursprüngliche Form der Seeforelle heute nicht mehr vorhanden.

Die mittelmeerstämmigen Forellen im Einzugsgebiet der Rhône zeigen eine besonders deutliche Zeichnung der vier dunklen vertikalen Binden hinter der Kiemenöffnung, unter der Rückenflosse, über dem Ansatz der Afterflosse und an der Wurzel der Schwanzflosse. Von den Einheimischen werden sie deshalb auch „truite zébrée“ (Zebraforelle) genannt. Im Jahre 1923 schuf L. ROULE einen Namen für die Rhône-Forellen, *Salmo trutta* forma *major* facies *rhodanensis*, der wegen seines infrasubspezifischen Charakters nicht verfügbar ist. Fowler erklärte 1974 die Rhône-Forelle als eigene Unterart, *Salmo eriox rhodanensis,* und schließlich wurde sie von KOTTELAT 1997 als eigenständige Art, *Salmo rhodanensis,* anerkannt. Das Entstehungszentrum des Mittelmeerstammes wird in Südfrankreich, in Rousillon, vermutet. Hier am Fuße der Pyrenäen, im Oberlauf des Têt, findet man Forellen, die jenen des Rhône-Beckens sehr ähneln. Sogar in der Tarn, einem Fluss des Atlantikbeckens, gibt es Forellen mit den vier dunklen Binden. Eine Zuwanderung aus der Rhône erfolgte anscheinend über ehemalige Verbindungen der zwei Flusssysteme während oder nach der letzten Eiszeit. Die Verbreitung des Mittelmeerstammes nach Osten erfolgte entlang der Ligurischen Küste auf die Apenninenhalbinsel und nach Korsika. Die östlichsten Populationen befinden sich auf der südwestlichen Balkanhalbinsel. In das Becken des Po gelangte der

Mittelmeerstamm entweder über den nördlichen Apennin mittels Flussanzapfungen, die eine Verlagerung der Wasserscheide zur Folge hatten, oder auch durch migrierende Populationen über das im Spätglazial kühlere und weniger salzhaltige Meer.

Forelle (*S. rhodanensis*), ~340 mm, Doubs (Rhône-Becken), Foto: Maurice Kottelat

Forelle, ~220 mm, Carança (Têt-Becken)

Loue – ein Nebenfuss der Doubs (Rhône-Becken), Foto: Pierre Affre

Literatur: Roule, 1925, 1929; Guyomard, 1989; Largiadèr & Scholl, 1996; Largiadèr et al., 1996; Mezzera et al., 1997; Kottelat & Freyhof, 2007.

5.8. Korsika

Lediglich drei Mittelmeerinseln – Korsika, Sardinien und Sizilien – weisen autochthone Forellenvorkommen auf. Korsika ist die kleinste dieser Inseln. Der Charakter Korsikas wird durch die steil aufragenden, meist dicht bewaldeten Bergketten geprägt. Der Monte Cinto im Nordwesten Korsikas stellt mit 2706 m die höchste Erhebung dar. Eine Vielzahl sauberer Fließgewässer mit Forellenvorkommen findet man über die ganze Insel verteilt. Bis vor nicht allzu langer Zeit beherbergten die meisten Flüsse noch reine autochthone Populationen. Jedoch kam es in den vierziger und fünfziger Jahren des letzten Jahrhunderts zu großflächigem Einsatz von DDT zur Bekämpfung der Anopheles. Dieser Eingriff in den Naturhaushalt und die darauf folgenden Besatzmaßnahmen mit allochthonen Bachforellen haben die heimischen Bestände in die Rückzugsgebiete, meist schwer zugängliche Bergregionen, verdrängt. Glücklicherweise besitzt das relativ dünn besiedelte Korsika noch genügend solcher Refugien. Zahlreiche native Populationen konnten so bis heute überleben und man ist nun bestrebt, sie zumindest teilweise durch Fischereiverbot auch weiterhin zu erhalten.

Ähnlich wie das westmediterrane Festland Europas kolonialisierte auch die Insel zuerst der Adriastamm, der später von den mittelmeerstämmigen Einwanderern teilweise ersetzt wurde. Populationen des Adriastammes findet man daher meist nur oberhalb von natürlichen Barrieren, die zur Zeit der ersten Immigration noch nicht vorhanden waren. Bis vor etwa 15.000 Jahren waren die Gebirge Korsikas mit Eis bedeckt. Erst nach dem Abschmelzen der Gletscher konnten die Forellen in die Gewässer des Landesinneren vorstoßen.

An den steilen Berghängen Korsikas bildeten sich immer wieder unüberwindbare Kaskaden, die viele kleine Populationen einer isolierten Entwicklung zuführten. So entstanden oft phänotypisch und genotypisch unterscheidbare Populationen auf engstem Raum, wie zum Beispiel im Tal des Ascu. Der Ascu hat seinen Ursprung am Nordhang des Monte Cinto und fließt in den Golu, welcher südlich von Bastia ins Meer mündet. Mindestens fünf der Seitenbäche des Ascu beherbergen isolierte Forellenpopulationen: Manica, Tassineta, Ventosi, Corbica und Logoniellu.

Die Fließgewässer Korsikas werden nach Höhenlage und Biozönose in drei Zonen unterteilt:

a) Die obere Forellenregion befindet sich über 500 m Seehöhe. Hier leben ausschließlich Forellen.
b) Die untere Forellenregion liegt zwischen 500 und 200 m über dem Meer. Neben den Forellen gibt es hier bis zu 30 % Aale.
c) Die Aalregion erstreckt sich von 200 m Seehöhe bis zur Küste. Hier ist der Aal die dominante Art. Außerdem findet man noch den Süßwasser-Schleimfisch (*Salaria fluviatilis*), in einigen Flüssen auch den Stichling (*Gasterosteus gymnurus*) und im Mündungsbereich den Zebrakärpfling (*Aphanius fasciatus*) ebenso wie einige ins Süßwasser wandernde Meeresfische (Ährenfische, Meeräschen, Wolfsbarsche, Finten). Vor allem während des Winters trifft man hier gelegentlich größere (3- bis 6-jährige) Forellen an. Weiters wurde von Forellenfängen in der Brackwasserlagune von Biguglia, südlich von Bastia, berichtet.

Ascu – Zufluss des Golu (links) und Paratella – Prunelli-Becken (rechts)

Forelle, ~290 mm, Golu

Forelle, ~170 mm, Manica (Ascu-Zufluss, Golu-Becken)

Forelle, ~160 mm, Ventosi (Ascu-Zufluss, Golu-Becken)

Forelle, ~210 mm, Corbica (Ascu-Zufluss, Golu-Becken)

Forelle, ~150 mm, Ghiraldinu (Taravu-Becken)

Forelle, ~220 mm, Ese (Prunelli-Becken)

Forelle, ~150 mm, Paratella (Prunelli-Becken)

Forelle, ~170 mm, Zoicu (Liamone-Becken)

Die Abwesenheit von primären Süßwasserfischen, wie den Karpfenfischen (*Cyprinidae*), erlaubte den Forellen das Vordringen in wärmere Flussregionen. Durch den fehlenden Konkurrenzdruck der an höhere Wassertemperaturen besser adaptierten Karpfenfischarten war es den Forellen möglich, auch die sommerwarmen Mittel- und Unterläufe der Flüsse zu besetzen – zumal ein Großteil der Flüsse klares und sauerstoffreiches Wasser bis in die Mündungsbereiche führt. Im Gegensatz dazu werden in den Fließgewässern des mediterranen Festlandes die Forellen in den Flussabschnitten mit Höchsttemperaturen von mehr als 20° C von rheophilen Cypriniden (z.B. Barben) abgelöst. Wie hervorragend die Anpassung an hohe Wassertemperaturen erfolgt ist, kann man in mehreren korsischen Flüssen beobachten: bei 25 bis 26° C nehmen die Forellen noch aktiv Nahrung auf. Die Letaltemperatur liegt offensichtlich weit darüber. Bedingt durch den geringen Nährstoffgehalt der korsischen Gewässer ist das Wachstum der Forellen eher bescheiden. Weibliche Tiere werden bereits mit etwa 14 cm geschlechtsreif, Männchen schon früher. Eine Körperlänge von 30 cm wird selten überschritten. Das karge Nahrungsangebot wird von den Forellen so weit wie möglich genutzt. So findet man bei Magenuntersuchungen neben terrestrischen und aquatischen Insekten hauptsächlich kleine Muscheln und Schnecken. Ähnlich wie Barben „weiden“ die korsischen Forellen die Mollusken von den Steinen. Eine morphologische Besonderheit der Forellen Korsikas und eine mögliche Anpassung an die Umweltbedingungen ist die niedrige Anzahl von Pylorusanhängen (20-37). Einige Wissenschaftler vertreten die Ansicht, dass die Populationen mit der geringen Anzahl der ursprünglichen Form angehören, während die Populationen mit höherer Anzahl (25-51) durch Besatz genetisch kontaminiert sind. Jedenfalls wurden bei den unvermischten autochthonen Populationen mehrere Haplotypen des Adria- und des Mittelmeerstammes nachgewiesen, im Paratella, einem Bach aus dem Prunelli-Becken im Westen der Insel, sogar ein Haplotypus des Marmoratastammes.

Literatur: Krieg & Guyomard, 1983; Olivari & Brun, 1988; Roché, 1988; Roché et al., 1998; Schöffmann, 1997.

5.9. Sardinien

Im Gegensatz zu Korsika sind die Gebirgszüge in Sardinien niedriger und das Klima ist trockener. Die höchste Erhebung im zentralen Massiv des Gennargentu erreicht gerade einmal 1834 m. Die Auswirkungen anthropogener Einflüsse auf die heimischen Forellenpopulationen kommen in Sardinien stärker zum Tragen als auf der Nachbarinsel. Bereits im 19. Jahrhundert wurden die einst riesigen Waldflächen systematisch gerodet, um Holz und Holzkohle zu gewinnen. Heute beeinträchtigen weidende Schafe und Ziegen die noch verbliebenen Waldreste. Die Entwaldung wirkte sich neben dem zunehmenden Wasserbedarf negativ auf den Wasserhaushalt der Insel aus. Es gibt daher nur noch wenige Flüsse und Bäche, die ganzjährig genügend Wasser führen, um ein Forellenvorkommen zu sichern. Zudem werden hier schon seit langem exotische Fischarten eingeführt. Vor allem in die zahlreichen Stauseen wurden neben der Regenbogenforelle auch Hecht, Karpfen, Schleie und Schwarzbarsch eingesetzt. Den autochthonen Forellen am meisten geschadet haben die leider auch heute noch praktizierten Besatzmaßnahmen mit ortsfremden Bachforellen. So gibt es auf Sardinien kaum noch rein erhalten gebliebene ursprüngliche Forellenpopulationen.

Das Vorkommen eines einzigen Haplotypus des Adriastammes (Ad 3) legt die Vermutung nahe, dass die Forellen Sardiniens Nachkommen einer einmaligen Kolonisierung darstellen. Die Vorfahren dieses Adriastammes, der auch auf Korsika weit verbreitet ist, könnten während einer wärmeren interglazialen Periode in einigen höher gelegenen Gebieten der Insel überlebt haben, wohingegen nachfolgende Immigranten in den unteren Gewässerregionen ausstarben. Die heutigen hydrologischen Bedingungen führen ein entsprechendes Szenarium vor Augen: Viele Flüsse Sardiniens trocknen während des Sommers aus und die Forellen überleben oft nur in kleinen Tümpeln, die von unterirdisch noch fließendem Wasser erhalten werden. In vielen Gewässern liegen die maximalen Wassertemperaturen weit über 20° C. Da auch auf Sardinien die Karpfenfischarten ursprünglich fehlten, konnten sich die Forellen an die höheren Temperaturen anpassen. Die Ernährungs- und Umweltbedingungen gleichen denen auf Korsika. Auch bei den sardischen Forellen besteht der Mageninhalt vorrangig aus Anflug und Mollusken. Die Anzahl der Pylorusanhänge ist ähnlich niedrig wie bei den korsischen Verwandten. Die Fleckenzeichnung der sardischen Forellen besteht zumeist aus unregelmäßig geformten schwarzen Flecken, manchmal auch einigen rötlichen Flecken, vor allem bei jüngeren

Tieren. Die Forellen des Riu Posada zeigen ab einer Körperlänge von etwa 8 cm nur mehr schwarze Flecken. Bei allen Populationen scheinen bis zu einer Länge von etwa 22 cm 10 bis 14 ovale bis längliche Jugendflecken auf, die bei älteren Tieren von vier großen dunklen Flecken oder Querbinden abgelöst werden.

Anfang des letzten Jahrhunderts untersucht der britische Ichthyologe G. A. BOULENGER einige sardische Forellen aus dem Britischen Museum und kommt zu der Auffassung, dass es sich um *Salmo macrostigma* handle. In seinem 1901 veröffentlichten Artikel schreibt er: „Die sardinischen Forellen stimmen in jeder Hinsicht mit den algerischen und marokkanischen Exemplaren des Museums überein, sogar in der geringen Anzahl der Pylorusanhänge, von denen ich nur 20 zählte".

Im Jahre 1940 veröffentlicht Francesco Pio POMINI eine sorgfältige Beschreibung mit detaillierten Zeichnungen von sardischen Forellen aus acht verschiedenen Flusssystemen. Von diesen Populationen haben nur ein paar überlebt. Die einzige nennenswerte Population ist die des Riu Flumineddu, nahe der Küste am Golf von Orosei. Allerdings wurde durch ein verheerendes Hochwasser, begleitet von einem Bergrutsch, im Winter 2005/2006 ein Großteil der Population ausgelöscht. Zuvor sah ich hier neben unzähligen Jungfischen noch einige größere Exemplare mit einer Körperlänge bis zu 40 cm. In den schwer zugänglichen Abschnitten des Riu Posada, im Nordosten Sardiniens, konnte sich eine Restpopulation bis heute halten. Die Population des Riu di Cannas und des einmündenden Riu Ollastu ist so gut wie verschwunden. Im Herbst 2000 gelang es mir noch, drei kleinere Exemplare im Unterlauf des Ollastu zu fangen, die in zwei Tümpeln des ausgetrockneten Flussbetts den Sommer überlebt hatten. Nach dem Fotografieren in einem Aquarium wurden sie wieder schonend zurückgesetzt. In den darauf folgenden Jahren konnte ich in den beiden Flüssen, trotz intensiver Suche, keine weiteren Forellen mehr finden. Zwar bestehen im oberen und mittleren Abschnitt des Ollastu für Forellen geeignete Habitate: tiefere Tümpel, gespeist mit klarem und kühlem Wasser aus dem Untergrund. Ganz offensichtlich wurden die heimischen Forellen hier dennoch von Bioinvasoren wie Schleien (*Tinca tinca*) und Katzenwelsen (*Ictalurus melas*) abgelöst. Vor allem die Katzenwelse, die dieselben Unterstände wie die Forellen bevorzugen, tragen durch ihr aggressives Verhalten und ihre laichräuberische Lebensweise maßgeblich zum Verschwinden der Forellenbestände bei. Der Rio Chiedossu entspringt am Osthang des Gennargentu-Massivs und mündet in den oberen Flumendosa. In seiner Quellregion existiert noch eine kleine Population, die aber bereits durch Besatzfische aus dem Unterlauf kontaminiert anmutet. Das äußere Erscheinungsbild der Forellen aus all den genannten Flüssen entspricht weitgehend Pominis Beschreibung.

Forelle, ~280 mm, Riu Punta Ittia (Posada-Becken)

Forelle, ~210 mm, Riu Flumineddu

Forelle, ~220 mm, Riu Códula di Luna

Forelle, ~200 mm, Riu Pardu (Pelau-Becken)

Forelle, ~230 mm, Riu s'Acqua Callenti (Flumendosa-Becken)

Forelle, ~140 mm, Riu Ollastu (Picocca-Becken)

Forelle, ~230 mm, Canale is Canargius (Riu de Pula-Becken)

Forelle, ~190 mm, Torrente Leni (Mannu-Becken)

Riu Posada (links) und Riu s'Acqua Callenti (rechts)

Neben diesen angeführten Populationen gibt es noch weitere Vorkommen autochthoner Forellen: im Riu Códula di Luna am Golf von Orosei; etwas weiter südlich im Riu Pardu; im Riu s'Acqua Callenti, einem Zufluss des unteren Flumendosa; und schließlich, im Südwesten der Insel, im Canale is Canargius. Alle diese Populationen sind gefährdet, entweder durch Überfischung oder durch den Besatz mit domestizierten Bachforellen und Regenbogenforellen. Vor Kurzem wurde in einem Bach im Nationalpark des Monte Acrosu, westlich von Cagliari, eine ursprüngliche Forellenpopulation entdeckt. Durch künstliche Nachzucht soll nun authentisches Besatzmaterial für die Wiederbesiedelung von vorher leergefischten Bächen in verschiedenen Quellregionen Sardiniens beschafft werden.

Literatur: Boulenger, 1901; Pomini, 1941b; Cottiglia, 1968; Schöffmann, 1997.

5.10. Sizilien

Die größte Mittelmeerinsel ist im Vergleich zu Korsika und Sardinien dicht besiedelt und war daher immer schon stärker den menschlichen Einflüssen auf die Umwelt ausgesetzt. Vorkommen autochthoner Forellen findet man heute nur noch im Südosten Siziliens, in vier Flüssen, die im Hybläischen Plateau (Monti Iblei) südlich des Ätna entspringen. Historische Daten aus dem 19. Jahrhundert belegen zehn weitere, ausschließlich über den Osten der Insel verteilte Vorkommen. Die Gründe für ihr Verschwinden sind vielfältig: vermehrte Grundwassernutzung, Wasserverschmutzung, Bodenerosion durch Entwaldung und Beweidung, Überfischung und nicht zuletzt der Besatz mit ortsfremden Arten. So wurde der Licopeti, ein Zufluss des Alcántara nördlich des Ätna, massiv mit Regenbogenforellen besetzt. Zudem stehen kaum mehr geeignete Laichplätze zur Verfügung, da der Gewässergrund bis in die Quellregionen Schlammablagerungen infolge von Viehhaltung aufweist. Die vier Flussläufe mit weitgehend rein erhalten gebliebenen Beständen ursprünglicher Forellen sind der Ánapo, der Cassíbile, der Irmínio und der Tellesimo, ein Zubringer des Tellaro. Sie werden von tiefen Quellen, die sich in relativ geringer Seehöhe befinden, gespeist. Ein großer Teil der Flussstrecke verläuft durch breite Schluchten mit üppiger Vegetation, gesäumt von steilen Felswänden. Die durch dichtes Dornengestrüpp unzugänglichen Abschnitte dieser auf Sizilien „Cava" genannten Schluchten stellen ein natürliches Refugium dar. In drei der vier Flüsse wurden wenige, glücklicherweise nicht sehr erfolgreiche Besatzmaßnahmen mit allochthonen Bachforellen durchgeführt. Nur der kleinste dieser Flüsse, der Tellesimo, blieb von solchen Eingriffen verschont. Die Population dieses Gewässers ist aber auch die am meisten gefährdete. Der zunehmende Wasserbedarf für die Landwirtschaft trug maßgeblich zur Senkung des Grundwasserspiegels bei, wodurch zu wenig Wasser in die Flüsse gelangt. Am Ende der sommerlichen Trockenperiode bleiben oft nur wenige Tümpel mit ausreichend Wasser zurück. Im Sommer 2004 sah ich im Oberlauf des Tellesimo einige kleine Pfützen mit offensichtlich zu geringem Sauerstoffgehalt und vielen toten und sterbenden Jungfischen. Heute versucht man diese wertvolle biologische Ressource zu erhalten, indem man Forellen aus dem Tellesimo künstlich vermehrt und in andere geeignete Gewässer einbringt.

So wie auf Sardinien gehören auch auf Sizilien die Karpfenfische nicht zur ursprünglichen Fauna und die heimischen Forellen haben sich im Laufe der Jahrtausende an die besonderen Umweltbedingungen angepasst. Besatzforellen konnten sich nur an wenigen Stellen behaupten.

Forelle, ~150 mm, Tellesimo

Forelle, ~290 mm, Irminio

Cassibile – die Flüsse im Hybläischen Plateau südlich des Ätna bilden tiefe Schluchten

Charakteristisch für die sizilianischen Forellen ist die gedrungene Körperform mit dem steil ansteigenden Rücken. Die Schwanzflosse ist auch bei älteren Exemplaren noch deutlich gegabelt. Die so genannten Jugendflecken treten bei Tieren aller Altersklassen in Erscheinung. Die bei Jungfischen noch schmalen vertikalen Jugendflecken – meist 9 bis 11 – nehmen mit zunehmenden Jahren eine ovale bis runde Form an, wobei die Jugendflecken an der vorderen Körperseite oft ineinander verfließen. Ein weiteres Kennzeichen sind die, meist nicht sehr zahlreichen, rundlichen schwarzen Flecken mit heller Umrandung an den Flanken. Nur wenige Exemplare zeigen auch ein paar rötliche, schwarz überlagerte Flecken entlang der Seitenlinie an der hinteren Körperhälfte. Die Rücken- und die Afterflosse haben deutliche weiße, schwarz gesäumte Spitzen oder Vorderkanten. Dieses Merkmal besitzen generell nur Forellen des Atlantikstammes. Eine Ausnahme bilden bloß einige Populationen Korsikas, die ähnlich gefärbte Flossen aufweisen. Ob diese Abweichung auf anthropogen verursachten oder auf natürlichen Einfluss durch Atlantikforellen zurückzuführen ist oder ob es sich dabei um ein überliefertes plesiomorphes Merkmal handelt, konnte bisher noch nicht geklärt werden. Jedenfalls offenbaren neuere genetische Untersuchungen, dass die Forellen Siziliens dem Atlantikstamm angehören und eine nahe Verwandtschaft mit einigen Populationen Marokkos und der Iberischen Halbinsel aufweisen. Die Kolonialisierung des südwestlichen mediterranen Raumes muss infolgedessen, von einem Refugium Südwesteuropas oder Nordwestafrikas ausgehend, entlang der nordafrikanischen Küste bis nach Sizilien erfolgt sein. Ungeklärt bleibt hingegen die demografische Frage, warum in benachbarten Regionen, wie Sardinien und Süditalien, nur Populationen des Adria- und des Mittelmeerstammes nachgewiesen wurden. Eine mögliche Erklärung dafür wäre, dass die ursprünglichen Populationen einer mediterranen Evolutionslinie auf Sizilien während einer trockenen Periode ausstarben. Die Neubesiedelung erfolgte dann vom Westen mit atlantikstämmigen Forellen. Eine kühle Meeresströmung vom Atlantik entlang der Nordafrikanischen Küste, beeinflusst durch den kalten Kanarenstrom, ist bis heute erhalten geblieben. Sie könnte noch während postglazialer Perioden eine Zuwanderung aus dem Westen ermöglicht haben, zumal auch abschmelzendes Gletscherwasser aus dem Atlasgebirge für einen verringerten Salzgehalt der küstennahen Gewässer sorgte.

Im Jahre 1858 beschreibt der französische Zoologe Auguste DUMÉRIL zwei Forellen aus einem Küstenfluss, dem Oued el-Abaïch, im Nordosten Algeriens als neue Art: *Salar macrostigma*. Die Bezeichnung „macrostigma“ (großer Fleck) bezieht sich nicht, wie oft behauptet, auf den Fleck hinter dem Auge, der mehr oder weniger deutlich bei allen

Vertretern der Europäischen Forelle auftritt, sondern auf die Jugendflecken. Die Zeichnung der Forelle in DUMÉRILS Originalbeschreibung zeigt eine erstaunliche Ähnlichkeit mit den Forellen Siziliens. Ebenso lassen die konservierten algerischen Exemplare aus den Naturhistorischen Museen von Paris und Wien eine deutliche Übereinstimmung mit den charakteristischen Merkmalen der sizilianischen Forellen erkennen. Ein genetischer Nachweis über die stammesgeschichtliche Zugehörigkeit der Forellen aus Algerien wird sich wohl kaum mehr erbringen lassen, da die im 20. Jahrhundert bereits stark reduzierten Restpopulationen heute wahrscheinlich ausgestorben sind. Einige morphologische Daten der Museumsexemplare und die phänotypische Ähnlichkeit mit den sizilianischen Forellen sowie das geografische Verbreitungsmuster – atlantikstämmige Populationen bewohnen auch die mediterranen Zuflüsse Marokkos – sprechen für eine atlantische Abstammung der algerischen Forellen.

Seit Jahrzehnten benutzten viele Autoren den Namen *Salmo macrostigma* bzw. *Salmo trutta macrostigma* zur Klassifikation von Forellenpopulationen aus dem tyrrhenischen Becken der italienischen Halbinsel, aus Korsika, Sardinien und Sizilien, aus Marokko, Algerien und Griechenland sowie aus dem Mittelmeerbecken Bulgariens und der Türkei. Doch bereits im Jahre 1810 beschreibt der US-amerikanische Universalgelehrte Constantine S. RAFINESQUE SCHMALZ Forellen von zwei Fundorten in Sizilien als *Salmo cettii*. Die Angabe der Fundorte ist ungenau, da die Namen „Val* Demone“ und „Val di Noto“ nur Bezeichnungen historischer Regionen – ehemalige Verwaltungseinheiten der arabischen Besatzer – im Nordosten bzw. im Südosten Siziliens darstellen. Einige Autoren geben heute dem älteren Namen den Vorzug und betrachten *S. macrostigma* als Synonym von *S. cettii*. Wie die vorangegangenen Ausführungen darlegen, gehören die Forellen Siziliens und aller Wahrscheinlichkeit nach auch die heute womöglich ausgestorbenen Populationen Algeriens dem Atlantikstamm an. Das traditionelle Taxon *Salmo (trutta) macrostigma* ebenso wie der ältere Name *Salmo (trutta) cettii* wären somit, je nach angewendetem Artkonzept, Synonyme von *Salmo trutta trutta* bzw. *Salmo trutta* sensu stricto. Die Klassifikation der Forellenpopulationen der mediterranen Evolutionslinie wäre hiermit neu zu überdenken.

* Der Begriff stammt nicht vom italienischen Wort „valle“ (Tal), oft mit Val abgekürzt, sondern von der Bezeichnung „vallo“ (arabisch: wilaya), der Provinzeinteilung aus der Zeit der arabischen Besetzung Siziliens, welche bis 1818 erhalten blieb.

Literatur: Duméril, 1858; Duchi, 1988; Zava et al., 1991; Schöffmann et al., 2007; Schöffmann, 2007b; Snoj et al., 2011.

5.11. Apenninische Halbinsel u. nördliches Adriabecken

Der Einfluss des Menschen auf die heimischen Forellenpopulationen und deren Biotope war auf dem Festland von Italien bei weitem gravierender als auf den Inseln. Beinahe jedes für Salmoniden geeignete Gewässer wurde mit zumeist atlantikstämmigen Forellen nordeuropäischer Herkunft besetzt. So gibt es kaum noch rein erhalten gebliebene ursprüngliche Forellenpopulationen. Die genetischen Untersuchungen der wenigen Restbestände geben nur ein unzureichendes Bild von der einstigen biologischen Vielfalt der italienischen Forellenpopulationen. Die Beschreibung einer Anzahl von hypothetischen Arten spiegelt den Polymorphismus dieser Forellen wider. So nannte man, unter anderem, die Bachforellen aus dem tyrrhenischen Becken der italienischen Halbinsel *Salmo macrostigma,* aus dem mittleren Adriabecken *Salmo ghigii* und für die Bachforellen des nördlichen Adriabeckens wurde kürzlich der Name *Salmo cenerinus* vorgeschlagen. Außerdem kennt man noch zwei Seeformen, *Salmo carpio* aus dem Gardasee in Norditalien und *Salmo fibreni* aus dem See von Posta Fibreno in Mittelitalien.
Ein interessantes Detail am Rande: In einer ehemals von Menschen bewohnten Grotte an der tyrrhenischen Küste, nahe der süditalienischen Küstenstadt Praia a Mare im Norden Kalabriens, fand man in Schichten aus dem Jungpaläolithikum und teilweise auch aus dem Mesolithikum fossile Fischüberreste (von 8.290 Exemplaren), die beinahe alle von Forellen stammten. Die gut erhaltenen Vomer-Knochen bestätigten die Zuordnung zu *Salmo trutta.* Die Größe der Fische lässt vermuten, dass es sich um anadrome Meerforellen handelte, die in dem gegen Ende der Eiszeit noch wasserreichen Fluss Noce zum Laichen aufstiegen. Im Spätglazial waren die mediterranen Küstengewässer kühler als heute und der Salzgehalt war ähnlich niedrig wie im heutigen Schwarzen Meer (18-20‰), wo jetzt noch anadrome Populationen vorkommen. In der Quellregion des Noce, oberhalb der Stadt Lagonegro, blieb eine stationäre Restpopulation bis heute erhalten. Leider wurde auch hier durch Besatz mit allochthonem Material die genetische Integrität untergraben.

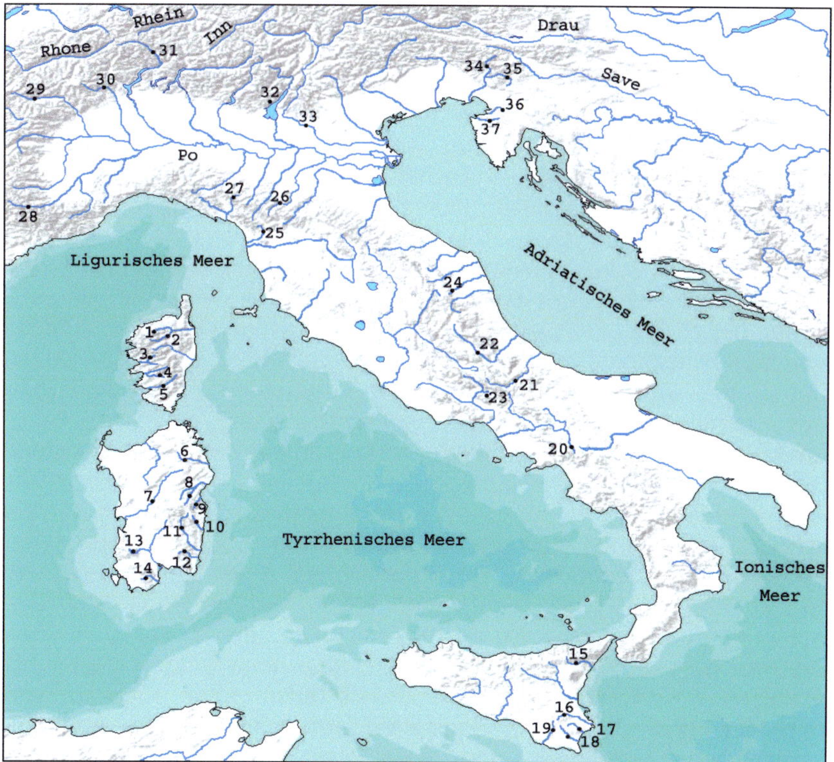

Hydrografische Karte von der Apenninenhalbinsel (sowie Korsika, Sardinien und Sizilien)

1 Ascu, 2 Golu, 3 Liamone, 4 Paratella, 5 Taravu, 6 Posada, 7 Tirsu, 8 Flumineddu, 9 Códula di Luna, 10 Pardu, 11 Flumendosa, 12 Ollastu, 13 Leni, 14 Can. is Canargius, 15 Alcántara, 16 Ánapo, 17 Cassíbile, 18 Tellaro, 19 Irmínio, 20 Calore, 21 Sangro, 22 Pescara, 23 Lago Posta di Febreno, 24 Ambro, 25 Sérchio, 26 Panàro, 27 Magra, 28 Stura di Demonte, 29 Dora Baltea (Aostatal), 30 Sésia, 31 Ticino, 32 Gardasee, 33 Etsch (Adige), 34 Soča (Isonzo), 35 Idrijca, 36 Rižana, 37 Dragonja;

a) Die Apenninische Halbinsel

Die Flusssysteme der Apenninischen Halbinsel entwässern im Westen ins Ligurische und ins Tyrrhenische Meer, im Osten in die Adria und im Südosten in das Ionische Meer. Ernesto SOMMANI publiziert 1950 eine genaue Beschreibung mit Fotografien toter Exemplare von elf Forellenpopulationen aus Süditalien, zwischen Pescara im Norden und Cosenza im Süden. Die meisten dieser ehemals autochthonen Populationen sind heute durch Besatz genetisch kontaminiert oder ausgelöscht. Mehrere molekularbiologische Studien an verschiedenen Forellenpopulationen der Apenninhalbinsel ergaben, dass sowohl in den westlichen als auch in den östlichen Entwässerungsgebieten Haplotypen des Adriastammes und des Mittelmeerstammes ursprünglich vorkamen, die heute jedoch nur noch in wenigen Restpopulationen, oft gemeinsam mit Haplotypen des allochthonen Atlantikstammes, anzutreffen sind.

Im Jahre 1941 beschreibt POMINI die Forellen aus dem Fluss Sagittario in den Abruzzen als neue Spezies: *Salmo ghigii.* Der Sagittario ist ein Zufluss des Pescara, der bei der gleichnamigen Stadt in die Adria mündet. POMINI ist der Ansicht, dass diese Art auch in anderen Flüssen des Adriabeckens der italienischen Halbinsel vertreten ist. Neben einigen morphologischen Merkmalen, wie eine lange Schnauze mit großem Maul, wird die Fleckenzeichnung als charakteristisches Kennzeichen von *S. ghigii* angegeben: eine hohe Anzahl kleiner bis mittelgroßer schwarzer und vereinzelt auch roter Flecken von unregelmäßiger Form. Die originale Form des Sagittario ist heute verschwunden. Forellen, die der Beschreibung von *S. ghigii* entsprechen, gibt es aber noch im Oberlauf des Sangro, eines Adriazubringers südlich des Flusses Pescara. Den hier nachgewiesenen Haplotypus des Adriastammes gibt es noch im Sinni, einem Fluss Süditaliens, der ins Ionische Meer mündet. Ansonsten findet man diesen Haplotypus nur noch in Dalmatien.

Östlich von Rom, am Fuße der Abruzzen, liegt der kleine Karstsee Lago di Posta Fibreno. Der hauptsächlich von starken sublakustrischen Quellen gespeiste See entwässert über den Fiume Fibreno und die Flüsse Liri-Garigliano in das Tyrrhenische Meer. In diesem hydrologischen System leben zwei unterschiedliche Forellenformen. Aus Berichten über die Geschichte und die Traditionen des Gebietes lässt sich ableiten, dass seit wenigstens 350 Jahren die beiden Formen „Trota“ und „Carpione“ bekannt sind. Die erste schriftliche Aufzeichnung vom Vorkommen des „Carpione“ stammt aus dem Jahre 1554. Erst im Jahre 1990 wurde diese Forellenform von den Ichthyologen S. ZERUNIAN und G. GANDOLFI als neue Art, *Salmo fibreni,* beschrieben. Die zweite Form, einfach „Trota“ (Forelle) genannt, wurde als *S. macrostigma* klassifiziert. Sowohl phänotypische als auch ökologische Unterschiede kennzeichnen die zwei sympatrischen Populationen. Der Carpione des Lago di Posta Fibreno (*S. fibreni*), nicht zu verwechseln mit dem Carpione des Gardasees (*S. carpio*), ist mit einer durchschnittlichen Körperlänge von 17 bis 18 cm eine kleinwüchsige Salmonidenform. Nur wenige Exemplare werden bis zu 22 und 23 cm groß. Die männlichen Tiere sind mit 11 bis 12 cm geschlechtsreif, die weiblichen mit 13 bis 14 cm. Man nimmt an, dass beide Geschlechter im ersten Lebensjahr die Geschlechtsreife erreichen und nicht älter als 2 bis 3 Jahre werden. Die Flanken der Fische zieren 10 bis 20 kleine, rundlich geformte schwarze und orange oder violette Flecken, meist mit heller Umrandung. Bei allen Altersklassen sind 7 bis 10 elliptische Jugendflecken vorhanden, bei alten Tieren, je nach Verfassung, auch vier große dunkle Flecken. Das Kopfprofil ist abgerundet, die Augen sind relativ groß und der Oberkiefer reicht kaum bis unter den hinteren Augenrand. Es gibt keinen Sexualdimorphismus. *S. fibreni* bewohnt in erster Linie den See, gelegentlich den Anfang des Abflusses und einen kleinen Zufluss, den Fosso (Graben) di Carpello. Die Laichperiode erstreckt sich von Oktober bis April, jedoch laichen die meisten Exemplare der Population im Dezember und Januar in einer kreisförmigen Senke mit Kiesgrund. Hier befindet sich mit 15 m auch die tiefste Stelle des Sees mit zahlreichen unterirdischen Quellen. Der Carpione des Fibreno wird von September bis März befischt. Während der übrigen Monate des Jahres hält er sich, nach Aussagen lokaler Fischer, im unterirdischen Karstsystem auf. Der Fisch zeigt ein lichtscheues Verhalten, da er auch außerhalb der Höhlen die tiefsten und dunkelsten Stellen des Sees aufsucht. Die zweite Forellenform „Trota“ unterscheidet sich in vielerlei Hinsicht von *S. fibreni,* vor allem aber durch ihre Größe. Geschlechtsreife Männchen von dieser Form findet man ab einer Körperlänge von 17 bis 19 cm, geschlechtsreife Weibchen von 28 bis 30 cm. Die maximale Größe liegt um die 50 cm bei einem Gewicht von 1 bis 1.5 kg. Die meist nur schwarzen mittelgroßen bis großen Flecken (20-60) an den Flanken zeigen eine sehr unregelmäßige Form. Zum Rücken hin sind die Flecken klein. Die 9 bis 13 Jugendflecken erscheinen oft fragmentiert und unregelmäßig verteilt. Bei älteren Exemplaren werden vier dunkle Flächen sichtbar. Die „Trota“ des Fibreno laicht im Februar und März, vermutlich an anderen Plätzen als der Carpione, wie z. B. im Abfluss oder im Zufluss. Die genetischen Unterschiede zwischen den zwei sympatrischen Populationen sind nur gering. Beide Formen weisen denselben Haplotypus des Adriastammes auf. Daraus lässt sich schließen, dass das Fibreno-Becken nicht von zwei unterschiedlichen Forellenstämmen besiedelt wurde, sondern dass die Aufspaltung in die zwei Formen zumindest im selben Gewässersystem stattgefunden hat. Eine Hypothese zur Entstehung von *S. fibreni* liefern die Autoren in der Originalbeschreibung: Infolge einer längeren Trockenperiode wurden die im See lebenden Forellen von der übrigen Population des Liri-Garigliano-Beckens isoliert. Die Forellen des Sees könnten Zuflucht im unterirdischen Karstsystem gesucht haben und sich allmählich an die Bedingungen des partialen Höhlenlebens angepasst haben. Nachdem das Klima wieder feuchter wurde, kam es zum sekundären Kontakt zwischen den separat entwickelten Populationen, wobei die reproduktive Isolation aufrecht erhalten blieb.

Forelle (*S. ghighii*), ~300 mm, Sangro (Adriabecken, Abruzzen)

Forelle, ~220 mm, Ambro (Adriabecken, Marken)

Forelle, ~230 mm, Calore (Volturno-Becken, Kampanien)

Forelle, ~160 mm, Fegana (Sérchio-Becken, Toskana)

Forelle, ~150 mm, Magra (Toskana, Ligurien)

"Carpione" (*S. fibreni*), ~220 mm, Lago Posta di Fibreno

Forelle, ~340 mm, Lago Posta di Febreno

b) Das nördliche Adriabecken

Im Becken des Po in Norditalien sind Populationen aller drei mediterranen Stämme verbreitet, zum Teil sympatrisch, zum Teil isoliert. Neben der Marmorforelle, die erst später behandelt wird, findet man hier Forellenformen des Adria- und des Mittelmeerstammes. Die rechten Zuflüsse des Po, die im nördlichen Apennin entspringen, bewohnen fast ausschließlich Populationen des Mittelmeerstammes. Die Marmorforelle, die sonst im gesamten Po-Becken vertreten ist, fehlt in diesen Flüssen. Reine ursprüngliche Populationen sind auch hier rar und nur noch in wenigen Quellregionen der Flüsse Enza, Secchia und Pánaro vorhanden. Das charakteristische äußere Merkmal dieser Forellen sind die dicht gefleckten Flanken mit kleinen, in der Mehrzahl roten Punkten. Auch die Kiemendeckel sind mit vielen dunklen Flecken übersät. Tiere bis zu einer Körperlänge von etwa 25 cm zeigen 14 bis 17 vertikale längliche Jugendflecken, die oft fragmentiert sind. Bei älteren Exemplaren werden vier dunkle Flächen sichtbar. Aus dem Jahre 1847 stammt die Beschreibung einer Forellenform von unbekanntem Typus aus Norditalien. Der Abt von Chiogga, Stefano CHIEREGHIN, nennt die neue Art *Salmo Cenerinus,* gibt aber nur einen unzulänglichen Hinweis auf den Typus-Fundort: „... nicht weit vom Meer, in Flüssen, die in die Lagune von Venedig münden“. Obwohl aus dieser Originalbeschreibung nicht eindeutig hervorgeht, ob es eine Bachforellenform oder die Marmorforelle betrifft, schlägt Maurice KOTTELAT (1997) diesen Namen für die Bachforelle aus dem nördlichen Adriabecken Italiens vor. Erst im Jahre 2001 wird das monumentale Werk CHIEREGHINS veröffentlicht. Die Beschreibung und die Abbildung des Exemplars lassen darauf schließen, dass es sich um eine Marmorforelle handelt, welche eine Zeit lang in der Lagune von Venedig zugebracht hatte und in einem der Zuflüsse auf dem Weg zu ihrem Laichplatz war. Somit wäre der Name *Salmo cenerinus* als jüngeres Synonym von *S. marmoratus* nicht gültig.

Die westlichen Zubringer und Quellflüsse des Po, die aus den Alpen zwischen dem Aosta-Tal im Norden und den Seealpen im Süden kommen, ebenso wie die nördlichen Zuflüsse bis zum Gardasee im Osten, beherbergen sowohl mittelmeer- als auch adriastämmige Populationen. Dabei beschränken sich diese Populationen meist auf die Quellregionen, wohingegen die oberen und mittleren Flussläufe für die Marmorforelle reserviert sind. Natürlich kommt es auch zu Kontaktzonen. Ursprünglich wurde jedoch die reproduktive Isolation zwischen den nativen Bachforellen und den Marmorforellen durch unterschiedliche Laichplätze und zum Teil auch Laichzeiten aufrechterhalten. Während die Bachforellen in den Seitenbächen laichen, bevorzugen die Marmorforellen die Oberläufe der Hauptflüsse zur Laichablage. Durch den Besatz mit ortsfremden Forellen wurde diese reproduktive Barriere oftmals unterbrochen, und so findet man heute im gesamten alpinen Einzugsbereich des Po viele Hybriden. Lange umstritten war die historische Verbreitung der Bachforellen in den westlichen und nördlichen alpinen Zuflüssen des Po sowie im nördlichen und nordöstlichen Adriabecken. Vielfach wird angenommen, dass ursprünglich die Marmorforelle als einzige Salmonidenart diese Gewässer bewohnte und die Bachforellen erst durch Besatzmaßnahmen heimisch wurden. In vielen Gebieten Oberitaliens war die Marmorforelle bei den ansässigen Fischern auch als „trota nostrana" (unsere Forelle), im nördlichen Piemont als „trüta vieia" (alte Forelle) bekannt. Im Gegensatz dazu nannte man die Bachforellen „fremde" respektive „neue" Forelle. Jedenfalls zitiert Edoardo GRIDELLI in seinem Bericht im Jahre 1935 die deutschen Autoren K. ALTNÖDER und H. HENKING: In Julisch Venetien kamen Bachforellen ursprünglich nur im Becken von Tarvis vor, in Bächen, die zur Donau (Drau) fließen. Julisch Venetien ist eine historische Region der oberen Adria und umfasst die Einzugsgebiete von Tagliamento, Isonzo und Istrien. Erst Untersuchungen jüngerer Zeit ließen erkennen, dass autochthone Bachforellen in den Quellregionen des gesamten Po-Beckens heimisch sind bzw. waren. Das Fehlen dieser Bachforellen in den Adriazuflüssen von der Etsch im Westen bis zum Isonzo im Osten kann durch die unterschiedlichen postglazialen Umweltbedingungen, erklärt werden. Die östlichen Alpen waren während der letzten Eiszeit von viel mächtigeren Gletschern bedeckt als die westlichen Alpen. Das westliche hydrografische System Oberitaliens war infolge des rascheren nacheiszeitlichen Abtauens der Gletscher früher zugänglich für die anpassungsfähigen mediterranen Bachforellen, welche entweder aus Refugien des südlichen Po-Beckens oder als anadrome Stämme vom Meer her die oberen Flussgebiete wieder besiedelten. Die Marmorforelle hingegen verweilte in den nahrungsreichen Gewässern des Tieflandes und folge erst in die Oberläufe als die Ernährungsgrundlage dort vorhanden war. In den östlichen Tieflandgewässern hatte sich die dominante Marmorforelle bereits etabliert bevor die Oberläufe der Flüsse von Salmoniden erschlossen werden konnten. Nachdem das Eis auch in den östlichen Alpen geschmolzen war, drangen die Marmorforellen bis in die oberen Flussläufe vor. Höchstwahrscheinlich stiegen während postglazialer Epochen auch Bachforellen bzw. Meerforellen in diese Gewässer auf, konnten aber keine sympatrischen Populationen bilden, da sie mangels ökologischer und reproduktiver Abgrenzungsmöglichkeiten von den Marmorforellen entweder verdrängt wurden oder sich mit ihnen vermischten. Bei einigen isolierten Populationen der Marmorforelle im Einzugsgebiet des Isonzo fand man jedoch Hinweise auf eine geringe genetische Introgression durch einen anderen mediterranen Stamm.

Forelle, ~230 mm, Tagliole (Panàro-Zufluss, südl. Po-Becken)

Forelle, ~400 mm, Krummbach im Wallis (Ticino-Zufluss, nördl. Po-Becken)

Forelle, ~350 mm, Séssera im Piemont (Sésia-Zufluss, nördl. Po-Becken)

Carpione (*S. carpio*), weiblich, ~280 mm, Gardasee, Foto: Bo Delling

Der Gardasee ist der südlichste der von eiszeitlichen Gletschern gebildeten großen Seen Oberitaliens und gleichzeitig der größte See Italiens. Der 51,6 km lange und bis zu 17,2 km breite See ist bis zu 346 m tief und wird neben vielen sublakustrischen Quellen von einem starken Zufluss, der Sacra, gespeist. Zwei ökologisch und morphologisch unterschiedliche Forellenformen wurden aus dem Gardasee beschrieben. Der endemische Carpione, vor Ort auch Carpioo oder Carpiù genannt, wird meist als eigenständige Art klassifiziert: *Salmo carpio.* Der Carpione erreicht eine maximale Länge von 50 cm und ein Gewicht von 1 kg, wird aber gewöhnlich 35 bis 40 cm lang und etwa 500 g schwer. Er ist kein Einzelgänger, sondern lebt immer in Schulen zusammen mit Artgenossen. Außerhalb der Laichzeit zeigen beide Geschlechter silbrige Flanken mit wenigen, sehr kleinen schwarzen, unregelmäßig geformten Flecken. Ein paar runde Flecken befinden sich an den Kiemendeckeln. Jugendflecken fehlen bei adulten Tieren. Weibliche Tiere behalten in der Laichzeit ihr silbrig-graues Farbkleid. Die Männchen bekommen ein dunkelgraues, bronzefärbiges Aussehen mit schwarzen Flossen, wobei die Fleckenzeichnung verschwindet. Bei einigen Milchnern erscheint eine dunkle Marmorierung. Der Carpione hat zwei getrennte Laichzeiten: eine längere im Winter (Dezember/Januar) und eine kurze im Sommer (Juli/August). Die Winterlaichplätze liegen am Westufer des nördlichen Teiles des Sees. Die Tiere suchen Stellen mit Kiesgrund bei unterseeischen Quellen auf, meist in einer Tiefe von 200 m. Die Sommerlaichplätze befinden sich im Zentrum des südlichen Seeteiles, in Tiefen unter 50 m. Zur Nahrungsaufnahme hält sich der Carpione im Pelagial des mittleren und des südlichen Teiles des Sees auf. Die Nahrung besteht hauptsächlich aus Zooplankton und Benthosorganismen. Die relativ geringe Lebenserwartung von maximal fünf Jahren wird durch eine hohe Wachstumsrate ausgeglichen. Die männlichen Tiere werden im zweiten Jahr geschlechtsreif, die weiblichen im dritten Jahr, obgleich beide Geschlechter erst im folgenden Jahr die volle Laichkapazität erlangen. Wissenschaftliche Untersuchungen ergaben, dass die Teilnahme am Laichgeschäft im Sommer oder im Winter unabhängig von der jeweiligen Geburtszeit (Sommer oder Winter) der teilnehmenden Exemplare ist – das heißt, es gibt nicht zwei unterschiedliche Populationen des Carpione. Seit Mitte des letzten Jahrhunderts haben die Bestände des Carpione dramatisch abgenommen. Die durch Abwässer verursachte Eutrophierung führte zur Veralgung vieler Laichgründe. Auch der fischereiliche Druck sowie das Einbringen allochthoner, oft konkurrierender Arten wie Renken (*Coregonus lavaretus*), Coho-Lachsen (*Oncorhynchus kisutch)* sowie Regenbogen- und Bachforellen setzten den Beständen arg zu.

Versuche der künstlichen Aufzucht des Carpione für den Besatz sind allzu oft gescheitert. Ebenso blieben zahlreiche Anläufe, den Carpione in anderen oberitalienischen Seen oder in Deutschland und Neuseeland einzubürgern, ohne Erfolg. Die Entwicklungsgeschichte von *S. carpio* wird als relativ jung eingestuft. Die Adaption an das Leben in großen Tiefen geschah erst nach der letzten Eiszeit. Man geht davon aus, dass der Carpione infolge sekundären Kontaktes verschiedener phylogenetischer Stämme und deren Hybridisierung entstanden ist. Bei genetischen Untersuchungen einiger Exemplare fand man überwiegend einen weit verbreiteten Haplotypus des Adriastammes, aber auch Haplotypen des Mittelmeer- und des Marmoratastammes. Der Besatz mit domestizierten Forellen aus Zuchtanstalten führte bereits zu einem, wenn auch nur geringen, atlantikstämmigen Anteil.
Die zweite ökologische Forellenform des Gardasees war die autochthone Seeforelle, die seit den Sechzigern des letzten Jahrhunderts verschwunden ist. Im Gegensatz zu den später eingesetzten, eher kleinwüchsigen ortsfremden Forellen erlangte die ursprüngliche Seeforelle ein Gewicht von mehr als 20 kg. Einige Wissenschaftler halten es für möglich, dass sie von der Marmorforelle abstammt, bzw. eine lakustrische Form dieser Spezies darstellt. Die Ichthyologin I. DELPINO hingegen berichtet in ihrem Artikel aus dem Jahre 1935 über das Vorkommen der Marmorforelle im Zufluss des Gardasees und nur gelegentlich auch im See selbst. Genetische Untersuchungen am rezenten Seeforellenbestand dokumentieren neben dem vorherrschenden Atlantikstamm auch einen geringen Anteil des Marmoratastammes. Heute sind auch in den anderen großen Seen Oberitaliens die ursprünglichen Seeforellen ausgestorben. Die Seeforelle des Gardasees unterschied sich vom Carpione nicht nur morphologisch und durch größeres Wachstum, sondern auch durch ihre Lebensweise. Adulte Seeforellen ernährten sich hauptsächlich von Fischen und laichten nur einmal im Jahr im Zufluss (Sacra) oder im Abfluss (Mincio) des Gardasees. Die nördliche und die südliche Population unterschieden sich durch die Fleckenzeichnung: Während die Population des Mincio nur wenige unregelmäßig geformte oder x-förmige schwarze, selten rote Flecken aufwies, zeigte die Population der Sacra eine dichte schwarze Fleckenzeichnung, oft mit rötlichen Flecken dazwischen. Die Forellen der Sacra-Population wurden von den einheimischen Fischern als „truta sarcarola", die Seeforellen im Allgemeinen als „truta di lago" bezeichnet. Die Zerstörung der Laichareale war maßgebend für das Verschwinden der Bestände verantwortlich.

c) Die Marmorforelle des nördlichen Adriabeckens

Der bedeutende französische Naturforscher Georges CUVIER beschreibt die Marmorforelle als *Salmo marmoratus* erstmals im Jahre 1928 und nicht wie fälschlicherweise oftmals angegeben im Jahre 1916 bzw. 1917. Als Typus-Fundort werden nur die „Seen der Lombardei" angeführt, erst später, im Jahre 1948, erwähnen G. CUVIER und A. VALENCIENNES das Vorkommen von *S. marmoratus* im Po und im Lago Maggiore. Die Beschreibungen der Spezies sind sehr kurz und beziehen sich nur auf die Färbung und die Marmorierung. Im Buch „Die Süsswasserfische der Österreichischen Monarchie" von Jakob HECKEL und Rudolf KNER aus dem Jahre 1858 findet man die Skizze einer Marmorforelle und die Beschreibung eines Exemplars als neue Art, *Salar genivittatus*. Der Fisch maß knapp 50 cm und stammte aus der Sala (Zala), einem Nebenfluss der Idrijca aus dem Soča-Becken. Bald darauf, im Jahre 1863, bezeichnet der deutsche Zoologe C. Th. Ernst von SIEBOLD in seinem Buch „Die Süsswasserfische von Mitteleuropa" dieselbe Spezies als *Trutta Fario* var. *marmorata* und gibt als Verbreitungsgebiet alle Flüsse am Südhang der Alpen, die zur Adria entwässern, an. Der angesehene Ichthyologe der Österreichischen Monarchie, Franz STEINDACHNER, schildert in seinem Sitzungsbericht von 1883 das Vorkommen der Marmorforelle in der Narenta (Neretva) in Bosnien. Gleichzeitig erwähnt er, dass im Isonzo (Soča) und seinen Nebenflüssen beide „Varietäten der Bach- oder Flussforelle" vorkommen: die Bachforelle, *„Salmo (Trutta) fario"* und die Marmorforelle *„Variatio marmorata"*. Da der erste Besatz mit Bachforellen in der Soča erst 1906 stattfand, handelte es sich bei den vermeintlichen Bachforellen STEINDACHNERS wohl nur um jüngere Exemplare der Marmorforelle, welche noch die rote Pigmentierung entlang der Seiten aufweisen. STEINDACHNER weist auch darauf hin, dass der Name *Salar genivittatus* ungültig sei. In ihrer Arbeit von 1935 präsentiert I. DELPINO erstmals genauere morphologische Daten und die exakte Darstellung der Verbreitung der Marmorforelle in Oberitalien und dem angrenzenden Slowenien. Außerdem stellt die Ichthyologin klar, dass *Salar genivittatus* ein Synonym von *Salmo marmoratus* darstellt. Edoardo GRIDELLI bestätigt in den „Notizen des Deutsch-Italienischen Institutes für Meeresbiologie in Rovigno d'Istria" von 1935 die Priorität des Namens *Salmo marmoratus* vor *Salar genivittatus*. Außerdem hegt er einige Zweifel daran, dass dieselbe Art auch in den Flüssen Dalmatiens vorkommen könnte.

Die Marmorforelle, auch Marmorierte Forelle oder nach der italienischen Bezeichnung „trota marmorata" Marmorata-Forelle genannt, wird heute von den meisten Autoren als eigene Art, *Salmo marmoratus*, angesehen. Ihr Verbreitungsgebiet ist das Po-Becken – daher auch die

oft verwendete lokale Bezeichnung „trota padana“ – mit den alpinen Zuflüssen bis zur Stura di Demonte im Süden sowie das übrige nordadriatische Becken von der Etsch bis zur Soča (Isonzo) und bis zu den kleinen Küstenflüssen Rižana und Dragonja in Slowenien. In Slowenien ist sie unter dem Namen „soška postrv“ (Soča-Forelle) bekannt. Wie bereits erwähnt, bewirkten intensive Besatzmaßnahmen mit ortsfremden Bachforellen die Hybridisierung und den Verlust der genetischen Reinheit der meisten Bestände. Unbeeinflusst von fremdem Besatzmaterial blieben nur einige Populationen in abgeschiedenen und durch natürliche Barrieren isolierten Bächen im Einzugsgebiet der Soča in Slowenien. Schon seit einigen Jahrzehnten gibt es in Slowenien und in Italien Zuchtprogramme zur Erhaltung unvermischter Bestände. Wenn es auch oft schwierig bis unmöglich war, vollkommen genetisch reine Elterntiere für die Reproduktion zu bekommen, versuchte man, wenigstens den Phänotypus zu bewahren.
Die typischen äußeren Merkmale der Marmorforelle sind neben der braungelben Marmorierung über Kopf, Rücken und Seiten – ohne isolierte dunkle oder rote Flecken – die lang gestreckte Körperform, ebenso der breite, abgeflachte Kopf und das weit gespaltene Maul mit starken Kiefern. Der Oberkiefer reicht bei adulten Tieren bis weit hinter das Auge. Die Anzahl der Wirbel ist mit 60 bis 62 relativ hoch, bei allen anderen Formen der Europäischen Forelle zählt man 55 bis 61 Wirbel. Der Bauch ist hellgrau bis gelb und die Flossen sind dunkler gefärbt. Je nach Standort und Untergrund variiert die Färbung von silbrig-weiß bis gelb-grau. Bisweilen trifft man sogar auf Exemplare ohne erkennbare Marmorierung oder Fleckenzeichnung. Geschlechtsunterschiede in der Färbung werden insbesondere in der Laichzeit sichtbar. Die Marmorierung am Rücken und an den Seiten sowie der Bauch der Männchen verfärben sich dunkel grünbraun bis schwarz. Brust-, Bauch-, After- und Schwanzflosse nehmen eine schwärzliche Färbung an. Die Weibchen behalten ihre braungraue, deutlich hellere Marmorierung. Juvenile Tiere unterscheiden sich während der ersten Lebensmonate nur geringfügig von gleichaltrigen Bachforellen. Entlang der Seiten befinden sich rote Flecken und am Rücken braune. Die Jugendflecken zeigen eine außergewöhnlich unregelmäßige Form. An der Rückenflosse sind neben braunschwarzen Flecken auch ein paar rötliche vorhanden. Die Fettflosse ist noch rot umrandet, die Schwanzflosse rötlich-gelb gefärbt. Am Ende des ersten Jahres beginnt sich allmählich die Marmorierung auszubilden, zuerst am Kopf und am Rücken und später auch an den Flanken. Die rote Pigmentierung in der Marmorierung der Rücken- und der Fettflosse verliert sich erst im zweiten und dritten Jahr. Das Wachstum verläuft anfänglich wie bei Bachforellen aus Gewässern mit ähnlichen Umweltbedingungen.

Marmorforellen messen am Ende des dritten Lebensjahres zwischen 20 und 37 cm. Die Wachstumsrate nimmt rasant zu, sobald sich ihre Lebensweise ändert und die Nahrung hauptsächlich aus Fischen besteht. Die Marmorforelle kann über einen Meter lang und mehr als 20 kg schwer werden. Am 30. April 1997 wurde ein verendetes männliches Exemplar mit einer Länge von 121 cm und einem Gewicht von 25 kg bei Most na Soči in Slowenien gefunden. Sein Alter wurde mit 17 Jahren bestimmt. Im Jahre 1925 wurde ebenfalls in der Soča nahe demselben Ort ein Exemplar mit 140 cm Länge und 20 kg Gewicht gefangen. Die Geschlechtsreife tritt beim Männchen meist im dritten Jahr und beim Weibchen im vierten Jahr ein.

Entsprechend ihrer räuberischen Lebensweise bewohnt die Marmorforelle vornehmlich die Mittel- und Oberläufe der Hauptflüsse, wo genügend Nahrung, wie junge Äschen und rheophile Cypriniden, zur Verfügung steht. In vergangenen Epochen, als die Flüsse noch nicht so verschmutzt und von Staustufen zerschnitten waren, zogen diese großwüchsigen Prädatoren nach dem Laichen bis in die Unterläufe und in der Etsch sogar bis in die Mündungslagunen der Adria, um das reiche Nahrungsangebot zu nutzen. Im Frühjahr kehrten sie wieder in die kühleren oberen Flussregionen zurück, um dann im Herbst zu den Laichplätzen in den Oberläufen aufzusteigen. Die kurze Laichzeit erstreckt sich von Anfang Dezember bis Anfang Jänner. Nach dem Ablaichen wandern die meisten Fische wieder flussabwärts. Heutzutage sind Laichwanderungen nur mehr sehr begrenzt möglich. Bewohnt die Marmorforelle zwar generell die kalten und klaren Flüsse der Niederungen, so kann sie in einigen größeren Oberläufen der Bergregionen bis zu einer Seehöhe von etwa 1500 m vordringen. Die Flussläufe der alpinen Karstregionen erodieren oft große und tiefe Gumpen, die ihr als Unterstand dienen. Die Abwesenheit der Marmorforelle im südlichen Po-Becken, zwischen dem Belbo im Westen und dem Pánaro im Osten, ist auf die unterschiedlichen geologischen Verhältnisse zurückzuführen. Der Untergrund der alpinen Zuflüsse besteht vorwiegend aus kristallinem Gestein (Granit und Dolomit), welches eine weit größere Härte aufweist als das Substrat in den südlichen Zuflüssen aus dem Apennin, wo Ton und Sand sowie junges Kalkgestein vorherrschen. Sand- und Schlammablagerungen bilden sich im südlichen Becken bereits in den Oberläufen der Hauptflüsse und verhindern so die Laichmöglichkeiten für Salmoniden. In den vor allem während der sommerlichen Trockenperiode seichten Quellflüssen konnten sich nur die weniger anspruchsvollen Bachforellen, die hier hauptsächlich dem Mittelmeerstamm angehören, etablieren.

Marmorforelle (*S. marmoratus*), männlich, ~460 mm, Zadlaščica (Tolminka-Soča-Becken)

Marmorforelle (*S. marmoratus*), männlich, ~300 mm, Lipovšček (Idrijca-Soča-Becken)

Marmorforelle (*S. marmoratus*), weiblich, ~330 mm, Predelica (Koritnica-Soča-Becken)

Marmorforelle (*S. marmoratus*), juvenil, ~120 mm, (Nachzucht)

Tagliamento in Italien

Soča (Isonzo) in Slowenien

Im Einzugsbereich der Idrijca, eines Nebenflusses der Soča in Slowenien, entdeckte man erst in jüngster Vergangenheit ein halbes Dutzend Marmorata-Populationen, die nicht von Besatzforellen genetisch kontaminiert wurden. Diese Populationen bewohnen Quellbäche in abgelegener und schwer zugänglicher Lage. Hohe, für Forellen unüberwindbare Wasserfälle verhindern die Zuwanderung von Besatzforellen und Hybriden aus den unteren Flussabschnitten. Trotz relativ geringer Wasserführung weisen die Quellbäche oft tiefe Gumpen auf, die auch größeren Exemplaren einen Lebensraum bieten. Das Wachstum bleibt jedoch aufgrund des Nahrungsangebotes – vorwiegend Flohkrebse und Insekten – weit unter dem der Artgenossen aus den Hauptflüssen. Selten wird eine Körperlänge von 40 cm überschritten. Auffällig bei all diesen isolierten Populationen ist die rote Pigmentierung nahe der Seitenlinie und an der Fettflosse, die auch bei alten Tieren nicht vollständig verschwindet. Eine isolierte, reine Population ist schon seit längerem aus einem Seitenbach der Tolminka, die bei Tolmin in die Soča mündet, bekannt. Bei den Tieren aus der Zadlaščica, wie dieser Bach heißt, verschwinden nach dem zweiten oder dritten Lebensjahr alle roten Einfärbungen. Wegen dieses morphologischen Kriteriums wurde die Population als genetisch rein eingestuft und schon seit geraumer Zeit für die Nachzucht verwendet. Die Ergebnisse von DNS-Analysen enthüllten jedoch bei diesen Forellen sowie auch bei den isolierten Populationen des Idrijca-Beckens eine, wenn auch nur sehr geringe, genetische Introgression (1-2%) von Forellen eines anderen mediterranen Stammes. Zwei Hypothesen wurden erstellt, um dieses Phänomen zu erklären. Diese genetische Anomalie könnte einen angestammten Polymorphismus darstellen oder das Relikt einer vorhistorischen Hybridisation zwischen einer zuerst ansässigen mediterranen Forellenform und den später zugewanderten Marmorforellen sein. Diese isolierten Reliktpopulationen sind klein, von weniger als 100 Individuen (Huda Grapa) bis zu 2.000-3.000 (Zadlaščica), und deshalb besonders anfällig für regional wirkende stochastische Umweltereignisse, wie Hochwasser und Bergrutsche. Im Jahr 2000 vernichtete ein Bergrutsch, die reine Population der Predelica, eines Gebirgsbaches im Nordwesten des Soča-Beckens. Ein ähnlicher, wenn auch weniger folgenschwerer Vorfall ereignete sich 2004 im Lipovšček, wobei diese Population aus dem Einzugsbereich der Idrijca empfindlich dezimiert wurde, sich danach jedoch wieder stabilisierte. Ein neuerliches schweres Hochwasser mit Schuttstrom im September 2007 vernichtete 92,4% der Population. Nur 38 Exemplare überlebten. Nach weiteren Sturzfluten in den Jahren 2009 und 2010 wurde die Population bis auf 10 Individuen dezimiert, sodass ihr Fortbestand ungewiss erscheint.

In Verbindung mit den wiederholten Kalt- und Warmzeiten im Verlauf des letzten Eiszeitalters senkte und hob sich der Meeresspiegel und lag bis zu 130 m unter dem jetzigen Stand. So verlief während des letzten Glazials die Küstenlinie der oberen Adria in etwa zwischen den heutigen Städten Ancona und Zadar. Alle nordadriatischen Zuflüsse, vom Po bis zur Soča, gehörten demselben hydrografischen System an. Man geht davon aus, dass sich die Marmorforelle in den ehemaligen großen Flüssen der Ebenen und in den ausgedehnten Mündungslagunen, die einer räuberischen Fischart reiche Nahrung boten, innerhalb des letzten Eiszeitalters entwickelt hat. Die Abspaltung der separaten Evolutionslinie des Mamoratastammes von einem gemeinsamen Vorfahren der mediterranen Gruppe ereignete sich vor wenigstens 500.000 Jahren. Die allmähliche postglaziale Anhebung des Meeresspiegels drängte die Populationen der Marmorforellen sukzessive flussaufwärts, bis sie schließlich die heutigen Oberläufe der Flüsse erreichten. Je nach Beschaffenheit der Flusssysteme wurden die in den oberen Flussregionen bereits ansässigen Bachforellen des Mittelmeer- und des Adriastammes entweder in die Quellbäche abgedrängt oder ersetzt.

Literatur: Vinciguerra, 1902; Delpino, 1935; Gridelli, 1935; Pomini, 1937, 1939, 1940a, 1940c; Sommani, 1950, 1960; D'Ancona & Merlo, 1959; Durante, 1978; Tortonese, 1980; Bruno, 1987; Melotto & Oppi, 1987; Melotto, 1988; Forneris et al., 1990; Melotto & Alessio, 1990; Zerunian & Gandolfi, 1990; Gandolfi et al., 1991; Argenton et al., 1992; Schöffmann, 1994; Zerunian et al., 1994; Confortini, 1995; Povž et al., 1996; Giuffra et al., 1994, 1996; Kottelat, 1997; Berrebi et al., 2000; Chiereghin, 2001; Fumagalli et al., 2002; Marzano et al., 2003; Caputo et al., 2004; Gandolfi et al., 2006; Lucentini et al., 2006; Splendiani et al., 2006; Vincenzi et al., 2007; Gibertoni et al., 2010; Pujolar et al., 2011.

5.12. Balkanhalbinsel mit adriatischem Einzugsgebiet

Die adriatische Region des Balkans umfasst die großen Flüsse Dalamtiens – Zrmanja, Krka, Cetina und Neretva – sowie das Ohrid-Drin-Skutari-System, dem neben den Flüssen Morača, Zeta und Drin die größten Seen des Balkans – Ohridsee, Prespasee und Skutarisee – angehören. Südlich davon münden noch einige größere Flüsse Albaniens in die Adria, wie Mat, Shkumbin, Seman und Vjosë.

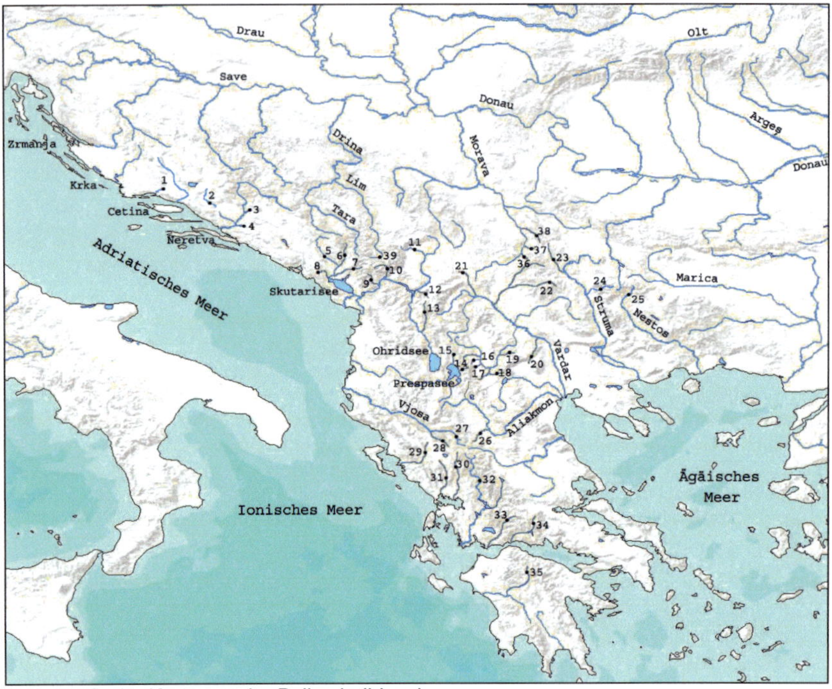

Hydrografische Karte von der Balkanhalbinsel

1 Jadro, 2 Vrlika, 3 Buna, 4 Hotovo Blato, 5 Zeta, 6 Morača, 7 Cijevna, 8 Crnojevića, 9 Shalë, 10 Valbonë, 11 Pećka Bistrica, 12 Restelica, 13 Radika, 14 Brajčinska Reka, 15 Leva Reka, 16 Dihovska Reka, 17 Slokučanska Reka, 18 Skopos, 19 Bela Reka, 20 Došnica, 21 Lepenac, 22 Kriva, 23 Dragovištica, 24 Rilska Reka, 25 Cerna Mesta, 26 Venetikos, 27 Aóos, 28 Voïdomatis, 29 Thyamis, 30 Arachthos, 31 Louros, 32 Achelóos, 33 Evinos, 34 Mornos, 35 Ládonas, 36 Vrla, 37 Džepska Reka, 38 Vlasina, 39 Plavsko-See;

Auf dem Balkan, vor allem aber im Adriabecken, findet sich eine Fülle von Samonidenformen und -arten wie sonst nirgendwo im Verbreitungsraum der Europäischen Forelle. Diese Vielfalt spiegelt sich auch in der großen Anzahl von Arten und Unterarten wider, die seit Mitte des 19. Jahrhunderts beschrieben wurden. Allein für die Bachforellen der Adriazuflüsse wurden einige, eher zweifelhafte Taxa bekannt: aus der Zrmanja *Salmo zrmanjensis,* aus dem Krka-Becken *S. visovacensis* und *S. farioides,* aus der Neretva *S. farioides* und aus dem Morača-Drin-Skutari-System *S. montenegrinus, S. farioides* und *S. taleri.* Außerdem kennt man aus einigen Flüssen des westlichen Balkans die so genannte Zahnforelle, *Salmo dentex.* Die Marmorforelle kommt in den Becken der Neretva, des Skutarisees und des Drin vor. Hinzu kommen noch vier Unterarten der Weichmaulforelle und die Ohridforelle.
Besatzmaßnahmen mit nicht heimischen, donau- und atlantikstämmigen Forellen aus Zuchtanstalten verursachten mancherorts den Abbruch der reproduktiven Isolation zwischen den verschiedenen Formen und Arten. So findet man vor allem in der Neretva, dem größten Fluss am westlichen Balkan, einen erheblichen Anteil an Hybriden zwischen autochthonen Forellen, allochthonen Forellen und Weichmaulforellen.

a) Die Marmorforelle des südlichen Adriabeckens

Die Marmorforelle heißt am slawischsprachigen Balkan in Bezugnahme auf ihren großen breiten Kopf „glavatica“ und mit ähnlicher Bedeutung auf Albanisch „troftë kryemadhe“ (Großkopfforelle). Bereits 1883 erwähnt STEINDACHNER das Vorkommen der *Variatio marmorata* in der Neretva. 1890 veröffentlicht J. KOLOMBATOVIĆ die ungenaue Beschreibung von *Trutta adriatica,* einem Salmoniden aus dem Adriatischen Meer bei Split. Dabei könnte es sich um eine aus der Neretva ins Meer gewanderte Marmorforelle handeln. Stanko KARAMAN beschreibt 1927 die Marmorforelle aus der Neretva bei Metković unter dem Namen *Trutta genivittatus* und im Jahre 1937 vergleicht er Exemplare aus der Neretva mit Marmorforellen aus der Soča und aus der Rižana und stellt fest, dass die nördlichen und die südlichen Marmorforellen identisch und als *Salmo marmoratus* zu führen seien. Zudem schildert er das Vorkommen im gesamten Wasserlauf der Neretva, sogar in der Brackwasserzone des Mündungsdeltas, sowie in den Zuflüssen des Skutarisees in Montenegro.
G. D. POLJAKOV, N. FILIPI und K. BASHO beschreiben in ihrem Buch über die Fische Albaniens von 1958 die Marmorforelle aus dem Skutarisee mit dem infrasubspezifischen Namen *Salmo trutta marmoratus* morpha *lacustris.* Als lokale Bezeichnung führen sie „troftë njile“ (Nasenforelle) an und berichten, dass sich der Salmonide hauptsächlich von Nasen (*Chondrostoma nasus ohridanus*) ernährt und

bis zu 30 kg schwer werden kann. Die Anzahl der Wirbel wird für die Marmorforelle aus dem Skutarisee mit 55 bis 57 angegeben. Das ist eine vergleichsweise geringe Anzahl, da bei *Salmo marmoratus* aus dem nördlichen Adriabecken 60 bis 62 gezählt werden.
Vergleichsstudien mit Marmorforellen aus drei Flüssen des Skutari-Beckens – Valbonë in Albanien, Zeta und Cijevna in Montenegro – ließen weitere Unterschiede zu den nördlichen Marmorforellen erkennen. Die südliche Variante zeigt eine deutlicher gestreckte Körperform, der Kopf und die Schnauze sind länger. Die „Marmorierung“ ist weniger stark ausgeprägt und weist nicht die typischen vermikularen Muster der nördlichen Marmorforellen auf. Bei älteren Exemplaren aus dem Skutari-Becken verschwindet die Fleckenzeichnung – bis auf ein paar Flecken an den Kiemendeckeln – oft gänzlich und wird durch eine silbrig-graue Färbung ersetzt. Die Schwanzflosse zeigt bei Exemplaren aus dem südlichen Verbreitungsraum einen rötlichen Farbton und ist vor allem bei jüngeren Tieren merklich stärker gegabelt als bei den nördlichen Vertretern. Wie molekularbiologische Untersuchungen offenbarten, unterscheiden sich die Marmorforellen des nördlichen und des südlichen Verbreitungsraumes auch genetisch. Während die Populationen des Nordens auf bestimmte Haplotypen, die MA (*marmoratus*)-Haplotypen, fixiert sind, wurden bei den Marmorforellen aus der Neretva und aus dem Skutaribecken lediglich Haplotypen des Adriastammes (AD) festgestellt. Diese Ergebnisse widersprechen zwar der Annahme einer monophyletischen Abstammung der nördlichen und südlichen Marmorforellen, jedoch deuten jüngste biochemische Analysen auf einen gemeinsamen Ursprung beider Gruppen hin. Der MA-Haplotypus ist demnach kein maßgeblicher Faktor für die Form der Marmorforelle. Diese These wird auch gestützt durch das Vorkommen von MA-Haplotypen bei Populationen, die mit der Marmorforelle nichts gemein haben (Korsika, Mittelitalien, Albanien, Griechenland, Türkei).
Sowohl in der Neretva als auch in der Zeta, vor allem aber in Albanien, sind die Bestände der Marmorforellen heute stark gefährdet. Im Kosovo im Oberlauf des Drin sind sie bereits verschwunden. In der Neretva, wo ihr Anteil seit jeher gering war, verhindern Staudämme die Wanderung zu den Laichgründen im Oberlauf. Zusätzlich trägt der Besatz mit ortsfremden Forellen zur genetischen Introgression bei, wodurch die traditionelle reproduktive Isolation (infolge verschiedener Laichorte oder verschiedener Laichzeiten) zwischen den Marmorforellen und den lokalen Bachforellen teilweise unterbunden wird. Im Skutaribecken Montenegros bedroht neben der Zerstörung der Laichplätze durch den Kiesabbau in erster Linie die Überfischung die Bestände, ebenso in Albanien, wo zudem noch drei Staustufen im Drin die Wandermöglichkeiten einschränken. Die meisten Marmorforellen gibt es noch in

der Zeta in Montenegro. Allerdings wiegen die gefangenen Exemplare heute kaum mehr als 5 kg. In der Cijevna kommen die Marmorforellen nur an wenigen Stellen vor. Mehrere Exemplare mit einer Körperlänge zwischen 20 und 30 cm halten sich da in einem eng begrenzten, nicht allzu tiefen Areal in Ufernähe auf, das von den Bachforellen weitgehend gemieden wird. Größere Marmorforellen bevorzugen, zumindest tagsüber, tiefere Flussabschnitte mit großräumigen Unterstandsmöglichkeiten. Das südlichste Vorkommen der Marmorforelle befindet sich im Unterlauf der Radika, eines Zuflusses des Schwarzen Drin, der dem Ohridsee entspringt.

Marmorforelle (*S. marmoratus*), Neretva (Oberlauf), Foto: Aleš Snoj

Marmorforelle (*S. marmoratus*), ~270 mm, Zeta (Skutarisee-Becken)

Marmorforelle (*S. marmoratus*), ~290 mm, Cijevna (Skutarisee-Becken)

b) Die Zahnforelle

Die Zahnforelle ist unter dem wissenschaftlichen Namen *Salmo dentex* bekannt, obwohl die verschiedenen, geografisch getrennten Zahnforellenformen keine monophyletische Einheit bilden. Der anerkannte österreichische Ichthyologe Johann Jakob HECKEL beschreibt im Jahre 1852 eine großwüchsige Forellenform mit plumpem Körperbau, spitzem Kopf und großem Maul sowie auffallend starken Zähnen mit dem Namen *Salar dentex.* Eine detaillierte Zeichnung eines Exemplars von 30 cm Länge ergänzt die ausführliche Beschreibung. HECKELS Exemplare stammen aus der Krka, der Cetina und der Neretva. Die lokale Bezeichnung in Dalmatien für diesen Fisch ist „Zubatak" und bedeutet soviel wie Zahnforelle. Sie ist außer in den von HECKEL angeführten Flüssen noch im Becken des Skutarisees anzutreffen. Über ein weiteres Vorkommen wurde zudem aus den Flüssen des Karstfeldes von Livno (Livanjsko polje) im Südwesten von Bosnien/Herzegowina berichtet. Sogar die Forellen aus einigen Flüssen Griechenlands (Aoos-Voïdomatis, Acheloos, Alfios) werden oft *Salmo dentex* zugeordnet. Die Zahnforellen aus den erwähnten Einzugsgebieten haben keinen gemeinsamen stammesgeschichtlichen Ursprung, sondern nehmen lediglich ähnliche ökologische Nischen ein, wodurch sich auch entsprechende äußere Merkmale entwickelten. Alle Zahnforellen sind großwüchsige Räuber. Sie werden über 60 cm lang und ernähren sich vornehmlich von Fischen. Die gemeinsamen Merkmale sind ein langer, spitzer Kopf mit großem Maul, ein hinter dem Kopf steil ansteigender Rücken und eine lang gestreckte Körperform, ähnlich wie bei der Marmorforelle, nur etwas höher. Die Fleckenzeichnung unterscheidet die einzelnen Populationen. Die Zahnforellen aus der Krka und aus der Cetina zeigen an den Flanken kleine, unregelmäßige bis x-förmige schwarze Flecken mit einigen rötlichen dazwischen und entsprechen somit am ehesten der Originalbeschreibung. In der Krka sind die Zahnforellen so gut wie ausgestorben. Wenige Exemplare soll es noch im Mittellauf der Cetina und in der Ruda, einem wasserreichen Seitenfluss, geben. Ganz anders gefärbt erscheinen die Zahnforellen der Neretva: Die Seiten sind dicht gefleckt mit kleinen, unregelmäßig geformten Flecken, die oft ineinander verfließen. Jüngere Tiere weisen noch einige rötlich gefärbte Flecken auf, adulte Tiere nur dunkle. Zahlreiche dunkle runde Flecken befinden sich an den Kiemendeckeln und an der Fettflosse. Die Schwanzflosse durchzieht ein rötlich-violetter Schimmer. Die Zahnforellen bewohnen den Unterlauf der Neretva unterhalb von Mostar, wo sie Schätzungen zufolge 1 bis 2% des Salmonidenbestandes ausmachen. Exemplare ab einer Körperlänge von etwa 20 cm ziehen in die kalten Areale der Flüsse und Seen des Sumpfgebietes Hutovo Blato, wo sie sich von kleinen Fischen (Cypriniden und Stichlingen) ernähren. Das Feuchtgebiet Hutovo Blato liegt östlich der Stadt Metković und ist durch den Fluss Krupa mit der Neretva verbunden. Erst größere Zahnforellen, ab einem Gewicht von 1 kg, werden in der Neretva, vorwiegend nahe der Stadt Čapljina, gefangen. Die Laichplätze befinden sich in der Neretva etwa 40 km flussaufwärts, an der Mündung des Seitenflusses Buna. Molekularbiologische Untersuchungen bewiesen jedoch, dass die Zahnforelle und die Marmorforelle der Neretva identisch sind. Die lakustrische Form entwickelte ein abweichendes Farbkleid mit einer weniger ausgeprägten Marmorierung. Die Zahnforellen des Skutari-beckens, lokal auch „Strun" genannt, erkennt man an den vielen kleinen bis mittelgroßen schwarzen Flecken von unregelmäßiger bis x-förmiger Form. Rote Flecken treten bei adulten Exemplaren nur selten auf. Erwachsene Tiere halten sich während des Winters im Skutarisee auf und können mehr als 10 kg schwer werden. Im Frühjahr ziehen sie in größeren Schulen in die Morača und deren Zuflüsse. Die Laichablage findet meist im Mittellauf dieser Flüsse, von Dezember bis März, statt. In den dalmatinischen Gewässern, von der Krka bis zum Skutaribecken, kommen die Zahnforellen in Sympatrie mit den dort heimischen Bachforellen vor. Allerdings herrscht noch wenig Klarheit über die Mechanismen der reproduktiven Isolation.

Radika – sie mündet in den Schwarzen Drin, der dem Ohridsee entspringt

Zahnforelle, ~590 mm, Krka (entspricht Originalbeschreibung „*S. dentex*“)

Zahnforelle (*S.* cf. *dentex)*, ~800 mm, Cetina, Foto: Antun Mateš

Zahnforelle (*S.* cf. *dentex)*, ~720 mm, Neretva, Foto: Antun Mateš

Zahnforelle (*Salmo* cf. *dentex)*, ~350 mm, Cijevna (Skutarisee-Becken) Foto: Danilo Mrdak

c) Die Bachforellen aus dem Adriabecken des Balkans

Stanko KARAMAN benennt 1938 die Bachforellen der adriatischen Zuflüsse des Balkan *Salmo farioides*, um sie von den Bachforellen Mittel- und Nordeuropas zu unterscheiden, für die damals der Name *S. fario* galt. Laut Originalbeschreibung zeichnet sich *S. farioides* durch eine gedrungene und hohe Körperform aus. Die Schnauze ist im Vergleich mit *S. dentex* weniger zugespitzt und die Nase liegt höher. „Was die Färbung anbelangt, sind neben schwarzen auch rote Flecken vorhanden, aber die schwarzen sind oft, insbesondere bei Männchen, recht dicht am Körper zerstreut.“ Als Fundort führt KARAMAN eine Reihe von Flüssen aus dem Adriabecken an: Krka, Neretva, aus dem Drin-System die Radika in Mazedonien und die Bistrica bei Peć im Kosovo, außerdem die kleinen Zuflüsse des Ohridsees und zwei Zuflüsse des Skutarisees (Cijevna, Crnojevića Rijeka). Autoren späterer Publikationen erweitern das Verbreitungsgebiet von *S. farioides* bis in den Südwesten Griechenlands. Wie molekularbiologische Untersuchungen belegen, weisen die Populationen des östlichen Adriabeckens eine ansehnliche genetische Vielfalt auf. Der Adriastamm ist hier dominant, nur eine Population im Norden Albaniens gehört dem Mittelmeerstamm an. Der so genannte „Balkan-Cluster“ ist eine Akkumulation nah verwandter Haplotypen des Adriastammes, die bei den Populationen der Neretva und des Drin-Skutari-Systems vorkommen und mit dem Taxon *S. farioides* korrespondieren könnten. Sie sind mit den restlichen adriatischen Haplotypen dieser Region nicht näher verwandt. Diese Tatsache spricht dafür, dass die Kolonisation des östlichen Adriabeckens durch den Adriastamm, dessen Ursprung im westlichen mediterranen Raum vermutet wird, in mehreren Intervallen erfolgte. Die autochthonen Bachforellen der Neretva gehören fast ausschließlich dem „Balkan-Cluster“ an und im Skutari-Drin-System macht der Anteil dieser Haplotypen annähernd 50% aus. Insbesondere die Forellen der Neretva entsprechen der Beschreibung von *S. farioides*: Die Seiten sind dicht besetzt mit kleinen schwarzen, meist auch roten Flecken. Bei älteren Tieren treten vier dunkle Querbinden in Erscheinung. Ein Großteil der Forellen aus den Skutari-Becken (Morača, Zeta, Cijevna, Crnojevića Rijeka) weist ganz ähnliche Merkmale auf. Forellen mit einer weniger dichten Fleckenzeichnung findet man vor allem in den Einzugsbereichen des Weißen und des Schwarzen Drin. Der Weiße Drin (albanisch „Drini i Bardhë“, serbisch „Beli Drim“) entspringt im Kosovo, der Schwarze Drin (serbisch „Crni Drim“, albanisch „Drini i Zhi“) kommt aus dem Ohridsee. Beide Flüsse bilden bei ihrem Zusammenfluss den Drin, der über Nordalbanien zur Adria fließt.

Forelle (*S.* cf. *farioides*), ~230 mm, Neretva

Forelle (*S.* cf. *farioides*), ~250 mm, Zeta (Skutarisee-Becken)

Forelle (*S.* cf. *farioides*), ~180 mm, Cijevna (Skutarisee-Becken)

Forelle (*S.* cf. *farioides*), ~210 mm, Shalë (Drin-Becken)

Forelle (*S.* cf. *farioides*), ~240 mm, Restelica (Drin-Becken)

Forelle (*S.* cf. *farioides*), ~250 mm, Zrmanja

Forelle (*S.* cf. *farioides*), ~340 mm, Krka

Forelle (*S. visovacensis*), ~420 mm, Visovac-See (Krka-Becken)

Die Zrmanja ist der nördlichste der größeren Adriazuflüsse Dalmatiens. Ihre Quelle befindet sich nahe des Ursprungs der Krka. Nach KARAMAN weichen die Forellen der Zrmanja durch einen schlankeren, niedrigeren Körper, eine spitzere Schnauze, ein größeres Auge sowie schwächere Bezahnung vom typischen *S. farioides* ab. Er beschreibt diese Forellen daher 1937 als neue Unterart: *S. farioides zrmanjensis.*
Die Krka stürzt sich von ihrem Ursprung in 310 m Seehöhe bis zu ihrer Mündung bei Šibenik über einige Wasserfälle mit einer Gesamthöhe von 213 m. Das Quellgebiet der Krka, das Karstfeld (Polje) von Knin, war während des Miozäns ein geschlossener See. Erst infolge tektonischer Veränderungen kam es zur Entwässerung der Karstfelder von Knin und Drin, wobei die Krka- und Čikola-Schluchten entstanden. Die Krka besteht heute aus einem oberen Flussteil, in dem neben den heimischen Bachforellen eine endemische Form der Weichmaulforelle (*Salmothymus obtusirostris krkensis*) vorkommt, und einem unteren Abschnitt. Dieser besteht aus einer Kette von kleineren und größeren Seen, von denen der größte, der Visovac-See, eine Oberfläche von rund 1.150 ha hat. Die Forellen dieses Sees beschreibt Zdravko TALER 1950 als *Salmo visovacensis* mit einer hohen, seitlich zusammengedrückten Körperform und der niedrigen Anzahl von 55 bis 56 Wirbeln. „Auf den Körperseiten befinden sich viele schwarze Flecken in der X-Form, oder nur in Teilen dieses Buchstabens, wie auch in zusammengebundenen Gruppen." Rötliche Flecken scheinen nur bei jüngeren Exemplaren mit weniger als 300 mm Körperlänge auf. Die Laichablage findet im Dezember und Januar im fließenden Wasser bei den Wasserfällen statt, bei einer vergleichsweise hohen Wassertemperatur von etwa 10° C. Die Visovac-Forelle erreicht selten ein Gewicht von mehr als 4 kg, obgleich schon Exemplare mit bis zu 15 kg gefangen wurden. Heute ist diese Forellenform wegen des Besatzes mit allochthonen Bachforellen und Regenbogenforellen stark gefährdet.

d) Die Weichmaulforellen und die Ohridforelle

Seit einigen Jahrzehnten versuchen Wissenschaftler, die phylogenetische und taxonomische Stellung der alteingesessenen Salmoniden des Balkans zu klären. Im Jahre 1852 beschreibt Jakob HECKEL Exemplare einer dalmatinischen Forelle mit stumpfer, abgerundeter Schnauze, kurzem Oberkiefer, kleinen Zähnen, die von dem fleischigen Mundrande gänzlich verdeckt werden, und großen Schuppen (101 bis 103 entlang der Seitenlinie) als *Salar obtusirostris.* Als Fundort gibt er die Flüsse Zermagna (Zrmanja) bei Obrovac und Salona (Jadro) bei Split an und erwähnt auch das Vorkommen dieser neuen Spezies in der Verlica (Vrlika) bei Imotski. Offensichtlich dieselbe Art, aus einem nicht näher bekannten Seitenfluss der Neretva, wird

1874 von Franz STEINDACHNER als *Thymallus microlepis* klassifiziert. Bald darauf, im Jahre 1882, berichtigt er seine Klassifikation und nennt die Weichmaulforelle *Salmo (Trutta) obtusirostris,* vertritt jedoch die Meinung, diese Art stelle ein Bindeglied zwischen den Gattungen *Salmo (Trutta)* und *Thymallus* dar. Gleichzeitig stellt er fest, dass es sich bei HECKELS Exemplaren aus der Zrmanja lediglich um die „gemeine Bachforelle“ handle. Die Weichmaulforelle aus dem Jadro bei Split beschreibt er mit stumpfer Schnauze und erwähnt das sympatrische Vorkommen von zwei Varietäten aus der Neretva und dem Seitenfluss Grupa (Krupa) bei Metković. Neben der „kurz- oder stumpfschnauzigen“ Form gibt es hier noch eine „lang- oder spitzschnauzige“ Varietät, die er als *Salmo (Trutta)* var. *oxyrhynchus* bezeichnet. Die Anzahl der Schuppen entlang der Seitenlinie gibt er mit 108 bis 112 an. In seiner Arbeit „über einige neue und seltene Fischarten“ von 1892 bemerkt STEINDACHNER die nahe Verwandtschaft der „dalmatinischen oder Narenta-Forelle“, *Salmo obtusirostis,* wie er die Weichmaulforelle nun nennt, mit der Ohridforelle und beschreibt diese als neue Art: *Salmo ohridanus.* Der russische Ichthyologe Leo Semenowitsch BERG stellt 1908 die Weichmaulforelle in eine eigene Gattung, *Salmothymus,* zu der er 1910 auch die Ohridforelle zählt. Nach BERG teilt die neue Gattung einige Merkmale mit den Gattungen *Salmo* und *Thymallus* sowie der sibirischen Gattung *Brachymystax.* Der jugoslawische Ichthyologe Stanko KARAMAN veröffentlicht in seiner Arbeit „Salmonidi Balkana“ von 1927 die genaue Beschreibung der Weichmaulforellen aus drei verschiedenen Einzugsgebieten, wobei er drei Unterarten bestimmt. Die Weichmaulforelle der Neretva nennt er nach STEINDACHNER *Trutta obtusirostris oxyrhynchus.* Aus den Flüssen Krka und Jadro beschreibt er zwei neue Unterarten: *T. o. krkensis* und *T. o. salonitana.* Dieser Beschreibung zufolge kommt *T. o. salonitana* nicht nur im Jadro, sondern auch in der Krka und in der Neretva als zweite Unterart vor. In seinem „Beitrag zur Kenntnis der Süsswasserfische Jugoslaviens“ ordnet KARAMAN alle Salmoniden des Balkans schließlich der Gattung *Salmo* zu. Stanko KARAMAN entdeckt 1932 die Weichmaulforelle in der Zeta, einem Fluss des Skutaribeckens in Montenegro, und stuft sie als neue Unterart ein: *Salmo obtusirostris letnica.* Seiner Meinung nach ist sie mit der von ihm 1924 beschriebenen Salmonidenart *Trutta letnica* aus dem Ohridsee identisch. Slave HADŽIŠČE, ebenfalls ein bekannter Ichthyologe aus dem ehemaligen Jugoslawien, erklärt den Gattungsnamen *Salmothymus* für gültig, betrachtet aber die Weichmaulforelle der Zeta aufgrund einiger osteologischer Abweichungen am Schädelskelett und der geringen Anzahl von Pylorusanhängen (37–39 vs. 60–80 bei den übrigen Weichmaulforellen) nicht als Unterart von *Salmothymus obtusirostris,* sondern klassifiziert sie 1960 als neue Art: *Salmo zetensis.* Zur Gattung *Salmothymus* rechnet er hingegen die Weichmaulforellen aus den Flüssen Krka, Jadro und Neretva sowie die Ohridforelle, schlägt jedoch vor, die Weichmaulforellen zusätzlich in die Untergattung *Salmothymus* zu stellen und schafft für die Ohridforelle den neuen Subgenus *Acantholingua.* Später neigt er dazu, eine eigene Gattung für die Ohridforelle, *Acantholingua ohridana,* anzuerkennen. Wenige Jahre darauf betrachtet Mladen KARAMAN, der Sohn von Stanko KARAMAN, *Salmo zetensis* als Unterart von *Salmothymus obtusirostris* und nennt die Weichmaulforelle der Zeta im Jahre 1966 schließlich *Salmothymus obtusirostris zetensis.* Wie jüngste genetische Untersuchungen zeigen, liegt die phylogenetische Position von Weichmaulforelle und Ohridforelle näher bei der Europäischen Forelle als beim Atlantischen Lachs. Die Gattungen *Salmothymus* und *Acantholingua* werden heute daher in das Genus *Salmo* reklassifiziert.

Ähnlich wie bei den wissenschaftlichen Namen herrscht auch wenig Übereinstimmung bei den Vulgärnamen. Neben verschiedenen lokalen Bezeichnungen wird in Dalmatien vor allem der kroatische Name „mekousna pastrva“ verwendet, was soviel wie „Weichlippe-Forelle“ bedeutet. Im Deutschen benützt man meist die sinngemäße Übersetzung „Weichmaulforelle“, ebenso im Englischen „softmouth trout“ bzw. „soft-muzzled trout“. Die Begriffe „Adriatischer Lachs“, „Adriatische Forelle“ oder „Dalmatinische Forelle“ werden sowohl im Deutschen als auch im Englischen gelegentlich verwendet.

Die charakteristischen Merkmale der Weichmaulforelle sind das kleine unterständige Maul mit fleischigen Lippen und kleinen Zähnen sowie der kurze Oberkiefer, der bis unter die Augenmitte reicht. Die Schnauze ist entweder stumpf oder rüsselförmig ausgezogen. Das obere Kopfprofil ist stark abgerundet, der Rücken hinter dem Kopf steil ansteigend. Die deutlich gegabelte Schwanzflosse hat spitz ausgezogene Enden. Die Schuppen sind größer als bei den übrigen Formen der Europäischen Forelle. Die Flanken weisen eine silbrig oder gelb glänzende Färbung auf. Entlang der Seiten befinden sich unregelmäßig geformte schwarze und rote Flecken. Die schwarzen Flecken treten an der vorderen Körperhälfte konzentriert auf. Juvenile Tiere zeigen Jugendflecken, niemals jedoch erscheinen bei adulten Tieren vier große dunkle Flecken oder Querbänder. Die Weichmaulforelle kennzeichnen außerdem eine erhöhte Anzahl an Kiemenreusendornen (26–32 vs. 17–25 bei den übrigen Formen) und eine hohe Anzahl an Pylorusanhänge (60–80 vs. 20–60). Weichmaulforellen erlangen eine beträchtliche Größe und ein respektables Gewicht. Exemplare von 5 kg sind keine Seltenheit. In der Neretva sollen laut STEINDACHNER zuweilen sogar Exemplare von 10 bis 15 kg gefangen worden sein.

Die Weichmaulforellen schwimmen stets in kleinen Trupps von mindestens zwei bis drei Tieren, halten sich meist in der Flussmitte auf und meiden die seichteren Stellen. Unterstände, die nur selten aufgesucht werden, müssen geräumig und von mehreren Seiten zugänglich sein, um jederzeit die Flucht ins freie Wasser zu gewährleisten. Diese Verhaltensweisen passen eher zu den Äschen als zu Forellen und werden noch durch das Laichverhalten bestärkt: Anders als bei den übrigen Mitgliedern der Gattung *Salmo,* bei denen die Laichgrube nach dem Ablaichen vom Weibchen mit Kies bedeckt wird, lassen die Weichmaulforellen ebenso wie die Äschen das Gelege unbedeckt. Der bevorzugte Lebensraum der Weichmaulforelle sind ganzjährig kalte und klare, von großen Karstquellen gespeiste Flüsse mit geringem Gefälle und tiefen Abschnitten. Üppiger Pflanzenwuchs über große Flächen des Gewässergrundes bietet Insekten und vor allem Flohkebsen, der Hauptnahrung der Weichmaulforellen, Unterschlupf. Die typische Morphologie der Weichmaulforellen, besonders aber die Form des Maules, lässt eine Anpassung an die speziellen Umweltbedingungen erkennen. Seit mindestens 2 Mio. Jahren bewohnen die Weichmaulforellen diesen Lebensraum, welcher kaum von glazialen Temperaturschwankungen beeinflusst wurde. Sie reagieren deshalb auch weit empfindlicher gegenüber erhöhten Wassertemperaturen als die anderen Forellenformen derselben Region. Im Gegensatz zu den meisten übrigen Vertretern der Europäischen Forelle ziehen die Weichmaulforellen niemals ins Brackwasser oder gar ins Meer. Die Weichmaulforellen gelten allgemein als Frühjahrslaicher.

Obere Krka – sie bietet nur noch auf ca. 300 m typisches Habitat für Weichmaulforellen

Weichmaulforelle (*Salmo obtusitostris oxyrhynchus*), ~300 mm, Buna

Weichmaulforelle (*Salmo obtusitostris salonitana*), ~310 mm, Jadro

Weichmaulforelle (*Salmo obtusitostris krkensis*), ~220 mm, Krka

Weichmaulforelle (*Salmo obtusitostris zetensis*), ~380 mm, Zeta

Weichmaulforelle (*Salmo obtusitostris* ssp.), ~320 mm, Vrlika

Vrlika (Neretva-Becken) in Kroatien

e) Die Weichmaulforellen des Neretva-Beckens

Die als eigene Unterart angesehene Weichmaulforelle der Neretva, *Salmo obtusirostris oxyrhynchus,* ist vom Oberlauf, nahe der Quellregion, bis zum Unterlauf bei Metković verbreitet. Außerdem kommt sie noch in den Nebenflüssen Buna, Bregava und Krupa vor. Aus der Rama ist sie infolge der Errichtung eines Stausees verschwunden. Die Vrlika* ist ein weiterer Zufluss der Neretva, hat jedoch keine oberirdische Verbindung mit dem Hauptfluss. Die Weichmaulforelle lebt als einzige Salmonidenart in der Vrlika. Sie unterscheidet sich phäno- und genotypisch nur geringfügig von der Unterart der Neretva. Im Vergleich zu den übrigen drei bekannten Unterarten der Weichmaulforelle sind bei *S. o. oxyrhynchus* die charakteristischen Merkmale am stärksten ausgeprägt. Der Körper ist höher und die Schnauze zeigt eine rüsselartige Verlängerung.

Das Auftreten von Exemplaren mit relativ stumpfer Schnauze ist noch nicht restlos geklärt. Es könnte sich dabei sowohl um einen intraspezifischen Polymorphismus handeln als auch durch Hybridisation mit Bachforellen entstanden sein. Fest steht, dass in der Neretva nachweislich Hybriden zwischen Weichmaul- und Bach-forellen vorkommen, die von den einheimischen Fischern „Kosor" genannt werden. Der Name dürfte daher rühren, dass die Fischbiologen KOSORIĆ und VUKOVIĆ in den sechziger Jahren des letzten Jahrhunderts künstliche Kreuzungsversuche zwischen verschiedenen Salmonidenarten (Weichmaulforellen, Bachforellen, Marmorforellen, Regenbogenforellen) mehr oder weniger erfolgreich durchgeführt haben. Andererseits hat STEINDACHNER schon im Jahre 1882 über das Vorkommen der stumpf- und spitzschnauzigen Varietäten berichtet. Im Oberlauf der Neretva schätzt man den Bestand der Weichmaulforellen (inklusive Hybriden) heute auf 6 bis 10% der gesamten Fischfauna. In den durch Flussverbauungen und Verschmutzung beeinträchtigten unteren Abschnitten ist ihr Anteil weit geringer. Die höchste Bestandsdichte findet man noch in der Buna, einen etwa 10 km langen, wasserreichen Nebenfluss bei Mostar. Diese Population steht seit wenigen Jahren unter Schutz. Die isolierte Population der Vrlika*, eines etwa 20 km langen Flusses nahe der bosnisch-kroatischen Grenze bei Imotski, wurde von einigen Autoren schon seit mehreren Jahrzehnten für ausgestorben erklärt. Dennoch existiert eine Restpopulation in der Quellregion der Vrlika, die jetzt durch restriktive Fischereiregelungen geschützt wird. Bis vor kurzem bedrohte der illegale Fischfang, vor allem mit Reusen, dieses Vorkommen. Die Weichmaulforellen der Vrlika kennzeichnen große rote Flecken entlang der intensiv goldgelb gefärbten Seiten und einige schwarze Flecken an den Kiemendeckeln. Die Schnauze ist deutlich stumpfer als bei den Weichmaulforellen aus der Neretva. Aufgrund der Ergebnisse genetischer Untersuchungen lässt sich der Zeitraum seit der Trennung von der Neretva-Population auf 135.000 bis 270.000 Jahre schätzen. Die Anerkennung einer neuen Unterart wäre daher gerechtfertigt.

* Der Fluss Vrlika entspringt im Karstbecken Imotsko Polje, verschwindet nach wenigen Kilometern im Untergrund und erscheint nach etwa 1,5 km als der Fluss Tihaljina, welcher dann als Trebižat in die Neretva fließt. Geologischen Daten zufolge besteht diese Karstsenke und somit die subterrane Verbindung der beiden Flüsse bereits seit mehreren Millionen Jahren. Die Weichmaulforellen müssen also über unterirdische Wege in die Vrlika gelangt sein. Eine temporäre Umkehr der Fließrichtung, wie sie in Karstgebieten manchmal auftritt, könnte die Zuwanderung erleichtert haben. Bei erhöhtem Wasserstand kann das Wasser durch einen natürlichen Siphon flussaufwärts fließen und als Quelle, eine so genannte Estavelle, an die Oberfläche treten. Tektonische Einstürze könnten diese Wanderverbindung schon im Pleistozän unterbrochen haben.

f) Die Weichmaulforelle des Jadro

Der Jadro, früher Salona genannt, hat eine Länge von kaum 3 km und fließt durch Split. Der heute nicht sehr wasserreiche Fluss wurde durch Begradigung und Verbauungen beinahe vollständig zerstört. Dennoch konnte sich nahe des Ursprungs ein kleiner Restbestand an Weichmaulforellen bis zum heutigen Tage halten. Vor dem Besatz mit Regenbogenforellen war die „Solinka“, wie die Weichmaulforelle hier genannt wird, die einzige Salmonidenart im Jadro. Mitte des letzten Jahrhunderts wurden einige Exemplare aus dem Jadro in die Žrnovnica, einen kleinen Bach nur wenige Kilometer südlich von Split, eingebracht. In diesem Gewässer, das bis dahin noch keine Salmoniden enthielt, konnte sich aufgrund idealer Umweltbedingungen eine stabile Population etablieren. Leider birgt auch hier die Überfischung eine Gefahr für diese Unterart. Der Versuch, dem fischereilichen Druck mit dem Besatz von Regenbogenforellen zu begegnen, ist eher fragwürdig. Die Solinka stellt eine der vier Unterarten der Weichmaulforelle dar und wird nach KARAMAN *Salmo obtusirostris salonitana* genannt. Verglichen mit *S. o. oxyrhynchus* besitzt sie eine stumpfere Schnauze und eine etwas geringere Anzahl an Kiemenreusendornen. Genetische Daten deuten auf eine Introgression mit Forellen des Adriastammes hin. Die Weichmaulforelle war die primäre Salmonidenart, die sich bereits in vorglazialen Epochen in dieser Region entwickelt hatte. Als während des Eiszeitalters adriatischstämmige Forellen in das Jadro-Becken eindrangen, kam es zu introgressiver Hybridisierung.

g) Die Weichmaulforelle der Krka

Diese Unterart wird nach KARAMAN mit *Salmo obtusirostris krkensis* klassifiziert. Ihr lokaler Name „Zlousta“ bedeutet so viel wie „böses Maul“ oder „Übelmaul“ und ist eine Anspielung auf die ungewöhnliche Schnauzenform. Die Weichmaulforelle der Krka ist offensichtlich vom Aussterben bedroht. Das Vorkommen beschränkt sich heute auf einen etwa 300 m langen Flussabschnitt im Oberlauf der Krka, nahe der Stadt Knin. Nur mehr vereinzelte Exemplare konnten in den letzten Jahren hier gesichtet werden. Die starke, unkontrollierte Befischung, vor allem während des letzten Krieges, dürfte für den dramatischen Rückgang der Bestände verantwortlich sein. Wie hoch die Bestandsdichte einst war, lässt sich aus KARAMANS Beschreibung von 1927 entnehmen. Demnach erschienen zur Laichzeit „vor Ostern“ am Ursprung der Krka zahlreiche Weichmaulforellen, darunter Individuen bis zu 3 kg, oft bis zu 6 kg schwer. Den Fischen wurde mit Netzen nachgestellt, größere Tiere erlegte man mit der Harpune. Die größten Exemplare wurden bei Lichtfischerei vom Boot aus erbeutet. Die Weichmaulforellen wählen in der

Krka zum Laichen einen etwas gröberen Kies als die Bachforellen, die hier „vor Weihnachten“ laichen.
Die Weichmaulforellen der Krka besitzen eine noch stumpfere Schnauze und einen kürzeren und breiteren Oberkiefer als die Unterart des Jadro. Die blass gefärbten, roten und schwarzen Flecken an den Flanken sind klein. HECKEL nennt in seiner Originalbeschreibung von 1852 als einen der Fundorte die nahe gelegene Zrmanja, nicht aber die Krka. Wie bereits erwähnt, gibt es jedoch in der Zrmanja keine Weichmaulforellen und es ist anzunehmen, dass HECKEL seine Fische aus der Krka bekam. Der Name, den HECKEL diesem Fisch gab, nämlich *obtusirostris* (Stumpfschnauze), entspricht der Schnauzenform dieser Unterart jedenfalls viel eher als der von *S. o. salonitana* oder *S. o. oxyrhynchus.* Die erste schriftliche Anführung der Krka-Weichmaulforelle stammt aus dem Jahre 1883 von KATURIĆ, der jedoch nicht, wie später KARAMAN, zwei Formen oder Unterarten unterscheidet. Genetische Untersuchungen konnten bislang nur an einem einzigen Exemplar durchgeführt werden. Die Ergebnisse lassen, ähnlich wie bei der Unterart aus dem Jadro, Introgression durch den Adriastamm erkennen.

h) Die Weichmaulforelle der Zeta

Die Zeta in Montenegro ist der größte Zufluss der Morača, die in den Skutarisee mündet, und gehört zum Hydrosystem Ohrid-Drim-Skutari. Die Weichmaulforellen bewohnen den Unterlauf der Zeta, eines wasserreichen, etwa 25 km langen Flusses mit bis zu 8 m tiefen Abschnitten. Zwischen der unteren und der oberen Zeta besteht keine Oberflächenverbindung. Im Oberlauf bei Nikšić leben nur Bachforellen, die 1932 von S. KARAMAN als neue Art, *Trutta taleri,* beschrieben wurden. Die morphologischen Merkmale dieser Forellen deuten darauf hin, dass sie dem Donaustamm angehören. Ob sie durch nicht dokumentierten Besatz oder über prähistorische Verbindungen mit dem Drina-Becken in die Zeta gelangten, lässt sich heute nicht mehr eindeutig klären. Im Unterlauf kommen neben der Weichmaulforelle noch die adriastämmige Bachforelle, die Marmorforelle und gelegentlich die Zahnforelle vor. Unterschiedliche Laichzeiten und Laichplätze sorgen für die reproduktive Isolation zwischen den einzelnen Forellenformen. Außerdem nimmt jede dieser Formen eine eigene ökologische Nische ein. Die lokale Bezeichnung für die Weichmaulforelle der Zeta ist „lipjen“ und leitet sich von „lipljen“ ab, dem serbischen Namen für die Äsche – ein Hinweis auf die typische Schnauzenform und wohl auch auf das Verhalten der Weichmaulforellen, die, ähnlich wie die Äschen, in Schulen und meist in der Flussmitte schwimmen. Die Äsche kam in Montenegro ursprünglich nur im Einzugsgebiet der Tara vor, die zum Donau-Becken gehört und die südlichste Verbreitungsgrenze dieser Salmonidenart in Europa darstellt. Seit 1968 ist die Äsche durch Besatzmaßnahmen auch in der Morača vertreten. Gegenwärtig klassifiziert man die Weichmaulforelle der Zeta nach M. KARAMAN als Unterart, *Salmo obtusirostris zetensis*. Sie unterscheidet sich durch einige Merkmale von allen übrigen Unterarten. Der Oberkiefer reicht, wie bei allen Weichmaulforellen, nur bis unter die Augenmitte. Das Maul ist jedoch weniger unterständig als bei allen anderen Unterarten und gleicht somit, wie auch das Kopfprofil, mehr dem der Bachforellen. Charakteristisch für *S. o. zetensis* sind die großen roten, hell umrandeten Flecken, die gleichmäßig entlang der Seiten verteilt sind, mit kleinen schwarzen Flecken dazwischen. Die Schwanzflosse ist gegabelt mit spitz ausgezogenen Enden. Die Laichzeit ist von März bis Mai. Im Gegensatz dazu laichen die sympatrischen Bachforellen zwischen Oktober und Januar, die Marmorforellen von Mitte November bis Mitte Dezember. Einst war die Weichmaulforelle die vorherrschende Salmonidenart in der Zeta und erschien in großen Schwärmen an den Laichplätzen, vornehmlich am Auslauf größerer Kolke und in einer Tiefe von etwa 2 m. Vor allem während der Kriegsjahre wurde an den Laichplätzen mit Strom und Sprengstoff gefischt und die Population beinahe zum Erliegen gebracht. Heute ist die Weichmaulforelle in der Zeta sehr selten geworden. Nur an drei Stellen des Oberlaufs der unteren Zeta ist diese Art noch in geringer Stückzahl vorhanden. Alle drei Fundorte sind große Kolke (15-50 m breit und 3-7 m tief) mit sandig-steinigem Untergrund. In den Uferbereichen bis zu 2 m Tiefe zeigt sich ein dichter Bewuchs submerser Makrophyten, wohin die Fische bei Gefahr flüchten. Die drei Kolke werden von starken Karstquellen zusätzlich gespeist. Gewöhnlich halten sich die Weichmaulforellen im tiefen Wasser in Grundnähe auf, wo sie sich hauptsächlich von Flohkrebsen ernähren, während die am selben Ort lebenden Bachforellen in den seichteren und strömungsreicheren Stellen nach Insekten und deren Larven jagen. Marmorforellen kommen in diesen Flussabschnitten nicht vor. Früher soll die Weichmaulforelle noch manchmal in der unteren Morača und sogar im Skutarisee beobachtet worden sein.

Bei molekularbiologischen Untersuchungen an wenigen Exemplaren konnte nur ein Haplotypus des Adriastammes ermittelt werden. Es steht bisher nicht fest, ob die Zeta-Weichmaulforelle durch Hybridisation zwischen den ursprünglichen Weichmaulforellen und den später eingewanderten adriastämmigen Forellen entstanden ist oder ob es sich um eine konvergente Entwicklung eines Adriastammes handelt.

i) Die Ohridforelle

Der oligotrophe Ohridsee ist tektonischen Ursprungs und mit 4 bis 5 Mio. Jahren Europas ältester See. Seine Oberfläche liegt 695 m über dem Meeresspiegel, seine mittlere Tiefe beträgt 155 m, seine maximale Tiefe 289 m. Zahlreiche Bäche und unterseeische Quellen speisen den See. Ein Teil des Wassers kommt unterirdisch aus dem nahen und 160 m höher gelegenen Prespasee. Entwässert wird der Ohridsee über den Schwarzen Drin zum Drini in Albanien, der in der Nähe des Skutarisees in die Adria mündet. Rund zwei Drittel der Seefläche gehören zu Mazedonien, ein Drittel zu Albanien. Die Fauna des Ohridsees besteht aus einer beträchtlichen Anzahl an endemischen Arten und Gattungen. Die bekannteste dieser endemischen Arten ist eine eher kleinwüchsige, archaisch anmutende Forelle, die in Mazedonien „belvica“ – sinngemäß „Weißfisch“ – und in Albanien „belbica“ oder „belushkë“ heißt. Erstmals beschreibt STEINDACHNER 1892 diese Spezies unter dem auch heute gültigen Namen *Salmo ohridanus.* Spätere Klassifizierungen in die Gattungen *Salmothymus* bzw. *Acantholingua* wurden, wie bereits erwähnt, aufgrund neuester Erkenntnisse revidiert. Morphologisch unterscheidet sich die Ohridforelle erheblich von ihren nächsten Verwandten in Dalmatien. Anders als bei den Weichmaulforellen ist die Körperform sehr gestreckt, das obere Profil erhebt sich im Anschluss an die stark gekrümmte Schnauze nur mäßig bis zur Rückenflosse. Wie bei der Weichmaulforelle reicht der Oberkiefer nicht weiter als bis unter die Augenmitte, jedoch ist er schmäler und die Schnauze überragt den Rand des Unterkiefers nur unbedeutend. Die Anzahl der Kiemereusendornen ist mit 18 bis 22 erheblich geringer als bei der Weichmaulforelle, ebenso wie die niedrige Zahl von Pylorusanhängen mit 25 bis 59. Die Anzahl der Wirbel ist mit 53 bis 57 die niedrigste unter allen Formen der Europäischen Forelle. Die Schuppen der Ohridforelle sind mit der geringen Anzahl von 102 bis 114 entlang der Seitenlinie ähnlich groß wie bei der Weichmaulforelle. Die Färbung ist gelblich-silbrig mit zwei bis vier schwarzen Flecken an den Kiemendeckeln. Weibliche Tiere sind an den Flanken meist ohne Fleckenzeichnung. Männchen zeigen wenige kleine, x-förmige schwarze Flecken an der vorderen Köperhälfte und zum Rücken hin, manchmal auch einige rötliche Flecken parallel zur Seitenlinie. Die Ohridforelle erreicht ein Alter von 10 bis 12 Jahren und wird bis zu 35 cm lang und 0,8 kg schwer. Die Laichablage findet von Mitte Dezember bis Anfang Februar nahe der Küste in 8 bis 9 m Tiefe statt. Außerhalb der Laichzeit hält sie sich in einer Tiefe von 25 bis 60 m auf und ernährt sich von Zooplankton und benthischen Wirbellosen. Die Ohridforelle wird auch künstlich vermehrt und gelegentlich mit männlichen Ohridseeforellen gekreuzt.

Ohridforelle (*Salmo ohridanus*), weiblich, ~250 mm, Ohridsee, Foto: Stojmir Stojanovski

Ohridforelle (*Salmo ohridanus*), männlich, ~280 mm, Ohridsee, Foto: Stojmir Stojanovski

j) Die Ohridseeforelle

Die lokalen Bezeichnungen für die Ohridseeforelle sind „ohridska pastrmka“ in Mazedonien und „koran“ in Albanien. Die ersten wissenschaftlichen Publikationen stammen von Stanko KARAMAN: 1924 beschreibt er die bei der einheimischen Bevölkerung als „letnica pastrmka“ (Sommerforelle) bekannte Form mit dem Namen *Trutta letnica* und 1927 die „Struga-Rasse“ mit *Trutta balcanica.* Die umfangreichste Monografie über die Forellen des Ohridsees, „Rassische und ökologische Studien der Ohrider Salmoniden“, wurde 1948 von Dusica STEFANOVIĆ veröffentlicht. Die jugoslawische Ichthyologin unterscheidet drei „Rassen“ der Ohridseeforelle, die sie als neue Unterarten beschreibt. Alle drei Rassen laichen zu unterschiedlichen Zeiten und an verschiedenen Plätzen. Die „Sommer-Rasse“, *Salmo letnica aestivalis,* und die „Winter-Rasse“ oder auch nach der Ortschaft benannte „Peštani-Forelle“, *S. l. typicus,* kommen entlang der Ostküste vor und laichen in der Nähe von sublakustrischen Quellen, die „Sommer-Rasse“ von Mai bis August und die „Winter-Rasse“ im Januar und im Februar. Die „Struga-Rasse“ oder „kresnica“, *S. l. balcanicus,* bewohnt den Nordwesten des Sees und laicht beim und im Abfluss des Sees im Dezember und Januar. Für die südwestliche Küste geben die albanischen Autoren N. RAKAJ und A. FLLOKO die

Laichzeit mit Januar und Februar und den Laichort in Küstennähe zwischen 5 und 50 m Tiefe an, ohne eine bestimmte Rasse zu erwähnen. Abweichungen von diesen Hauptlaichzeiten kommen immer wieder vor und so kann man eigentlich in jedem Monat des Jahres laichbereite Tiere antreffen. Im Jahre 1958 beschreiben die albanischen Ichthyologen G. D. POLJAKOV, N. FILIPI und K. BASHO eine vierte Unterart und nennen sie nach dem albanischen Namen „koran lumi" (Ohridseeforelle des Flusses) *S. l. lumi*. Diese Form lebt ebenfalls im Ohridsee, steigt aber zum Laichen von Dezember bis Februar in die einmündenden Bäche der Westküste auf. Der renommierte Schweizer Taxonom Maurice KOTTELAT betrachtet in seiner Veröffentlichung von 1997, „European Freshwater Fishes", alle vier Forellenformen des Ohridsees als eigenständige Arten: *Salmo aphelios* (Sommer-Forelle), *S. letnica* (Peštani-Forelle), *S. balcanicus* (Struga-Forelle) und *S. lumi* (Lumi-Forelle).

Die Ohridseeforellen bevorzugen außerhalb der Laichperioden Tiefen von 60 bis 80 m und ernähren sich von Plankton und, als einzige Raubfische im See, auch von Fischen, vornehmlich von Lauben (*Alburnus scoranza*). Die Laichreife tritt, je nach Population, zwischen 4 und 6 Jahren ein. Der Geschlechtsmorphismus ist stark ausgeprägt. Die Männchen besitzen eine längere Kopfform als die Weibchen und entwickeln in der Laichzeit einen deutlichen Unterkieferhaken. Die Flanken beider Geschlechter sind silbrig glänzend mit unregelmäßig oder x-förmig angelegten schwarzen Flecken. Männliche Tiere zeigen zudem einige rote Flecken entlang der Seitenlinie und oft auch in der Rückenflosse. Während der Laichzeit nehmen die Männchen eine dunklere Färbung an und die roten Flecken werden zahlreicher und intensiver. Die Ohridseeforellen erreichen gewöhnlich eine Länge von 40 bis 60 cm und ein Gewicht von 2 bis 3 kg. Das größte bisher bekannte Exemplar wog 16,5 kg, wurde 1970 von Netzfischern gefangen und ist im Museum von Struga ausgestellt.

Die vier beschriebenen Formen der Ohridseeforelle weisen geringfügige Unterschiede in der äußeren Morphologie und im Knochenbau auf, die sich oftmals überschneiden. Seit den dreißiger Jahren des letzten Jahrhunderts wird die Ohridseeforelle für den Besatz künstlich vermehrt und so wurden die verschiedenen Rassen mehr oder weniger vermischt. Zudem ist schon seit langem der Zugang zu den Laicharealen am Abfluss durch ein Wehr versperrt. Es dürfte also heute zu spät sein, um die Frage der Systematik der ökologischen Forellenformen des Ohridsees zu klären. Jedenfalls gehören die Ohridseeforellen dem Adriastamm an und haben den See erst während des letzten Eiszeitalters, also viel später als die Ohridforelle, besiedelt.

Ohridseeforelle (*S. letnica*), weiblich, ~520 mm, Ohridsee

Ohridseeforelle (*S. letnica*), männlich, ~550 mm, Ohridsee, Foto: Stojmir Stojanovski

k) Die Prespaforelle

Südöstlich des Ohridsees, im Dreiländereck von Mazedonien, Albanien und Griechenland, befindet sich der nur unwesentlich kleinere Prespasee. Sein Wasserspiegel liegt auf einer Seehöhe von 849 m, seine maximale Tiefe misst 54 m. Wie der Ohridsee entstand auch der Prespasee bereits im Pleistozän, weist jedoch eine geringere Anzahl an endemischen Arten auf. Der See wird vor allem von unterirdischen Zuflüssen und einigen Bächen gespeist und über unterirdische Verbindungen zum Ohridsee entwässert. Der sogenannte Große Prespasee ist durch eine schmale Landbrücke vom etwa 4 m höher gelegenen Kleinen Prespasee getrennt.

Forellenvorkommen sind aus vier Bächen (Leva Reka, Kranska Reka, Brajčinska Reka, Agios Germanos), die in den Großen Prespasee münden, bekannt. Vereinzelt werden auch Exemplare im See gefangen. Stanko KARAMAN beschreibt 1938 in seinem „Beitrag zur Kenntnis der Süsswasserfische Jugoslaviens" die Forellen des Prespaseebeckens als neue Unterart, *Salmo macedonicus peristericus.* Er bezieht sich dabei auf vier Exemplare aus dem Prespasee selbst und auf ein Männchen von 34 cm aus dem Zufluss Brajčinska Reka, der vom Perister (Pelister) Gebirge im Osten dem See zufließt. Nach KARAMAN zeichnet sich die neue Subspezies durch einen gestreckten, walzenförmigen Körper und einen spitz zulaufenden Kopf mit langem, schmalem Oberkieferknochen aus und entspricht der von ihm 1924 beschriebenen Nominatform, *Trutta fario* var. *macedonica,* aus dem Vardar-Becken. Die Prespaforelle besitzt jedoch eine verhältnismäßig kleine Fettflosse. Auch die dunklen Flecken am Körper sind in geringerer Zahl vorhanden und außerdem kleiner als bei der typischen Form. Die Forellen aus dem Prespaseebecken gehören dem Adriastamm an. Aufgrund einiger morphologischer und phänotypischer Eigenheiten betrachten viele Autoren diese Form als eigenständige Art oder Unterart, *Salmo peristericus* bzw. *Salmo trutta peristericus.* Molekularbiologische Untersuchungen hingegen lassen die Klassifikation als eigene Art nicht gerechtfertigt erscheinen.

Prespaforelle (*S. peristericus*), ~220 mm, Brajčinska Reka (Prespasee-Zufluss)

Prespaforelle (*S. peristericus*), ~360 mm, Leva Reka (Prespasee-Zufluss)

Literatur: Cuvier, 1829; Heckel, 1852; Heckel & Kner, 1858; Steindachner, 1882, 1892; Kolombatović, 1890; Heinz, 1908; Karaman, 1924, 1938; Stefanović, 1948; Taler, 1950; Poljakov et al., 1958; Hadžišče, 1960, 1961; Karaman, 1966; Kosorić & Vuković, 1969; Ivanović, 1973; Dorofeyeva et al., 1987; Šorić, 1990; Schöffmann, 1991, 1997b, 2003, 2004b, 2005a, 2010a; Phillips et al., 2000; Snoj et al., 2002; Delling, 2003; Georgiev, 2003; Sušnik et al., 2006; Wilson, 2004; Razpet et al., 2007; Sušnik et al., 2007a, 2007b; Snoj et al., 2009; Snoj et al., 2010; Delling, 2010; Pustovrh et al., 2011; Mrdak et al., 2012.

5.13. Balkanhalbinsel mit ägäischem Einzugsgebiet

Der südöstliche Balkan betrifft die Staaten Mazedonien, Bulgarien und Griechenland und wird durch vier große Flüsse zur Ägäis entwässert: Vardar (griechisch Axios), Struma (Strymonas), Mesta (Nestos) und Marica (Evros). Hinzu kommt noch der Aliakmon, der im Nordwesten Griechenlands entspringt und in den Golf von Thessaloniki mündet. Die Fischfauna dieser Region entspricht zum Großteil der des Donaubeckens und des Ponto-Kaspischen Raumes. Noch während des Pleistozäns erstreckte sich das alte ägäische Festland vom Balkan bis Kleinasien, von zahlreichen, miteinander verbundenen Seen bedeckt. Das Pontische Becken war ein großer Süßwassersee, dessen Abfluss über den Bosporus und die Dardanellen ins Mittelmeer entwässerte und das Wasser von Marica, Mesta, Struma, Vardar und den kleinasiatischen Flüssen aufnahm. So war also in dieser Zeit eine Einwanderung pontischer Elemente in die balkanisch-ägäischen Gewässer möglich. Mit der tektonisch bedingten Bildung des nördlichen Ägäischen Meeres hörte diese Zuwanderung auf. Erst vor rund 10.000 Jahren, als das Niveau der Ozeane den heutigen Stand erreicht hatte, drang Salzwasser aus dem Mittelmeer durch den Bosporus und ließ das Schwarze Meer entstehen. Einige rheophile Arten immigrierten auch direkt aus dem Donaubecken in die ägäischen Flüsse, über Verbindungen, die sich durch Flussanzapfungen gebildet hatten. Die Forellen der ägäischen Region stammen zumeist nicht aus dem Pontischen Becken, sondern gehören fast ausschließlich dem aus dem Westen immigrierten Adriastamm an. Man findet jedoch Forellenpopulationen des Donaustammes in einigen Ägäis-Zuflüssen im Nordwesten der Türkei. Auch in Griechenland wurden bei der Population des Venetikos, eines Zuflusses zum Mittellauf des Aliakmon, überwiegend Haplotypen des Donaustammes festgestellt, während in einem Seitenfluss des Unterlaufs, dem Tripotamos, nur Forellen des Adriastammes vorkommen. Für den Venetikos müssen allerdings auch mögliche Besatzmaßnahmen in Betracht gezogen werden. Andererseits lassen Ergebnisse genetischer Untersuchungen eine nähere Verwandtschaft der Forellen aus dem Einzugsbereich der Morava (Donaubecken) mit den Populationen einiger Zubringer der Crna Reka (Vardarbecken) in Nordgriechenland erkennen. Diese genetische Introgression kann man auf die bereits erwähnten paläografischen Ereignisse zurückführen. Während des Pleistozäns gelangten aufgrund von Flussanzapfungen und Verlagerung der Wasserscheide neben anderen rheophilen Arten auch donaustämmige Forellen in das Vardarbecken, wo sie in den dort ansässigen Populationen des Adriastammes ihre genetischen Spuren hinterließen.

Bela Reka – Zufluss der Crna Reka (Vardar-Becken) – Typusfundort von *S. pelagonicus*

Aus dem Einzugsgebiet des Vardar wurden durch Stanko KARAMAN zwei Forellenarten bekannt: 1924 beschreibt er *Salmo macedonicus* aus dem oberen Vardarbecken und 1938 *Salmo pelagonicus* aus drei Bächen (Dihovska Reka, Slokučanska Reka, Bela Reka), die der Crna Reka zufließen, westlich und östlich der südmazedonischen Stadt Bitola. Die Crna Reka (Schwarzer Fluss), ein Seitenfluss des mittleren Vardar, hat auch einen Zubringer aus dem Norden Griechenlands, den Loudias Fluss. Die Forellen seiner Quellbäche Drossopigi und Skopos entsprechen ebenfalls der Beschreibung von *S. pelagonicus*: kleine schwarze Flecken am Kopf und im oberen Drittel der Flanken sowie große rundliche, hell umrandete Flecken entlang der Seiten, im vorderen Teil schwarz, nach hinten hin zunehmend rötlich. Forellen, deren Äußeres mit dieser Beschreibung übereinstimmt, findet man auch in Zuflüssen der Struma im Westen Bulgariens und im äußersten Südosten Serbiens. Im Gegensatz zu *S. pelagonicus* zeigt *S. macedonicus* eine dichtere Fleckenzeichnung mit roten, teilweise auch schwarz überlagerten Flecken entlang der Körpermitte und schwarzen längs der oberen Körperseite und an den Kiemendeckeln. Die mittelgroßen schwarzen und roten Flecken weisen eine deutliche helle Umrandung auf und lassen, insbesondere bei größeren Exemplaren, einen vieleckigen oder sternförmigen Umriss erkennen.

Forelle (*S. macedonicus*), ~210 mm, Kriva Reka (nordöstliches Vardar-Becken)

Forelle (*S. macedonicus*), ~200 mm, Došnica (mittleres Vardar-Becken)

Forelle (*S. pelagonicus*), ~240 mm, Dihovska Reka (Zufluss der Crna Reka)

Forelle (*S. pelagonicus*), ~170 mm, Skopos (südl. Crna Reka-Becken, Griechenland)

Forelle (*S. pelagonicus*), ~220 mm, Bela Reka (südl. Crna Reka-Becken, Mazedonien)

Forelle (*S.* cf. *pelagonicus*), ~250 mm, Ljubata (Dragovištica Z., Struma-Becken, Serbien)

Forelle (*S.* cf. *pelagonicus*), ~160 mm, Rilska Reka (Struma-Becken, Bulgarien)

Forelle, ~180 mm, Cerna Mesta (Nestos-Becken, Bulgarien)

Forelle, ~270 mm, Aliakmon (Oberlauf)

Die unterschiedlichen Phänotypen aus den Becken von Mesta und Marica zeigen einmal mehr und einmal weniger Ähnlichkeit mit den beiden Nominatformen aus dem Vardar-Becken. Die Forellen des Aliakmon werden von einigen Autoren zu *S. pelagonicus* gezählt, obgleich die große Anzahl kleiner Flecken nicht der Darstellung dieser Form gerecht wird. Der erste literarische Hinweis auf die Forellen des Aliakmon stammt aus dem zweiten Jahrhundert n. Chr. Der römische Sophist CLAUDIUS ÆLIANUS beschreibt auf Griechisch in seinem naturgeschichtlichen Werk „Tiergeschichten", besser bekannt unter dem lateinischen Titel „De Natura Animalium", das Forellenfischen mit der künstlichen Fliege im damaligen Mazedonien.

* Zwischen den Städten Beroea (Veria) und Thessalonica (Thessaloniki) fließt ein Fluss namens Astræus (Aliakmon), und in diesem Fluss gibt es Fische mit gefleckter Haut. Diese Fische fressen eigentümliche, nur in diesem Landstrich vorkommende Insekten, welche über dem Wasser schweben. Sie sehen nicht aus wie die weit verbreiteten Fliegen, noch wie Wespen, auch gleichen sie nicht einer Mücke oder einer Biene. Dennoch haben sie etwas von allen diesen Insekten. Die Einheimischen nennen sie Hippouros. Diese Fliegen suchen ihre Nahrung über dem Wasser, ohne auf die unter der Oberfläche lauernden gefleckten Fische zu achten. Wenn der Fisch eine Fliege an der Wasseroberfläche erspäht, schwimmt er stetig nach oben, vorsichtig bedacht, nicht das Wasser zu bewegen, wodurch seine Beute erschreckt werden könnte. Er kommt wie ein Schatten nach oben, öffnet seine Kiefer und verschlingt die Fliege wie ein Wolf, der ein Schaf aus der Herde reißt oder ein Adler eine Gans vom Bauernhof. Danach verschwindet er mit seiner Beute unter der sich kräuselnden Oberfläche. Obwohl die Fischer dies beobachteten, konnten sie das Insekt nicht als Köder verwenden, da es bei Berührung seine natürlichen Farben und die Flügel verliert. Die Fische weigern sich, derartig beschädigte Insekten anzunehmen. So ersannen sich die Fischer eine andere List. Sie wickelten rot gefärbte Wolle um ihre Angelhaken und befestigten über dieser Wolle zwei Federn, die unter dem Kehllappen des Hahnes wachsen und wachsgrau gefärbt sind. Ihre Ruten sind ungefähr sechs Fuß lang. Daran hängt eine ähnlich lange Leine, womit sie ihre Attrappe dem Fisch vorsetzen. Der kommt, angelockt durch die Farben, um gierig nach dem Köder zu schnappen.

Literatur: Karaman, 1924, 1938; Karakousis et al., 1991; Apostolidis et al., 1996, 1997, 2008, 2011; Lo Brutto, 2010; Schöffmann, 2010a.

5.14. Balkanhalbinsel mit ionischem Einzugsgebiet

Diese Region erstreckt sich vom Einzugsgebiet der Vjosa (albanisch auch Vjosë, griechisch Aoos oder Vovoussa) im Süden Albaniens und im Nordwesten Griechenlands über das ionische Becken Griechenlands bis zum Peloponnes. Die Fischfauna dieser Gewässer ist bei weitem nicht so artenarm wie früher einmal angenommen. Die meisten Fischarten sind endemisch und innerhalb der letzten Jahrzehnte wurden zahlreiche neue Arten beschrieben, hauptsächlich von den griechischen Ichthyologen P. S. ECONOMIDIS und A. STEPHANIDIS. Neben der bereits von ARISTOTELES beschriebenen und nach ihm benannten Welsart (*Silurus aristotelis*) kommt hier die erst kürzlich entdeckte kleinste europäische Süßwasserfischart vor: Die Trichonis Zwerggrundel (*Economidichthys trichonis)* wird mit etwa 18 mm geschlechtsreif und nicht größer als 25 mm.

Die Vjosa, auf Griechisch Aoos genannt, entspringt im Pindosgebirge im Nordwesten Griechenlands. Die längste Strecke ihres etwa 270 km langen Laufs befindet sich in Albanien, wo sie in die Adria mündet. Der Voïdomatis ist ein Nebenfluss des Aoos und wohl einer der schönsten Flüsse Griechenlands. Sein Ursprung liegt in der Zagoria („Land hinter den Bergen“), nördlich der Stadt Ioannina. Der obere Flussabschnitt führt durch die etwa 10 km lange und bis zu 900 m tiefe Vikos-Schlucht. In den tiefen, smaragdgrünen Kolken am unteren Ende der Schlucht schwimmen große Forellen, die auf angeschwemmte Beute lauern. Deutlich zu erkennen sind die vier dunklen vertikalen Streifen an den Flanken. Diese dunklen Flecken sind besonders bei älteren Exemplaren stark ausgeprägt. Die Forellen des Voïdomatis besitzen eine spitze Schnauze mit einem tief gespaltenen Maul. Der Oberkiefer reicht bei adulten Tieren bis weit hinter den hinteren Augenrand. Der Körperbau ist gedrungen und der Rücken nach dem Kopf steil ansteigend. Der Kopf und die vordere Hälfte der Seiten sind dicht schwarz und rötlich gefleckt, nach hinten hin nimmt die Anzahl der Flecken ab. Die Afterflosse ist ohne rötliche Töne. Die Nahrung besteht fast nur aus größeren Insekten, wie Käfern, Heuschrecken und Zikaden. Aufgrund der morphologischen Merkmale bezeichnen einige Autoren diese Forellen als *Salmo dentex.* Mitunter kommen auch morphologisch abweichende Exemplare vor, mit stumpfer Schnauze und einem kurzen und breiten Oberkiefer, der kaum bis unter den hinteren Augenrand reicht. Der Mageninhalt besteht ausschließlich aus kleinen aquatischen Insekten, wie Steinfliegenlarven. Ob es sich hier um zwei reproduktiv getrennte Populationen handelt, konnte bislang nicht geklärt werden. Ungeachtet dessen wurden im Voïdomatis zwei Haplotypen des Mittelmeerstammes

nachgewiesen. Der Adriastamm ist in diesem Gewässer offensichtlich nicht vertreten. Die Forellen aus dem Oberlauf des Aoos unterscheiden sich äußerlich markant von den beiden Formen aus dem Voïdomatis. Über ihre genetische Identität wurde nichts bekannt. Die Forellen im Nationalpark Aoos-Vikos gehören zu den best geschützten Griechenlands. In der Vikos-Schlucht besteht ein ganzjähriges Fangverbot.
Im Pindosgebirge entspringen vier weitere Flüsse mit genetisch und phänetisch unterschiedlichen Forellenpopulationen. Der nördlichste davon, der Thyamis, mündet oberhalb der Stadt Igoumenitsa in das Ionische Meer. Louros und Arachthos fließen nach Süden in den Ambrakischen Golf, der an das Ionische Meer grenzt. Der Acheloos ist der wasserreichste und nach dem Aliakmon der zweitlängste Fluss in Griechenland. Er fließt vom Pindosgebirge ebenfalls in südlicher Richtung, durch drei Staustufen zur Stromgewinnung, bis zum Mündungsdelta am Ionischen Meer, unweit des Eingangs zum Golf von Patras. In der griechischen Mythologie wurde der Flussgott Acheloos als Personifikation dieses Flusses verehrt. Im Mittelalter nannte man den Fluss auch Aspropotamos (weißer Fluss), heute ist wieder der antike Name gebräuchlich. Der Mittel- und Oberlauf des Acheloos zählt neben dem Voïdomatis zu den Gewässern mit dem höchsten Forellenbestand des Landes. Über das Vorkommen von *Salmo dentex* im Acheloos wurde gelegentlich berichtet. Tatsächlich zeigen einige größere Exemplare die für diese Forellenform charakteristischen äußeren Merkmale. Es ist jedoch nicht belegt, ob hier zwei unterschiedliche Formen in Sympatrie leben oder ob es sich lediglich um die morphologische Eigenheit älterer Tiere handelt. Genetischen Untersuchungen zufolge herrscht neben einem Haplotypus des Adriastammes der Haplotyp des Marmoratastammes vor, obwohl keines der Exemplare irgendeine Form von Marmorierung aufweist. In den Flüssen Thyamis und Louros, wo die Bestände bei weitem weniger stabil sind, fand man ausschließlich den Adriastamm. Aus dem Louros wurde erst kürzlich eine neue Art beschrieben: *Salmo lourosensis* Delling, 2010. An der Südflanke des südwestlichen Festlandes von Griechenland, nördlich des Peloponnes, gibt es zwei weitere Flüsse mit Forellenvorkommen. Der etwa 90 km lange Evinos fließt in den Golf von Patras und die Mündung des etwas kürzeren Mornos markiert die Grenze zwischen dem Golf von Patras und dem Golf von Korinth. Beide Flüsse werden für die Trinkwasserversorgung von Athen genutzt. Die Forellenbestände beschränken sich auf kurze Strecken in den Oberläufen und einen Seitenfluss. Während der Evinos adriastämmige Forellen beherbergt, konnte im Mornos nur ein Haplotyp des Marmoratastammes nachgewiesen werden. Wie im Acheloos fehlt auch bei den Forellen des Mornos jede äußere Ähnlichkeit mit der Marmorforelle.

Forelle, ~260 mm, Aóos (Oberlauf)

Forelle, ~370 mm, Voïdomatis

Forelle, ~170 mm, Arachthos

Forelle, ~210 mm, Achelóos

Forelle, ~210 mm, Thyamis

Forelle, ~190 mm, Evinos

Forelle, ~210 mm, Mornos

Forelle, ~440 mm, Aroánios (Ládonas-Zufluss, Alfios-Becken, Peloponnes)

Ein historisches Zeugnis über das Vorkommen von Seeforellen in dieser Region, und zwar im Trichonida-See, der westlich des Evinos-Beckens liegt, ist einer Mitteilung des zwischen 1851 und 1902 in Griechenland ansässigen deutschen Botanikers und guten Freundes von Charles DARWIN, Theodor Heinrich Hermann von HELDREICH, zu entnehmen.
Der Alfios ist der 110 km lange Hauptfluss der Halbinsel Peloponnes. Er entspringt in der Nähe der arkadischen Hauptstadt Trípolis und mündet westlich des antiken Olympia in das Ionische Meer. Autochthone Forellenvorkommen findet man nur noch in den Oberläufen und Quellflüssen dreier rechter Nebenflüsse. Dazu gehören der Lousios, der aus nordöstlicher Richtung kommend sein Wasser aus den Bergen von Pilovouni und Ménalo dem Alfios hinzufügt, der Ládonas, der die Wassermassen des südlichen Aroánia-Massivs dem Alfios zuführt und der Erímanthos, der im gleichnamigen Gebirge im Nordwesten des Peloponnes entspringt. Die Forellen aus dem Alfios-Becken, die ausschließlich dem Adriastamm angehören, stellen das südlichste Vorkommen auf der Balkanhalbinsel dar. Durch die Zerstörung des Lebensraumes, durch Überfischung und durch den Besatz mit Regenbogenforellen sind die Bestände heute stark dezimiert und gefährdet.

Voïdomatis in Griechenland

Literatur: Apostolidis et al., 1996, 1997, 2011.

5.15. Donaubecken

Die Donau, nach der Wolga Europas zweitlängster Strom, ist der größte Zubringer des Schwarzen Meeres. Die Ichthyofauna des Donaubeckens ist die reichste des Kontinents. Zahlreiche Fischarten drangen im Postglazial aus dem Osten über den Donauraum nach Mitteleuropa vor. Während der Eiszeit bewohnte die Europäische Forelle das untere und mittlere Donaubecken und besiedelte erst nach dem Abschmelzen der Gletscher den alpinen Einzugsbereich der Donau. Genetische Untersuchungen deuten darauf hin, dass auch eine Zuwanderung aus dem Atlantikbecken, über postglaziale Verbindungen zwischen Rhein- und Donaubecken, zumindest in den Oberlauf der Donau und seine Nebenflüsse statt gefunden hat. Ansonsten leben in den Einzugsgebieten des Schwarzen Meeres, des Kaspischen Meeres und des Aralsees ausschließlich Forellen des Donaustammes, der nur deshalb so heißt, weil die ersten Proben für genetische Untersuchungen aus dem Donaubecken stammten. Auf die lange Existenz des Donaustammes deuten zwei extrem divergente Haplotypen hin, die man in Quellflüssen der Südlichen Morava (Južna Morava) im Südosten Serbiens gefunden hat. Die beiden Flüsse (Vrla und Džepska Reka) entspringen in der Gebirgsregion von Vlasina, einem dünn besiedelten Gebiet, das zu den ältesten Landmassen auf der Balkanhalbinsel gehört. Obgleich die erwähnten Haplotypen dem Donaustamm zuzurechnen sind, nehmen sie gewissermaßen eine zentrale Position zwischen dem Donaustamm und den restlichen Forellenstämmen (AT, AD, ME, MA) ein. Diese Erkenntnis lässt darauf schließen, dass der Donaustamm eine der ältesten stammesgeschichtlichen Linien innerhalb der fünf Stämme darstellt.
Die Forellen aus dem Einzugsbereich des Schwarzen Meeres werden zumeist einem gemeinsamen Taxon zugeordnet, belegt mit dem traditionellen Namen *Salmo labrax* Pallas, 1814, wenn auch viele Autoren dieses Taxon lediglich als Unterart, *Salmo trutta labrax,* einstufen. Der deutsche Naturforscher Peter Simon PALLAS nennt als Typus-Fundort Sewastopol und den Fluss Biyuk-ozen auf der Halbinsel Krim und leitet den Artnamen *labrax* von „lavraki“ ab, der von den Krim-Griechen verwendeten Bezeichnung für die anadrome Forelle des Schwarzen Meeres. Morphologische Merkmale zur Bestimmung des Taxons *S. labrax* sind umstritten oder nur regional anwendbar. Die Anzahl der Kiemenreusendornen am ersten Kiemenbogen ist bei den danubisch-pontischen Forellen mit 16 bis 21 im Durchschnitt höher als bei den atlantischen Forellen aus Mittel- und Nordeuropa mit 13 bis 18. Eine hohe Anzahl an Kiemenreusendornen kommt jedoch auch bei den mediterranen und den marokkanischen atlantikstämmigen Forellen vor.

Forelle, ~180 mm, Vrla (Morava-Becken, Serbien)

Forelle, ~230 mm, Vlasina (Morava-Becken, Serbien)

Forelle, ~190 mm, Tara (Drina-Becken, Montenegro)

Forelle, ~260 mm, Sutjeska (Drina-Becken, Bosnien u. Herzegowina)

Forelle, ~230 mm, Topolog (Olt-Becken, Rumänien)

Forelle, ~300 mm, Vâlsan (Argeş-Becken, Rumänien)

Seeforelle, männlich, ~800 mm, (Stamm: Walchensee), Foto: Martin Hochleithner

Seeforelle, weiblich, ~650 mm, (Stamm: Walchensee), Foto: Martin Hochleithner

Bachforelle, ~220 mm, Lavant (Drau-Becken, Österreich)

Seeforelle „Blatnjača", ~410 mm, Plavsko See (Montenegro), Foto: Danilo Mrdak

Forelle, ~310 mm, Vrata (Save-Becken, Slowenien)

Forelle, ~280 mm, Mala Pišnica (Save-Becken, Slowenien)

Der Schwanzstiel der Schwarzmeerforellen ist im Allgemeinen niedriger und länger als bei den atlantischen und mediterranen Formen. Sowohl bei wandernden als auch bei standorttreuen Populationen der Schwarzmeerforelle können Exemplare ohne Fleckenzeichnung auftreten. Niemals zeigen jedoch die Forellen des Donaustammes weiße, schwarz gesäumte vordere Kanten an der Rücken- oder Afterflosse. Die Bachforellen aus dem Donaubecken am westlichen Balkan klassifizieren einige Autoren auch mit dem Namen *S. taleri* (Karaman, 1932).
Aus den großen Seen der Alpen und Voralpen Österreichs und Bayerns kennt man schon seit langem lakustrische Forellenvorkommen, erstmals unter dem Namen *Salmo schiefermuelleri* Bloch 1784 beschrieben. Diese so genannte Maiforelle der oberösterreichischen Seen beschreibt HECKEL 1952 als *„Salar Schiffermülleri"* und die in denselben Seen vorkommende Lachsforelle als *„Fario Marsilii"*. HECKEL unterscheidet die zwei Formen nicht nur nach dem Körperbau, sondern vor allem nach der Größe und nach der Färbung: Während die Maiforelle durchschnittlich 5 bis 8 kg wiegt, wird die Lachsforelle gewöhnlich 12 bis 15 kg schwer, doch werden oft auch Stücke mit 25 bis 30 kg gefangen. Oberkopf und Rücken der Maiforelle sind schwärzlich mit stahlblau glänzenden Schuppen. Die bläulich-silbrig schimmernden Seiten zeigen eckige oder x-förmige schwarze Flecken von verschiedener Größe, zwischen denen öfters rötliche Tupfen eingestreut sind. Der Rücken der Lachsforelle ist dunkelgrün gefärbt, die Seiten sind silbrig mit einem Stich ins Violette. Die Mitte des Rückens besetzen wenige runde schwarze Flecken, welche gegen die Seitenlinie an regelmäßiger Rundung abnehmen, größer werden und gedrängter stehen als bei der Maiforelle und vor allem gegen den Schwanz oft eine X-Form aufweisen. Die Maiforelle hält sich die meiste Zeit des Jahres in größeren Tiefen auf und verlässt diese gewöhnlich nur im Mai, wo sie dann hauptsächlich in den Morgen- und Abendstunden nahe der Oberfläche Jagd auf kleinere Fische macht. Die Lachsforelle bevorzugt meist tieferes Wasser, sie ernährt sich von Lauben und Renken. HECKEL gibt die Lachsforelle auch für den Bodensee an, der allerdings zum Atlantikbecken gehört, und beschreibt für dieses Gewässer noch eine dritte Seeform, den Illanken als *„Salar lacustris"*. Die Frage, ob es sich dabei tatsächlich um eigenständige, reproduktiv getrennte Formen handelt, kann heute nicht mehr geklärt werden. Die über Jahrzehnte durchgeführten Besatzmaßnahmen mit allochthonem Material haben die ursprünglichen Bestände zum Erliegen gebracht. Da die meist aus Dänemark importierten „Seeforellen" nicht annähernd die Größe der autochthonen Seeforellen erreichen, griff man in den letzten Jahren wieder vermehrt auf heimisches Material zurück. Für die Zucht und den Besatz der Seen verwendet man zumeist Seeforellen aus dem

Walchensee in Bayern, wo der ursprüngliche Bestand noch weitgehend erhalten blieb. Früher hatte jeder See seine eigene, dem Nahrungsangebot und den Verhältnissen des Gewässers angepasste Population. Die Seeforellen der großen Alpenseen werden in der Regel erst mit einer Körperlänge von ca. 50 cm zum ersten Mal laichreif, Milchner als 4-Jährige (3+ Jahre) und Rogner als 5-Jährige (4+ Jahre). Sie haben sich im Laufe der Jahrtausende an die Umweltbedingungen angepasst und ein großes Wachstumspotential entwickelt. Die größte bisher bekannte Seeforelle wurde Anfang des letzten Jahrhunderts im Wolfgangsee in Oberösterreich gefangen und wog 31 kg. In den meisten Seen trat die Seeforelle in zwei Formen auf: als fortpflanzungsfähige Form oder Grundforelle und als Jugendform oder Schwebforelle. Die Grundforelle bewohnt die tieferen Regionen der Seen und ernährt sich hauptsächlich von Renken und Saiblingen, nur zum Laichen sucht sie die Zu- oder Abflüsse auf. Gelegentlich laicht sie auch im See selbst, etwa an Austrittsstellen von unterseeischen Quellen. Die Schwebforelle hält sich in den oberen Wasserschichten auf und frisst vor allem Anflug und kleinere Weißfische. Die Wanderung der Jungfische aus den Laichgewässern in den See erfolgt gewöhnlich nach dem ersten Jahr und erstreckt sich über den Sommer und Herbst. Ein geringerer Teil zieht erst im darauf folgenden Frühjahr in den See. Abwanderer können auch juvenile Forellen sein, deren Eltern residente Fließgewässerbewohner sind. Andererseits können ebenso Seeforellen-Nachkommen zu residenten Bachforellen werden. Die Abwanderung erfolgt schubweise in größerer Individuenzahl und wird meist durch erhöhte Wasserstände ausgelöst.
Die wenigen Seeforellenvorkommen südlich des Alpenhauptkammes – Weißensee, Millstätter See und Ossiacher See in Kärnten bzw. Wocheiner See (Bohinjsko jezero) in Slowenien – sind heute stark dezimiert und mit ortsfremdem Besatzmaterial kontaminiert. Im Weißensee war die Forelle einst der wirtschaftlich wichtigste Fisch. Man unterschied gleichfalls zwei Formen: Die kleinwüchsige Form, auch „Angler" genannt, wurde durchschnittlich 30 cm lang und 200 bis 500 g schwer. Die großwüchsige, von den Einheimischen als „Lachs" bezeichnete Form erreichte im Durchschnitt ein Gewicht von 5 kg und eine Länge von 70 bis 90 cm. Es wurden aber auch Exemplare mit bis zu 1,2 m Länge und 20 kg Gewicht gefangen. Die südlichste natürliche Seeforellenpopulation des Donauraums befindet sich in Montenegro, im Plavsko-See (Plavsko jezero) nahe der Grenze zu Albanien. Trotz der relativ geringen Größe des Sees erreicht die lokal unter dem Namen „blatnjača" (Schlammfisch) bekannte Seeforelle ein beachtliches Gewicht und kann bis zu 12 kg schwer werden. Die Laichablage findet im Winter in der Ljuča, dem Zufluss des Sees, statt.

Olt (Oberlauf) in Rumänien

Džepska Reka in Serbien

Lavant (Quellregion) in Österreich

Gossenköllesee – der Forellenbesatz erfolgte im Mittelalter, Foto: Martin Hochleithner

Ähnlich wie bei den Seeforellen ist auch die genetische Integrität der Forellen der Fließgewässer in den Alpen- und Voralpenregionen durch langjährige, umfangreiche Besatztätigkeiten stark beeinträchtigt. Heute findet man nur noch ganz vereinzelt genetisch reine Populationen des Donaustammes, vornehmlich in entlegenen und schwer zugänglichen Bergseen oder kleineren Bächen, die durch natürliche oder künstliche Hindernisse von bewirtschafteten Gewässern abgegrenzt sind. Bachforellen in isolierten Seen der Hochgebirge gehen immer auf einen Besatz zurück. Nur wenn dieser Besatz bereits im Mittelalter erfolgte, kann man davon ausgehen, dass die Besatzfische aus nahe gelegenen Bächen stammten und so der Fischbestand dieser Bäche bis in die Gegenwart konserviert wurde. Seit einigen Jahren laufen Projekte mit dem Ziel, diese Reliktpopulationen von autochthonen Forellen zu erhalten und für die Nachzucht zu nützen, um fischfreie oder leer gefischte Gebirgsbäche in der unmittelbaren Umgebung der Ursprungsgewässer mit dem Nachwuchs zu besetzten. Damit soll gewährleistet werden, dass die Population nicht durch Naturkatastrophen, wie Hochwasser oder Bergrutsch, ausgelöscht wird und dass ausreichend Elterntiere für die Bestandssicherung zur Verfügung stehen. Bedeutend weniger von Besatzmaßnahmen beeinflusst wurden hingegen die danubischen Forellen in den Balkanländern. Vor allem im Donaubecken des westlichen Balkans und in den Karpaten Rumäniens konnte eine große genetische Vielfalt innerhalb des Donaustammes nachgewiesen werden.

Literatur: Findenegg, 1936; Balon, 1968; Holčík, 1969; Hochleithner, 1989; Osinov & Bernachetz, 1996; Weiss et al., 2001; Duftner et al., 2003; Lahnsteiner & Jagsch, 2003; Marić, 2005; Rulé et al., 2005; Marić et al., 2006; Schöffmann, 2010a.

5.16. Kleinasien

Kleinasien oder Anatolien ist der asiatische Teil der Türkei und bedeckt eine Fläche von 757.000 km². Das entspricht gut der doppelten Fläche Deutschlands. Die Flüsse und Seen Anatoliens entwässern über fünf große Einzugsgebiete in das Schwarze Meer, ins Mittelmeer, in den Indischen Ozean, in das Kaspische Meer und in das oberirdisch abflusslose Zentralbecken. Die Hebung des zentralen Anatoliens auf seinen heutigen Stand über dem Meeresniveau ist ein spätes, plio- bis pleistozänes Ereignis. Noch während des letzten Eiszeitalters war Zentralanatolien von einem System von Seen bedeckt. Dieser so genannte zentralanatolische Binnensee umfasste mindestens das ganze heute abflusslose Gebiet. Ein weiteres, bedeutend kleineres oberirdisch abflussloses Gebiet ist das Becken des Van-Sees in Südost-Anatolien. Die Ichthyofauna der Binnengewässer Anatoliens besteht aus Elementen unterschiedlicher Herkunft: aus dem Norden über das Einzugsgebiet des Schwarzen Meeres, aus dem angrenzenden Westasien und aus Südostasien, möglicherweise sogar aus Afrika. Die Forellen Kleinasiens stellen ein Glazialrelikt dar und wurden in allen Einzugsgebieten, mit Ausnahme des Van-See-Beckens, heimisch. Die Zuwanderung erfolgte sowohl aus dem pontokaspischen als auch aus dem mediterranen Raum. Demnach gehören die Forellenpopulationen zwei Evolutionslinien an: dem Donaustamm und dem Adriastamm. Nur in einem Mittelmeerzubringer im Süden der Türkei wurde ein Haplotypus des Marmoratastammes nachgewiesen. Unter den wenigen wissenschaftlichen Publikationen über die Forellen der Türkei ist die Arbeit von Ernesto TORTONESE aus dem Jahre 1954 wohl die bedeutendste. Erstmals beschreibt er die morphologischen Merkmale einiger Exemplare von sieben Populationen aus verschiedenen Regionen und diskutiert ihre Abstammung und Taxonomie. Er stellt alle Forellen Anatoliens in eine einzige Art, *Salmo trutta,* unterscheidet aber vier Unterarten: *S. t. labrax, S. t. caspius, S. t. macrostigma* und die neue Unterart *S. t. abanticus.* Von TORTONESE stammt auch die einzige Beschreibung eines Forellenvorkommens im Zentralbecken.

Die türkischen Bezeichnungen für Fließgewässer – Çay bzw. Çayı für kleinere, Irmak bzw. Irmağı und Nehir bzw. Nehri für größere – werden im nachfolgenden Text zumeist durch das deutsche Wort „-Fluss“ ersetzt. Gelegentlich findet man auch die türkischen Begriffe Su bzw. Suyu (Wasser) und Dere bzw. Deresi (Bach) im Anschluss an den Eigennamen des Gewässers.

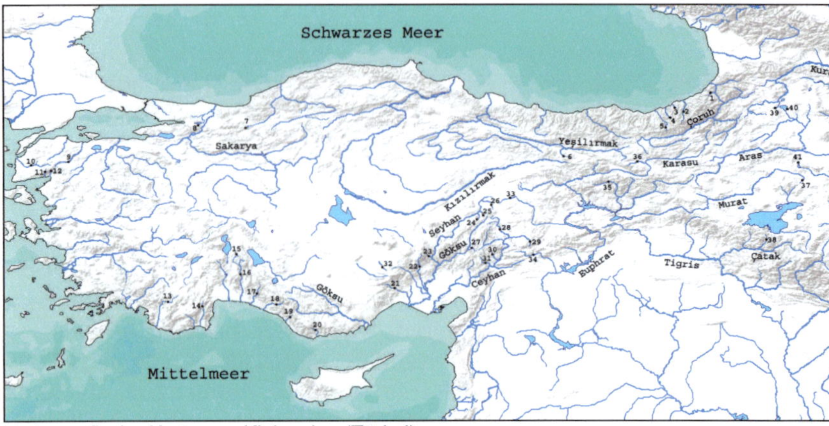

Hydrografische Karte von Kleinasien (Türkei)

1 Çifteköprü-Bach, 2 Fırtına D., 3 Limanköy-Bach, 4 Ballidere, 5 İkisdere, 6 Buldur D., 7 Abant G., 8 Sapanca G., 9 Gönen Ç., 10 Küçük Menderes, 11 Manastir D., 12 Zeytinli D., 13 Eşen Ç., 14 Alakır Ç., 15 Zindan D., 16 Köprü I., 17 Manavgat Ç., 18 Alara Ç., 19 Dimçay, 20 Anamur Ç., 21 Tarsus, 22 Ecemiş Ç., 23 Kapuz-Fluss, 24 Soğuksu, 25 Karagöz, 26 Zamantı (Quellregion), 27 Hançerderesı, 28 Hurman Ç., 29 Söğütlü Ç., 30 Tekir D., 31 Fırnız Ç., 32 Ereğli, 33 Tohma Ç., 34 Göksu Ç., 35 Munzur Ç., 36 Balıklı Ç., 37 Murat N., 38 Bahçesaray Ç., 39 Gölbelen-Bach, 40 Çıldır G., 41 Balık G.;

Anders als in den westlichen Ländern blieben die anatolischen Forellengewässer von Besatzmaßnahmen mit allochthonem Material weitestgehend verschont. In einigen Flüssen stellen jedoch aus Zuchtanlagen entsprungenen Regenbogenforellen ein empfindliches Problem dar. Zudem sind die meisten Forellenpopulationen Kleinasiens heute durch anthropogene Umwelteinflüsse und unkontrollierte Fischerei gefährdet. Der Fischfang mit Wurfnetzen ist vor allem in den östlichen Regionen noch weit verbreitet. Andere, bei weitem verheerendere illegale Fischereimethoden werden mit Elektroaggregaten, Chemikalien oder Sprengstoff ausgeübt. Abgesehen von einigen bewachten Schutzzonen sind gesetzliche Restriktionen, wie Mindestmaß und Schonzeiten, so gut wie unbekannt oder werden ignoriert. So wurden viele Populationen stark reduziert oder bereits ausgerottet. Der Manavgat-Fluss in der Südtürkei, in welchem der britische Autor H. M. WHITTAL noch 1967 einen guten autochthonen Forellenbestand beobachten konnte, war 1993, trotz erstklassiger Wasserqualität, fischleer. Heute findet man hier nur noch vereinzelte Regenbogenforellen. Ähnlich erging es dem einzigen Forellenvorkommen im abflusslosen Zentralbecken, südöstlich der Stadt Ereğli. Der Fluss wurde unweit seines Ursprungs für die künstliche Bewässerung aufgestaut und die heimischen Forellen durch Regenbogenforellen ersetzt.

a) Das Einzugsgebiet des Schwarzen Meeres

Die Schwarzmeer- und die Kaukasusregion sind die feuchtesten Gebiete Anatoliens. Besonders reichlich Niederschlag erhält der östliche Teil der türkischen Schwarzmeerküste, wo zahlreiche, in der Mehrzahl relativ kurze (<50 km), aber wasserreiche Flüsse mit steilem Gefälle aus dem Pontischen Gebirge zum Meer fließen. Berghänge mit üppiger Vegetation und Tee- und Haselnussplantagen in den Tallagen entlang der Unterläufe prägen diese Gegend. Hier befinden sich die meisten Forellengewässer des südlichen Schwarzmeerbeckens. Leider wurden die Bestände in den letzten Jahrzehnten durch Überfischung und Umwelteinflüsse stark dezimiert. Die anadromen und stationären Forellenformen aus dem anatolischen Einzugsbereich des Schwarzen Meeres gehören ausschließlich dem Donaustamm an und werden traditionell zumeist der Unterart *Salmo trutta labrax* zugeordnet. Im Einzugsbereich der südöstlichen Schwarzmeerregion wurden erst kürzlich zwei phänotypisch und genotypisch unterscheidbare Forellenformen nachgewiesen und als neue Arten beschrieben: *Salmo rizeensis* Turan, Kottelat & Engin, 2010 und *S. coruhensis* Turan, Kottelat & Engin, 2010. Der kleinwüchsige *S. rizeensis* mit einer maximalen Körperlänge von etwa 25 cm bewohnt die Oberläufe und Quellregionen der Flüsse, während *S. coruhensis* mehr als 80 cm lang werden kann und zumeist in den mittleren und unteren Abschnitten der Flüsse vorkommt. In einigen kurzen (< 5 km) Küstenbächen dringt *S. coruhensis* bis in die Quellgebiete vor. In diesen kleinen Zuflüssen des Schwarzen Meeres kommt immer nur eine der beiden Arten vor. In den größeren Flüssen, wo beide Arten sympatrisch auftreten können, liegen die Laichplätze von *S. rizeensis* immer flussaufwärts von den Laichrealen der zweiten Art. Nur *S. coruhensis* wandert bei Gelegenheit in die Küstenbereiche des Schwarzen Meeres, wohingegen *S. rizeensis* eine stationäre Form darstellt. Wie genetische Untersuchungen zeigten, sind Individuen von *S. rizeensis* eines Flusses näher verwandt mit Artgenossen aus anderen Flusssystemen als mit Individuen von *S. coruhensis* aus demselben Fluss. Und umgekehrt sind alle Populationen von *S. coruhensis* näher miteinander verwandt als mit den Populationen von *S. rizeensis.* Diese Situation unterscheidet sich von vielen anderen Küstenregionen Europas, wo stationäre und migrierende Formen eines Flusses meist einer Population angehören, die sich genetisch von den Populationen der Nachbarflüsse unterscheidet. Das Verbreitungsgebiet von *S. coruhensis* erstreckt sich vom Einzugsbereich des Yeşilırmak im Westen bis zu dem des Çoruh im Osten, *S. rizeensis* kommt nicht nur in diesem Gebiet, sondern auch noch weiter westlich, im Becken des Sakarya, vor. Außerdem fand ich Forellen, die der Beschreibung von *S.*

rizeensis entsprechen, im Balıklı Çayı, einem Zufluss des Euphrat, der nahe der Wasserscheide zum Schwarzmeerbecken entspringt.

Die beiden Formen bzw. Arten unterscheiden sich äußerlich vor allem durch ihre Fleckenzeichnung: *S. rizeensis* zeigt nur einige schwarze Flecken an den oberen Flanken, deren Anzahl mit zunehmendem Alter abnimmt. Keine Flecken befinden sich am Rücken vor der Rückenflosse. Wenige kleine rote Flecken sind in drei oder vier unregelmäßigen Reihen entlang der mittleren Seiten angeordnet. Ihre Form, Größe und Anzahl bleiben mit zunehmendem Alter unverändert. Große breite, rundlich geformte Jugendflecken (10-12) sind bei Exemplaren bis zu einer Länge von etwa 20 cm deutlich sichtbar, bei größeren Tieren nur mehr schemenhaft. *S. coruhensis* besitzt meist zahlreiche schwarze Flecken am mittleren und oberen Teil der Flanken sowie oft auch am Rücken vor der Rückenflosse. Die unregelmäßig geformten roten Flecken sind in einem breiten Areal an den Seiten verteilt. Die Anzahl der Flecken nimmt bei Exemplaren über 23 cm Länge zu und die roten Flecken werden zunehmend von schwarzen Pigmenten überlagert. Die Jugendflecken (12-13) sind schmäler als bei *S. rizeensis*, mit zusätzlichen kleineren Flecken unterhalb und oberhalb der Hauptreihe der Jugendflecken, und bleiben bis zu einer Körperlänge von mindestens 23 cm bei den Männchen bzw. 30 cm bei den Weibchen erhalten. Die Anzahl der Wirbel ist bei *S. rizeensis* generell etwas niedriger als bei *S. coruhensis* (55-57 vs. 55-60), ebenso die Anzahl der Kiemenreusendornen (16-19 vs. 17-20).

Die anadrome Schwarzmeerforelle ist heute nur noch in ein paar Flüssen der östlichen Schwarzmeerküste, östlich der Stadt Trabzon, anzutreffen. Überwiegend weibliche Tiere (75-85%) wandern ins Meer, während die kleineren männlichen Artgenossen meist stationär bleiben. Der Großteil der Meerforellen kehrt nach einem Jahr zum Laichen in die Flüsse zurück. Dabei weisen sie eine Länge von mehr als 35 cm und ein Mindestalter von 2+ Jahren auf. Weibchen mit einem Alter von 8+ Jahren können bis zu einem Meter lang werden und über 16 kg wiegen. Noch zu Beginn des 20. Jahrhunderts versorgten ausreichende Bestände die kommerzielle Fischerei in der Türkei und in Georgien. Umweltverschlechterungen durch Abwässer und Straßenbau, sowohl im küstennahen Bereich des Schwarzen Meeres als auch in den Zuflüssen, sowie die Überfischung haben zu einem bedrohlichen Rückgang der Bestände geführt. Vielerorts verwehren auch Staudämme zur Stromerzeugung den Zugang zu den Laichplätzen. Kürzlich haben Fischzüchter in der osttürkischen Schwarzmeerregion Eier von Bachforellen aus Europa (Frankreich oder Deutschland) eingeführt. Bis jetzt konnte aber noch kein genetischer Einfluss von atlantikstämmigen Forellen durch eventuelle Besatzmaßnahmen oder entflohene Tiere aus

Zuchtanstalten festgestellt werden. Seit Anfang der 1980iger Jahre sind die Schwarzmeerforellen in der Türkei unter Schutz gestellt und ihr Fang sowohl für Sportfischer als auch für die kommerzielle Fischerei verboten. Leider wird der illegale Fischfang, sowohl in den Laichflüssen als auch vor der Küste, nach wie vor uneingeschränkt betrieben. Neben den üblichen Fischereimethoden kommen in den Flüssen noch oft Fallen zum Fang der wandernden Fische zur Anwendung.

Der längste Zufluss zum Schwarzen Meer, der Kızılırmak (Roter Fluss), entspringt nahe am Oberlauf des Euphrats und entwässert große Teile des nördlichen Zentralanatolien. In früheren Erdepochen, die wesentlich feuchter waren als heute, lag auch noch das Zentralbecken in seinem Einzugsbereich, wie das Vorkommen nordischer Faunenelemente (z.B. *Gobio gobio*) im heute abflusslosen Hochplateau bestätigt. Vermutlich stammte die ausgestorbene Forellenpopulation bei Ereğli ebenso aus dem Schwarzmeerbecken, obgleich TORTONESE diese Forellenform, die er wegen der reichlich vorhandenen roten Pigmentierung und der kleinen Fettflosse bemerkenswert findet, als *Salmo trutta macrostigma* klassifiziert.

Der Abant-See (türk.: Abant Gölü) im Nordwesten Anatoliens, 34 km südwestlich der Stadt Bolu, ist eines der wenigen von Seeforellen bewohnten Gewässer im türkischen Schwarzmeerbecken. Der etwa 125 Hektar große und bis zu 18 m tiefe See liegt auf einer Seehöhe von 1328 m, umgeben von dicht bewaldeten Bergen. Seine Entstehung verdankt er einem gewaltigen Bergrutsch. Der See hat keine größeren Zuflüsse, sondern wird von unterirdischen Quellen gespeist. Die endemischen Forellen des Abant-Sees wurden von TORTONESE 1954 als neue Subspezies, *Salmo trutta abanticus,* beschrieben. Das markanteste äußere Kennzeichen sind die großen schwarzen Flecken von runder oder ovaler Form, oft mit heller Umrandung, und die vergleichsweise langen Flossen mit spitzen Enden. Bei großen Exemplaren weisen die Flecken eine polygonale Form mit abgerundeten Ecken auf und der hintere Rand der Schwanzflosse ist konvex. Der Magen ist dickwandig und hart, ähnlich wie bei der irischen Gillaroo-Forelle. Die Abantforellen ernähren sich von kleinen Muscheln und Schnecken, Insekten und kleineren Fischen. Sie werden gewöhnlich zwischen 25 und 40 cm lang, manchmal werden Exemplare bis zu 70 cm gefangen. Die übermäßige Befischung durch Sportangler sowie der Besatz mit Schleien stellen eine nicht geringe Gefahr für die endemische Forellenform dar. Der Versuch, die Bestände durch künstliche Zucht zu stärken, wurde bald wieder aufgegeben. Die Abantforelle wurde jedoch erfolgreich in einigen kleineren Seen (Yedigöller) etwa 70 km nordöstlich des Abant-Sees eingesetzt.

Forelle (*S. rizeensis*), ~190 mm, Çifteköprü-Bach (Çoruh-Becken)

Forelle (*S. rizeensis*), ~160 mm, Fırtına D. (Quellregion)

Forelle (*S. rizeensis*), ~180 mm, Ballidere (südöstlich von Rize)

Forelle (*S. rizeensis*), ~170 mm, Buldur D. (Yeşilırmak-Becken)

Forelle (*S. coruhensis*), ~260 mm, Limanköy-Bach (östlich von Rize)

Forelle (*S. coruhensis*), ~240 mm, Ikizdere (westlich von Rize)

Seeforelle (*S. abanticus*), ~230 mm, Abant-See (Abant Gölü)

Forelle, ~190 mm, Gönen Ç. (Marmara-Becken)

Mitte des letzten Jahrhunderts wurde noch ein Forellenvorkommen in dem östlich der Izmit-Bucht gelegenen Sapanca-See erwähnt. Ihr Verschwinden dürfte auf die Habitatszerstörung der einmündenden Laichbäche und die organische Verschmutzung des Sees durch Landwirtschaft und Fischzuchtbetriebe zurückzuführen sein. Der See hat 13 kleinere Zuflüsse und entwässert über den Sarkarya-Fluss ins Schwarze Meer. Die mehr als 30 Fischfarmen in der Umgebung des Sees betreiben ausschließlich die Zucht von Regenbogenforellen. Bei einer Routinebefischung einiger Zubringer des Sapanca im Jahre 2006 konnte in einem der Zuflüsse, neben zahlreichen Regenbogenforellen und den ebenfalls hier ursprünglich nicht ansässigen Elritzen, ein einzelnes Exemplar einer Bachforelle gefangen werden. Ob es sich dabei tatsächlich um den kläglichen Restbestand einer ehemaligen Population handelt, bleibt ungeklärt. Ein ähnlich verhängnisvolles Schicksal ereilte wohl auch die Mehrheit der Vorkommen in den Bächen an den Hängen des 2543 m hohen Uludağ, südöstlich der Stadt Bursa. Zumindest die Population des Oylat Deresi, eines Baches, der am Osthang des Uludağ entspringt und zum Sakarya fließt, dürfte noch weitgehend erhalten geblieben sein. Nur die Bäche aus dem östlichen Teil des Gebirges gehören zum Schwarzmeerbecken, die Bäche an der Nordabdachung entwässern ins Marmara-Meer.

Fırtına Deresi – hier kommen sowohl *S. coruhensis* als auch *S. rizeensis* vor

b) Das Einzugsgebiet des Mittelmeeres

An der türkischen West- und Südküste herrscht typisch mediterranes Klima mit heißen, trockenen Sommern und milden, regnerischen Wintern. In den höheren Lagen des Taurusgebirges fällt Schnee. Landeinwärts wird das Klima zusehends rauer, mit kalten Wintern und Niederschlägen meist im Frühjahr und Herbst. Immer mehr Flussläufe der Mittelmeerregion werden für die Trinkwasserversorgung und die Bewässerung von Agrarflächen genutzt. Das Anzapfen der Flüsse in den Quellregionen ebenso wie die Verschmutzung durch Straßenbau oder Abwässer und die Überfischung verursachten vielerorts eine beträchtliche Verminderung oder sogar die Ausrottung der Bestände.

Im Einzugsgebiet des Mittelmeeres herrscht der Adriastamm vor, nur im nördlichen Ägäisbecken, in einigen Bächen, die vom Kaz Dağı Gebirge in die Bucht von Edremit fließen, findet man donaustämmige Populationen. Auch am Nordhang der Kaz Dağı Berge, in Quellflüssen des Kleinen Mäanders und des in das Marmara-Meer mündenden Gönen-Flusses kommen Forellen des Donaustammes vor. Nicht nur genetisch, sondern auch phänotypisch und morphologisch unterscheiden sich die Forellen dieser Gewässer von den adriastämmigen aus der übrigen Mittelmeerregion Anatoliens. Die roten und schwarzen, meist hell umrandeten Flecken weisen eine rundliche Form auf, während bei den Forellen der Südtürkei die Flecken unregelmäßig geformt sind. Wie bei allen Schwarzmeerformen ist der Schwanzstiel deutlich niedriger als bei den Mittelmeerformen und die Fettflosse ist relativ klein. Die Anzahl der Pylorusanhänge ist mit 45 bis 62 vergleichsweise hoch. Bei den Populationen der Südküste werden gewöhnlich zwischen 28 und 40 gezählt.

Im mediterranen Einzugsgebiet Anatoliens kommt der Adriastamm vom Eşen-Fluss im Westen bis zum Einzugsgebiet des Ceyhan im Osten vor. Jeder Fluss beherbergt eine eigene Forellenform, die sich phänotypisch klar von den übrigen unterscheidet. Innerhalb einer Population gibt es kaum Variationen. Eine archaisch anmutende Form lebt im Köprü-Fluss östlich von Antalya. Die stumpfe Schnauze mit dem kurzen und breiten Oberkiefer, die hohe Rückenform und die spitz ausgezogene Schwanzflosse erinnern an die Weichmaulforellen Dalmatiens. Die Population ist zwar durch ein Fischereiverbot geschützt, doch entsteht infolge des zunehmenden kommerziellen Raftings eine Belastung für das Ökosystem. Einen völlig anderen Phänotypus findet man im Zindan Deresi, einem der Quellflüsse des Köprü Irmağı, welcher südöstlich des Eğirdir-Sees entspringt. Der Körper der Zindan-Forellen ist lang gestreckt, die Flossenspitzen sind abgerundet, an der Rückenflosse und entlang der Flanken befinden sich große dunkelbraune Flecken. Offensichtlich lebt die Population des

Zindan geografisch und reproduktiv getrennt von der Population des Hauptflusses. Im Oberlauf des Alara-Flusses, nördlich der Stadt Alanya, wurden Forellen mit dem *marmoratus*-Haplotypus gefunden. Ihr äußeres Erscheinungsbild weist, wie bei den entsprechenden Populationen Griechenlands, Albaniens und Korsikas, keinerlei Ähnlichkeit mit der Marmorforelle auf. Die Population des Alara wurde bis auf ein geringes Vorkommen in einer unzugänglichen Schlucht durch unkontrollierte Fischerei beinahe ausgerottet. Eine ähnliche Situation besteht auch in dem von Touristen stark frequentierten Dim Çay bei Alanya. Das südlichste Forellenvorkommen Anatoliens und des gesamten ostmediterranen Raumes befindet sich am Kap Anamur im Anamur-Fluss, der bei der gleichnamigen Stadt ins Meer mündet. Das größte Einzugsgebiet im westlichen Taurusgebirge wird vom Göksu und seinen Zuflüssen entwässert. Der Göksu fließt bei Silifke ins Meer. Die Forellenvorkommen beschränken sich wegen der starken Sedimentierung in den Hauptflüssen auf wenige kleine Seitenbäche. In einem schwer zugänglichen Quellfluss des bei der gleichnamigen Stadt ins Meer mündenden Tarsus blieb eine Restpopulation aufgrund von restriktiven Schutzmaßnahmen erhalten, in den unteren Abschnitten haben sich längst Regenbogenforellen etabliert. Die autochthonen Forellen des Tarsus zeigen ein auffallend silbrig-weißes Farbkleid, welches wahrscheinlich auf die durch Feinsedimente verursachte milchige Trübung des Wassers zurückzuführen ist. Am östlichen Rande des türkischen Mittelmeerraumes liegen die riesigen Einzugsgebiete der Flüsse Seyhan und Ceyhan mit ihren Deltamündungen südwestlich und südöstlich von Adana. Das Seyhan-Becken erstreckt sich zwischen dem Anti-Taurus im südlichen Zentralanatolien und der fruchtbaren Ebene von Adana. Das Einzugsgebiet des Seyhan umfasst etwa 20.000 km², das entspricht beispielsweise der Fläche Sloweniens. Im Westen säumt der West-Taurus das Seyhan-Becken, im Osten grenzt es an das annähernd gleich große Ceyhan-Becken. Die Hauptzubringer des Seyhan sind Zamantı und Göksu. Im Seyhan-Becken wurden vier phänotypisch deutlich unterscheidbare, geografisch isolierte Forellenpopulationen nachgewiesen, die alle dem Adriastamm angehören.

Aus dem Einzugsbereich des Zamantı-Oberlaufs ist eine endemische Forellenart bekannt. Im Jahre 1966 gelangten drei tote Exemplare einer ungewöhnlichen Forelle in die Hände der Mitglieder des Zoologischen Instituts der Universität Hamburg. Die Tiere stammten von heimischen Fischern und waren vermutlich mit Sprengstoff gefischt worden. Die Exemplare wurden dem international anerkannten Salmonidenforscher Robert J. BEHNKE von der Colorado State University in die USA geschickt. Nach eingehenden Untersuchungen und Vergleichen mit verschiedenen Vertretern der Unterfamilie Salmoninae war er zu dem

Schluss gekommen, dass es sich um eine neue Art handelte, abweichend von allen bisher bekannten Salmoniden. Insbesondere aufgrund der Bezahnung wurde diese Spezies dem Genus *Salmo* zugeordnet und in das neue Subgenus *Platysalmo* gestellt, um auf die ungewisse phylogenetische Stellung hinzuweisen. Die neue Art wurde daher 1968 mit *Salmo (Platysalmo) platycephalus* klassifiziert. Der Name *platycephalus* kommt aus dem Griechischen und bedeutet Flachkopf. Im Englischen wurde deshalb die Bezeichnung „flathead trout" (Flachkopf-Forelle) gebräuchlich. Neben dem breiten, abgeflachten Kopf erwähnt BEHNKE in seiner Originalbeschreibung noch weitere charakteristische Merkmale: stumpfe Schnauze, breiter Oberkiefer, Unterkiefer leicht unterständig; schwach entwickelte Zähne, die von fleischigen Lippen verdeckt sind; eine relativ hohe Anzahl von Kiemenreusendornen am ersten Kiemenbogen (23-24) und eine außerordentlich geringe Anzahl von Pylorusanhängen (15-16). Die Färbung wird mit dunkelbraun, zum Bauch hin heller, ohne jegliche Flecken oder deutliche Musterung beschrieben. Als Fundort wurde ein Quellfluss im Seyhan-Becken angegeben, etwa 30 km südlich der Stadt Pinarbaşı im südlichen Zentralanatolien. Für viele Jahre war dies der einzige Nachweis von *S. platycephalus*. Bei einer im Jahre 1990 durchgeführten Expedition in die Türkei gelang es mir, in zwei Zubringern des Zamantı nahe der Stadt Pinarbaşı die verschollene Forellenart wieder zu finden, in ihrem natürlichen Biotop zu beobachten und sieben Exemplare lebend zu fangen. Einer der Zuflüsse, der Soğuksu, ist der Typusfundort, das zweite Vorkommen im Karagöz, etwas weiter östlich gelegen, war bis zu diesem Zeitpunkt noch nicht bekannt. Die Zählung der Pylorusanhänge ergab, dass die für die Originalbeschreibung ermittelte Zahl von 14 bis 16 zu niedrig angesetzt war und im Bereich von 22 bis 35 liegt. Wie mir BEHNKE später mitteilte, wurden die Pylorusanhänge von Holotypus und Paratypoide „in place" gezählt, das heißt ohne die Eingeweide auszunehmen, um die Museumsexemplare nicht zu beschädigen. Dabei könnten 5 oder 6 Anhänge übersehen worden sein. Abgesehen von den in der Erstbeschreibung angeführten morphologischen Eigenheiten ist das wohl markanteste äußere Merkmal von *S. platycephalus* sein ungewöhnliches Farbmuster, welches bei lebenden Exemplaren zu erkennen ist. Im Zuge der Entwicklung vom jungen zum geschlechtsreifen Tier unterliegt das Farbkleid einigen charakteristischen Veränderungen: Jungtiere bis zum ersten Lebensjahr (GL 6-11 cm) zeigen ovale bis längliche Jugendflecken und eine undeutliche schwarze Fleckenzeichnung an den Seiten und am Rücken sowie einige rötliche Flecken nahe der Seitenlinie. Im zweiten Jahr (GL 15-19 cm) verschwinden allmählich die Jugendflecken und an den Flanken erscheint ein dichtes Muster mit unregelmäßig geformten schwarzen und einigen rotbraunen Flecken und nur wenigen dunklen Flecken am Rücken. Im dritten Jahr (GL 20-24 cm) verwandelt sich die unregelmäßige Fleckenzeichnung langsam in eine Marmorierung mit einigen rötlichen Flecken dazwischen. Vier dunklere Flächen sind an den Seiten zu erkennen. In diesem Alter werden die Männchen geschlechtsreif. Im vierten Jahr (GL 22-31 cm) wird die Fleckenzeichnung undeutlicher und ist kaum noch sichtbar, dafür werden die vier dunklen Flächen an den Flanken deutlich hervorgehoben. Die rote Pigmentierung verschwindet gänzlich. In dieser Altersklasse gibt es auch geschlechtsreife Weibchen. Größere Exemplare, bis zu einer Maximallänge von etwa 40 cm, kommen nur vereinzelt vor. Bei einer der nachfolgenden Expeditionen in dieses Gebiet konnte ich ein weiteres Vorkommen im Quellgebiet des Zamantı nachweisen. Der Ursprung dieses Flusses liegt etwa 40 km nordöstlich von Pinarbaşı an einer starken Karstquelle inmitten eines sommertrockenen, baumlosen und dünn besiedelten Hochplateaus. Das kalkhaltige Wasser und das geringe Gefälle in der Quellregion fördern den Wuchs von Wasserpflanzen. Der Pflanzenwuchs nimmt flussabwärts kontinuierlich zu, ebenso wie das im Quellbereich noch klare Wasser eine zusehends milchig-trübe Färbung annimmt. Schon nach ungefähr 10 km bietet der Fluss kein geeignetes Habitat für Salmoniden mehr. Die größte Bedrohung für *S. platycephalus* ist die Überfischung. Hinzu kommen die landwirtschaftliche Wassernutzung und der Sedimenteintrag durch den Straßenbau. Die bei weitem stärkste Population befindet sich noch in der Quellregion des Zamantı. Hier lassen sich auch kaum Anzeichen von fischereilichem Druck oder Umweltschäden beobachten. Allerdings könnten entflohene Regenbogenforellen aus der Zuchtanstalt nahe am Ursprung eine Gefahr als Nahrungskonkurrenten und als Überträger von Krankheiten darstellen. *S. platycephalus* wurde bereits 1986 in der internationalen Roten Liste gefährdeter Arten (IUCN) als gefährdet eingestuft und 1996 für kritisch gefährdet erklärt.

Im Jahre 1993 reklassifizierten die amerikanischen Ichthyologen STEARLY und SMITH aufgrund kladistischer Analysen der morphologischen Merkmale *Salmo (Platysalmo) platycephalus* in das Genus *Salmothymus* Berg 1908 als *Salmothymus platycephalus,* bestätigten jedoch BEHNKES Hypothese der frühen Abspaltung innerhalb der Unterfamilie Salmoninae. Wie später durchgeführte Analysen der mitochondriellen und nuklearen DNS zeigten, ist *S. platycephalus* kein „archaisches Taxon", sondern hat sich erst vor relativ kurzer Zeit innerhalb des Adriastammes entwickelt. Demnach wäre, nach strenger phylogenetischer Klassifikation, *S. platycephalus* nicht als eigenständige Art einzustufen. Trotz seiner kurzen Entwicklungsgeschichte hat *S. platycephalus* charakteristische äußere Merkmale ausgebildet, die diese Forellenform klar von allen anderen Vertretern der Europäischen Forelle unterscheiden. Diese diagnostizierbaren Merkmale und die reproduktive Isolation zu anderen Forellenformen sprechen für eine Klassifikation als eigenständige Spezies. Die Anerkennung des Artranges sollte auch zum besseren Schutz dieser bedrohten Salmoniden beitragen.

Der Göksu ist nach dem Zamantı der zweitgrößte Zubringer des Seyhan. In seiner Quellregion – hier heißt der Fluss noch Sarız Suyu – soll unbestätigten Meldungen zufolge ebenfalls *S. platycephalus* vorkommen. Überfischung und Wassernutzung haben den Bestand heute praktisch ausgelöscht. Eine Bestimmung der Artzugehörigkeit wird daher kaum mehr möglich sein. In einem abgelegenen Seitenfluss zum Mittellauf des Göksu, dem Hançerderesı, entdeckte ich im Herbst 2004 ein Forellenvorkommen. Einige morphologische Merkmale dieser Forellen, wie der oben abgeflachte Kopf, die stumpfe Schnauze, das leicht unterständige Maul mit der fleischigen Unterlippe und der breite Oberkieferknochen, entsprechen denen von *S. platycephalus.* Abweichend ist jedoch das Farbkleid: Anstatt der unregelmäßigen dichten Fleckenzeichnung oder Marmorierung wie bei *S. platycephalus* zeigen die Forellen aus dem Göksu-Zubringer unscheinbare, rötlichbraune bis schwarze Flecken von unregelmäßiger Form. Der relativ wasserreiche, nur etwa 25 km lange Hançerderesı fließt durch eine tiefe, dennoch leicht zugängliche Schlucht. Dank der Abgeschiedenheit des Gewässers findet man hier noch einen intakten Lebensraum vor. Das kristallklare, sauerstoffreiche Wasser mit Höchsttemperaturen um 16° C ist für Salmoniden bestens geeignet. Trotzdem ist der Forellenbestand erstaunlich gering. Bei einem Beobachtungstauchgang wurden auf einer Flusslänge von zwei Kilometern nur 6 Exemplare gesichtet. Im Gegensatz dazu existiert ein guter Bestand an rheophilen Barben der Gattung *Capoeta.* Anhand der deutlich erkennbaren vier dunklen Flecken an den Seiten der Forellen lassen sich diese bereits aus großer Distanz von den Barben, trotz des ähnlichen Habitus, unterscheiden. Die vier Flecken scheinen daher eher als Signal zur Revierabgrenzung zu fungieren, denn als Tarnung. Eine Erklärung für den verschwindend geringen Forellenbestand ist höchstwahrscheinlich die Anwendung radikaler Fangmethoden durch die zumeist in ärmlichen Verhältnissen lebende Bevölkerung dieser kargen Region. Die Barbenbestände können sich durch Zuwanderung aus dem Hauptfluss regenerieren, wohingegen die Forellen auf Dauer nur im Nebenfluss überlebensfähig sind. Der Mittellauf des Göksu bietet aufgrund der permanenten anorganischen Trübung und der starken Sedimentation kein geeignetes Habitat für Salmoniden.

Forelle, ~150 mm, Küçük Menderes

Forelle, ~230 mm, Manastir D.

Forelle, ~140 mm, Eşen Ç.

Forelle (*S. labecula*), ~220 mm, Zindan D.

Forelle, ~170 mm, Köprü I.

Forelle (*S. opimus*), ~170 mm, Alara Ç.

Forelle, ~220 mm, Anamur Ç.

Forelle, ~340 mm, Tarsus Ç.

Forelle (*S. labecula*), ~360 mm, Ecemiş Ç. (Seyhan-Becken)

Forelle, ~220 mm, Kapuz-Fluss (Seyhan-Becken)

Forelle, ~220 mm, Hançerderesı (Seyhan-Becken)

Forelle (*S. platycephalus*), ~290 mm, Soğuksu (Typusfundort)

Forelle (*S. platycephalus*), ~220 mm, Zamantı I. (Quellregion)

Forelle (*S. chilo*), ~210 mm, Hurman Ç. (Ceyhan-Becken)

Forelle (*S. chilo*), ~230 mm, Söğütlü Ç. (Ceyhan-Becken)

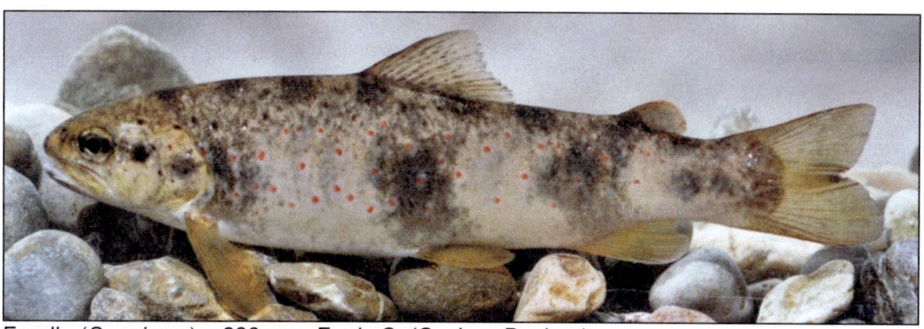

Forelle (*S. opimus*), ~220 mm, Fırniz Ç. (Ceyhan-Becken)

Der Kapuz-Fluss ist ein kurzer, aber wasserreicher und außerordentlich reißender Zufluss zum Unterlauf des Zamantı. Er entspringt bei den imposanten Kapuzbaşı-Wasserfällen am Fuße des bis zu 3756 m hohen Ala-Gebirges. Hier fand ich 1998 eine Forellenpopulation, welche sich signifikant von *S. platycephalus* aus dem oberen Zamantı-Becken unterscheidet und die sich offensichtlich den lokalen Unwelt-bedingungen bestens angepasst hat. Ein gedrungener Körperbau mit außergewöhnlich großen Brust- und Bauchflossen kennzeichnet diese Forellen ebenso wie eine relativ hohe Fettflosse. Jüngere Tiere bis zu einer Gesamtlänge von etwa 20 cm zeigen an den Flanken rundliche rötliche und schwarze Flecken, die bei größeren Exemplaren unregelmäßiger geformt und zunehmend schwarz überdeckt erscheinen. Adulte Tiere bekommen in Stresssituationen (z.B. bei zeitweiliger Hälterung im Aquarium) zudem vier undeutliche dunklere Flächen an den Seiten, die bei Beobachtungen unter Wasser im Fluss nicht zu erkennen sind. Auffallend sind auch 6 bis 7 große dunkle Flecken entlang des Rückens. Erste genetische Untersuchungen ergaben, dass diese Forellenpopulation dem Donaustamm angehört. Diese Feststellung führte zu Spekulationen über mögliche historische Zuwanderungswege donaustämmiger Forellen aus dem nördlich angrenzenden Becken des Schwarzmeerzuflusses Kızılırmak in das Zamantı-Becken, vor allem da ein künstlicher Besatz in Anbetracht der morphologischen Eigenheiten der Tiere, die als Anpassung an die hohe Fließgeschwindigkeit des Gewässers verstanden werden können und bei eingesetzten Forellen fremder Herkunft nicht zu erwarten sind, kaum in Erwägung zu ziehen war. Vergleiche der phänotypischen Merkmale der Forellen des Kapuz-Flusses mit Forellen aus dem gesamten Einzugsbereich des Schwarzen Meeres der Türkei ließen jedoch keinerlei Ähnlichkeit zu irgendeiner donaustämmigen Population erkennen. Angesichts dieser Erkenntnis versuchte ich die Ursache der Unstimmigkeit herauszufinden und sammelte im Jahre 2011 weitere Exemplare. Erneute genetische Analysen belegten eindeutig, dass die Kapuz-Forellen dem Adriastamm angehören. Offensichtlich ist das vorangegangene falsche Resultat auf eine Verwechslung von Proben zurückzuführen. Leider ist auch diese ursprünglich schon kleine Population – der Kapuz-Fluss ist kaum 3 km lang – durch unkontrollierten Fischfang mit Angeln und Wurfnetzen trotz der eigentlich schwierigen Befischbarkeit des Wildwassers stark gefährdet. Noch werden gelegentlich größere Exemplare im Zamantı im Mündungsbereich des Kapuz-Flusses gefangen. Der erst kürzlich errichtete Staudamm in der Zamantı-Schlucht nur wenige Kilometer oberhalb der Mündung wird mit großer Wahrscheinlichkeit die Struktur des Flusslaufes und dessen Biozönose beeinträchtigen.

Der Ecemiş-Fluss mündet nördlich von Adana in den Seyhan und ist dessen drittgrößter Zubringer. Die Forellen aus diesem westlichen Zufluss unterscheiden sich phänotypisch erheblich von *S. platycephalus* und der Form aus dem Hançerderesı. Das obere Kopfprofil ist abgerundet, der Oberkiefer lang und schmal. Bei adulten Tieren beider Geschlechter reicht der Oberkiefer bis weit hinter das Auge, bei *S. platycephalus* niemals weiter als bis unter den hinteren Augenrand. Ältere Männchen (>35 cm) haben eine lang ausgezogene Schnauze mit leicht nach oben gebogener Spitze. Dieses geschlechtsspezifische Merkmal ist bei *S. platycephalus* nicht zu beobachten. Die unregelmäßig geformten, hell umrandeten Flecken nehmen an Größe und Dichte von der hinteren zur vorderen Körperhälfte zu. Jüngere Tiere (bis zu etwa 24 cm Länge) zeigen mehrheitlich rötlich-braune, schwarz überlagerte, ältere Exemplare (männliche und weibliche) ausschließlich schwarze Flecken. Ab einer Körperlänge von etwa 17 cm erscheinen vier dunkle Flächen an den Flanken. Auffällig ist die äußere Ähnlichkeit mit den Forellen aus dem benachbarten Tarsus-Fluss, der nur ein paar Kilometer westlich der Seyhan-Mündung ins Mittelmeer fließt. Innerhalb des Seyhan-Beckens besteht die größte phänotypische Übereinstimmung zwischen den Forellen des Kapuz-Flusses und jenen des Ecemiş-Flusses, wenn auch letztere einen weniger gedrungenen Körperbau aufweisen. Allein anhand der phänotypischen Unterschiede zwischen einzelnen Populationen des gesamten Seyhan-Beckens kann man davon ausgehen, dass dieses riesige Einzugsgebiet in wenigstens zwei sukzessiven Intervallen vom Adriastamm besiedelt wurde.
Auch im großen Einzugsgebiet des Ceyhan gibt es einige geographisch isolierte Forellenpopulationen mit unterschiedlichen äußeren Merkmalen. Einer der Nebenflüsse, der Fırnız-Fluss, mündet nahe der Stadt Kahramanmaraş in den Ceyhan und weist trotz illegaler Fischerei, zum Teil sogar mit Harpunen, neben einem guten Bestand an Cypriniden einen stabilen Forellenbestand auf, darunter auch einige Tiere mit einer Körperlänge von 50 bis 70 cm. So wie im Hançerderesı sind auch hier die vier dunklen Flecken an den Seiten der Forellen ein unmittelbares Unterscheidungsmerkmal zu den ebenfalls großwüchsigen Barben (*Capoeta* sp.). Das östlichste Forellenvorkommen im Ceyhan-Becken befindet sich etwa 50 km östlich der Stadt Elbistan. Der Söğütlü-Fluss entspringt am Südhang des 2662 m hohen Akdağ. Nur wenige Kilometer entfernt, an den Nord- und Osthängen dieses Berges, haben bereits Zuflüsse des Euphrats ihren Ursprung. In der Türkei gibt es allerdings mehrere Berge mit dem Namen Akdağ, wörtlich „weißer Berg", wie den nur 40 km weiter südlich gelegenen, 2510 m hohen Akdağ.

Erst im November 2012 wurden drei neue Arten aus dem mediterranen Einzugsgebiet Anatoliens beschrieben: *Salmo chilo* aus dem Akdere (Oberlauf des Hurman-Flusses im oberen Ceyhan-Becken); *S. labecula* aus dem Ecemiş (unteres Seyhan-Becken) und aus den Flüssen Zindan und Kartoz (Köprü-Becken in Südwestanatolien); *S. opimus* aus dem Alara-Fluss und aus dem mittleren Ceyhan-Becken (Fırnız-, Tekir- und Göçüksu-Fluss).

Zindan Deresi – Köprü-Becken im westlichen Taurusgebirge

Zamantı Irmağı – Quellregion in der Uzunyayla-Hochebene

c) Das Einzugsgebiet von Euphrat und Tigris

Der Euphrat entspringt im Nordosten der Türkei, nördlich von Erzurum, auf etwa 2000 m Seehöhe. Der Ursprung des Tigris liegt im Hazar-See südlich von Elaziğ, auf einer Seehöhe von 1223 m. Der Euphrat und der Tigris fließen durch Mesopotamien (Syrien, Irak) zum Persischen Golf. Kurz vor der Mündung vereinigen sich beide Flüsse und bilden den Schatt-el-Arab. Das Einzugsgebiet von Euphrat und Tigris auf türkischem Boden entspricht etwa 20% der Bodenfläche der Türkei. Über die Forellen des Euphrat-Tigris-Beckens wurde nur wenig bekannt. In einem 2002 erschienenen Band in türkischer Sprache von GELDIAY und BALIK, „Die Süßwasserfische der Türkei“ findet man ein paar Angaben zur Verbreitung der Forellen im Einzugsbereich von Euphrat und Tigris. Neuere genetische Untersuchungen zeigten, dass Euphrat-Tigris-Forellen verschiedenen phylogenetischen Linien angehören. Das Euphrat-Tigris-Becken wurde demnach sowohl aus dem ponto-kaspischen als auch aus dem mediterranen Raum besiedelt. In der Quellregion des Euphrats und in einem Zubringer des Oberlaufs, dem Balıklı-Fluss, wurden donaustämmige Forellen nachgewiesen. Die Immigration erfolgte wahrscheinlich über postglaziale Verbindungen, die durch Verlagerung der Wasserscheide zwischen dem oberen Euphrat-Becken und dem Schwarzmeer-Becken entstanden sind. Der phänotypische Charakter der Forellen aus dem oberen Euphrat-Becken entspricht dem der erst kürzlich beschriebenen Form bzw. Art, *Salmo rizeensis,* aus dem Schwarzmeer-Becken. Der Oberlauf des Euphrat heißt eigentlich Karasu (schwarzes Wasser), erst südlich des Munzur-Gebirges, nachdem sein anfänglich in Ost-West-Richtung verlaufendes Flussbett sich abrupt nach Südosten wendet, nennt man ihn Euphrat (türkisch: Fırat). In diesem weiten Einzugsgebiet, das sich von der Abgrenzung zu den Becken des Seyhan und des Ceyhan im Westen bis zu den Lavafelsen im Bereich des Ararat im Osten erstreckt, kommt ausschließlich der Adriastamm vor. Der hier vorgefundene einzige Haplotypus wurde bisher nur im Euphrat-Becken nachgewiesen. Das auffälligste gemeinsame äußere Merkmal dieser Forellen ist die große, rot gefleckte Fettflosse. Eine weitere morphologische Besonderheit ist die geringe Anzahl der Pylorusanhänge (20-26), insbesondere bei der Population aus dem Tohma-Fluss, der wenige Kilometer östlich der Zamantı-Quelle entspringt.

Das südlichste Forellenvorkommen im Euphrat-Becken befindet sich im Göksu. Der Name Göksu, zu Deutsch „Himmelswasser“, soll auf die azurblaue Färbung des Gewässers hinweisen und findet für eine Anzahl von Flüssen und Seen im gesamten türkischen Sprachraum, von der Türkei bis Zentralasien, Anwendung. Der Euphrat-Zubringer Göksu ist also nicht identisch mit dem Göksu des Seyhan-Beckens oder dem

Göksu im West-Taurus. Der Göksu aus dem Euphrat-Becken erweist jedenfalls seinem Namen alle Ehre. Dank der Entlegenheit dieser Region und der noch intakten Natur am Oberlauf findet man in seinem kristallklaren Wasser eine der stärksten Populationen Anatoliens. Die gut genährten Forellen lassen über den oberen Teil des Kopfes und am Rücken eine ungewöhnlich dichte Fleckenzeichnung erkennen, die bei älteren Exemplaren in eine Marmorierung übergeht. Die hohen und schmalen Jugendflecken sind bei adulten Tieren noch gut sichtbar.
Der mehr als 3.300 m hohe, über 100 km lange und kaum bewaldete Munzur-Gebirgszug gehört zu den nördlichen Ausläufern des Ost-Taurus. An seiner Südflanke liegen die spektakulären Quellen des Munzur-Flusses. Mehrere starke Quellen strömen, über eine größere Fläche verteilt, direkt aus dem Berg hervor und bilden sogleich einen reißenden Fluss. Die türkische Bezeichnung für die Quellen „Munzur Gözeleri" bedeutet „die Augen des Munzur". Das ganzjährig kalte Wasser ermöglicht den Forellen das Überleben erst wenige Kilometer weiter flussabwärts. Der Munzur war einst bekannt für seinen Fischreichtum, vor allem aber für das große Wachstumspotenzial seiner Forellen. Die übermäßige Befischung hat in den letzten Jahrzehnten den Beständen arg zugesetzt. Seit Jahren schon kämpft die türkische Armee in diesem dünn besiedelten Gebiet gegen kurdische Rebellen. Die Kontrolltätigkeit von Polizei und Armee bezieht sich daher wohl kaum auf die Fischerei. Bei Tauchgängen nahe am Ursprung konnte ich 1990 noch einen relativ guten Bestand mit ein paar kapitalen Exemplaren darunter feststellen. Im Jahre 2003 hingegen waren an denselben Stellen nur noch vereinzelte kleinere Exemplare zu beobachten. Obwohl das obere Munzur-Tal zum Nationalpark erklärt wurde, plant der Staat, hier eine Reihe von Staustufen zu errichten. Dieser gravierende Eingriff in die beinahe noch unberührte Natur dieser Region – Wildschafe, Bären, Wölfe und andere seltene Säugetierarten sind hier noch beheimatet – hat allem Anschein nach keinen ökonomischen sondern lediglich einen politischen Hintergrund. Der Munzur mündet bei Elaziğ in den Keban-Stausee, ehemals in den Euphrat-Zufluss Murat, welcher die östlichste Region des Euphrat-Beckens entwässert. Der Ursprung des Murat liegt nahe an der Grenze zum Iran, in einem von Lavagestein geprägten Gebirgsland zwischen dem Ararat und dem Van-See. Hier befindet sich auch die östlichste Verbreitungsgrenze von adriastämmigen Forellen.

Forelle (*S. rizeensis*), ~160 mm, Balıklı Ç. (Karasu-Becken)

Forelle, ~210 mm, Munzur Ç.

Forelle, ~200 mm, Tohma Ç.

Forelle, ~270 mm, Göksu Ç.

Forelle, ~320 mm, Murat Ç. (Quellregion)

Forelle (*S. tigridis*), ~190 mm, Bahçesaray D. (Zufluss des Çatak Ç., Tigris-Becken)

Munzur – bekannt für große Forellen (links) und Murat – südwestlich des Aratat (rechts)

Bahçesaray Deresi – Tigris-Becken südlich des Van-Sees

Südlich des Van-Sees erstrecken sich die südöstlichen Ausläufer des Ost-Taurus, auch Südost-Taurus genannt, eines unwegsamen Berglandes, in dem es immer wieder zu bewaffneten Auseinandersetzungen zwischen Einheiten der türkischen Armee und militanten Kräften der kurdischen Arbeiterpartei (PKK) kommt. In dieser südöstlichen Ecke der Türkei, im Grenzgebiet zwischen dem Irak und dem Iran, kam es übrigens, verlässlichen Berichten zufolge, noch während des letzten Jahrhunderts zu regelmäßigen Abschüssen von Exemplaren des Kaspischen Tigers. Einer der letzten „kaplan", wie der Tiger auf Türkisch heißt, wurde hier 1970 erlegt, doch sollen laut unbestätigten Meldungen noch bis in die 1980er Jahre Tiger erlegt worden sein. Ebenso erloschen sind heute die meisten Vorkommen des Persischen Leoparden, der einst nicht nur in dieser Region, sondern in weiten Teilen Anatoliens auftrat. Südöstlich des Van-Sees befinden sich die Quellflüsse des Çatak-Flusses, eines der größten Zubringer des Tigris (türkisch: Dicle). Das einzige natürliche Forellenvorkommen im Tigris-Becken wurde bisher nur im Oberlauf des Çatak und seinen Nebenflüssen nachgewiesen. Im Quellgebiet und im Oberlauf des Tigris gibt es kein für Salmoniden geeignetes Habitat. Ein mögliches Vorkommen in Zubringern des Tigris und des Schatt-el-Arab aus dem Zagros-Gebirge im Iran wurde gelegentlich in Erwägung gezogen. Für einen Nachweis dürfte es heute jedoch zu spät sein, da in diesen Gewässern bereits Besatzmaßnahmen mit allochthonen Forellen durchgeführt wurden. TORTONESE erstellt in seiner Arbeit von 1954 die kurze Beschreibung eines weiblichen, 18 cm langen Exemplares mit großer Fettflosse aus Südostanatolien und klassifiziert es als *Salmo trutta macrostigma.* Die Bezeichnung des Fundorts ist Şitak, der Alternativname für die Ortschaft Çatak, am gleichnamigen Fluss gelegen. Der Hauptfluss ist heute, zumindest im näheren Bereich der Ortschaften am Oberlauf, stark überfischt. Es gelang mir aber, in einem abgelegenen kleineren Seitenfluss, dem Bahçesaray-Bach, eine noch stabile Population ausfindig zu machen und trotz der überaus kräftigen Strömung einige Exemplare mit meinem Handnetz zu fangen. Die „Tigris-Forellen" verfügen über einige morphologische Eigenheiten: Die große, rot gefärbte Fettflosse hat einen stark gerundeten oberen Rand. Auch alle übrigen Flossen weisen eine ungewöhnlich runde Form auf. Dieses Merkmal ist allem Anschein nach eine Anpassung an den schnell fließenden Fluss, der zudem kaum Einstandsmöglichkeiten bietet. Ebenso kennzeichnend für diese Forellen ist die Fleckenzeichnung: kleine, meist rote und schwarze Punkte, seltener nur rote Punkte entlang der Seiten. Die Jugendflecken (9-11) bleiben auch bei geschlechtsreifen Tieren erhalten. Die Zuwanderung ins Tigris-Becken erfolgte vermutlich aus dem pontokaspischen Raum über das Einzugsgebiet des Euphrat, allerdings bereits vor dem Eindringen der adriastämmigen Forellen in dieses Gebiet. Denkbar wäre natürlich auch eine Zuwanderung aus dem Osten über das Aras-Becken bzw. über das heute abflusslose Becken des Urmia(Orumiyeh)-Sees im Iran, das während niederschlagsreicherer Epochen zum Kaspischen Meer entwässerte. Genetische Untersuchungen offenbarten, dass die Forellen des Tigris-Beckens einen einzigartigen, stark divergierenden Haplotypus des Donaustammes besitzen und wahrscheinlich schon vor 1 bis 2 Mio. Jahren von anderen phylogenetischen Linien isoliert wurden. Genanalysen mit Hilfe der Mikrosatelliten deuten jedoch auch auf eine nähere Verwandtschaft zwischen den Forellen von Tigris und Euphrat hin, was auf einen sekundären Kontakt der ursprünglichen Euphrat-Forellen mit dem Adriastamm schließen lässt. Infolge dieser Introgression setzte sich im gesamten Euphrat-Becken der adriatische Haplotypus durch. Lediglich im Tigris-Becken blieb die archaische Linie erhalten. Erst 2011 wurde die Tigris-Forelle als neue Art beschrieben: *Salmo tigridis* Turan, Kottelat & Bektaş.

d) Das Einzugsgebiet des Kaspischen Meeres

Auf türkischem Territorium stellt das Einzugsgebiet des Kaspischen Meeres den kleinsten Flächenanteil. Zwei große Flüsse, die sich kurz vor der Mündung ins Kaspische Meer vereinigen, entwässern diese nordöstliche Ecke Anatoliens: die Kura ein kleines Areal im Norden und der Aras (Araks oder Araxes) ein größeres Gebiet im Süden. Die Region besteht vorwiegend aus unbewaldetem Hochland mit kalten, schneereichen Wintern und nur mäßig warmen Sommern. TORTONESE beschreibt drei Forellen aus dem Aras und ein Exemplar aus dem Çıldır Gölü (Tschaldyr-See) im Grenzbereich zu Armenien und Georgien. Die Forellen aus dem Aras klassifiziert er mit *Salmo trutta caspius* und das Exemplar aus dem Çıldır-See, der zum Aras entwässert, eigenartigerweise mit *S. t. labrax.* Bereits 1880 untersucht A. F. BRANDT die Fischfauna des Sees und stellt 11 Arten fest – eine erstaunlich große Anzahl für diese Region. Der russische Ichthyologe Karl Fjodorowitsch KESSLER nimmt kurz vor seinem Tod eine vorläufige Bestimmung vor und benennt einige neue Arten ohne sie zu beschreiben, darunter die Forelle dieses Sees, welcher er den Namen *Salmo armenicus* gibt. Der russische Gelehrte F. F. KAWRAISKY befasst sich in seinem 1897 erschienenen zweiten Werk über die „Lachse des Kaukasus" ebenfalls mit den Forellen des damals noch auf russischem Territorium liegenden „Tschaldyr-göll" und bezeichnet sie mit *Salmo trutta lacustris.* Hier steht unter anderem zu lesen: „Im Tschaldyr hält sich die Forelle in den tieferen Stellen des Sees auf, aber zur Zeit des Laichens versammelt sie sich an flachen Plätzen oder geht in die kleinen Bäche, welche in den See fallen; ... Das Laichen geschieht Ende Oktober und im November in den Bächen und zum Theil in dem See selbst an flachen Plätzen mit grandigem Boden. ... Im Tschaldyr wird die Forelle recht gross, obgleich Exemplare von über 20 Pfund Schwere nur selten gefangen werden, so kommen doch Fische bis zu 40 Pfund vor. Die Forelle wird im See auf ganz barbarische Weise ausgerottet, besonders zur Laichzeit in den Bächen, wenn die Eingeborenen das Wasser seitwärts ableiten und die Fische im trockenen Bette sammeln". Die Forellen des Sees wurden durch intensive kommerzielle Befischung stark dezimiert und stehen aus diesem Grunde seit einigen Jahren unter strengem Schutz.

Kaum besser ist die Situation der endemischen Forellen des bedeutend kleineren Balık Gölü (zu Deutsch: Fisch-See) einzustufen. Dieser etwa 60 km westlich des Ararat gelegene See ist zwar nur über eine schlecht befestigte Straße erreichbar, doch hat sich auch hier eine kommerzielle Fischerei etabliert. Der bis zu 60 m tiefe Balık Gölü hat eine Fläche von ca. 30 km² und liegt auf einer Seehöhe von 2250 m. Ein paar kleine Gerinne, hauptsächlich aber unterseeische Quellen, speisen den See.

Die Wasserführung des oberirdischen Abflusses ist für das Überleben von Forellen zu gering. Die Laichablage findet daher im See, in den Monaten November und Dezember, statt. Während der Sommermonate lagern kurdische Halbnomaden mit ihren Herden rund um den See, wo sie üppige Weiden vorfinden. Die sesshafte Bevölkerung ist auf ein paar kleine Dörfer ringsherum verteilt und betreibt neben etwas Ackerbau und Viehzucht auch Fischerei. Von März bis September – im Oktober wird aufgrund der klimatischen Bedingungen nicht mehr gefischt – fahren etwa 20 kleine, mit zwei bis vier Mann besetzte und mit Außenbordmotor betriebene Boote auf den See hinaus, um die nicht weniger als 100 Netze auszulegen. Es werden bis zu 120 m lange Treibnetze verwendet, welche in einer Tiefe von 12 m verankert sind. Die durchschnittliche Ausbeute eines Netzes lag in den 1990iger Jahren bei 1 bis 3 kg Fisch. Berichten einheimischer Fischer zufolge wurden im Jahre 1989 noch an die 6 Tonnen Fische gefangen. Die Fänge bestehen in erster Linie aus Forellen, die meisten von ihnen haben ein Gewicht von nur etwa 200 g. Mitunter gehen noch größere Exemplare mit einem Gewicht von 3 bis 5 kg in die Netze. Dieser hohe Anteil an Jungfischen – viele haben noch keine Gonaden entwickelt – muss als ein Zeichen von Überfischung gedeutet werden. Die einzige Fischart, die hier neben den Forellen noch vorkommt, gehört der Gattung *Capoeta* an und gilt als seltener und wenig geschätzter Beifang. Diese Quermundbarben, wie sie im Deutschen auch genannt werden, halten sich bevorzugt in Grund- und Ufernähe auf und weniger in den oberen und mittleren Wasserschichten, in denen die Netze ausgelegt werden. Die Vermarktung wird hauptsächlich von nicht ansässigen Händlern übernommen, die die Fische mit geländetauglichen Fahrzeugen in die nächstgelegenen größeren Orte transportieren.

Das Farbkleid der Forellen des Balık Gölü ist, wie bei Seepopulationen üblich, wenig auffallend. An den silbrig-grauen Seiten befinden sich meist nur wenige große schwarze Flecken von rundlicher Form. Einige Individuen zeigen rotbraune Tupfen entlang der Seitenlinie und gelegentlich kommen auch fleckenlose Exemplare vor. Bei großen Forellen, mit 50 und mehr cm, ist die Form der Flecken vieleckig oder auch x-förmig. Die Fettflosse ist immer ohne rote oder rotbraune Tönung. Der Körperbau dieser endemischen Seeform weist einige charakteristische Merkmale auf: Der Körper ist spindelförmig gestreckt, der Kopf kurz – nicht mehr als 20% der Körperlänge – mit einer stumpfen Schnauze, die von oben gesehen spitz verläuft. Die Schwanzflosse, die bei zweijährigen Fischen noch auffallend stark gegabelt ist, zeigt bei 35 bis 40 cm langen Tieren, was einem Alter von 4 bis 5 Jahren entspricht, eine immer noch deutliche Gabelung. Erst bei noch älteren Tieren verläuft der hintere Rand der Schwanzflosse geradlinig. Auffallend sind auch der schlanke, lange Schwanzstiel und die kleine Fettflosse. Das relativ kleine Maul (die Maxillare reicht auch bei erwachsenen Tieren nur bis unter den hinteren Rand des Auges), die schwach entwickelten Zähne und die langen Kiemenreusendornen (16-18) lassen auf eine bevorzugte Ernährung mit Zooplankton und Benthosorganismen schließen, was durch Untersuchungen des Mageninhalts bestätigt wurde. Ähnlich wie die Forellen des Abant-Sees hat auch die Population des Balık Gölü durch die geographische Isolation und die Anpassung an die speziellen Umweltbedingungen einen spezifischen Phänotypus entwickelt. Wie alle Forellen aus dem Einzugsbereich des Kaspischen Meeres gehören auch die Forellen des Balık Gölü dem so genannten Donaustamm an.

Bachforelle, ~210 mm, Gölbelen D. (Kura-Becken)

Seeforelle, ~390 mm, Balık G. (Aras-Becken)

Literatur: Tortonese, 1954; Kosswig, 1964; Whittal, 1967; Geldiay & Kähsbauer; Behnke, 1969; Geldiay, 1972; Lelek, 1980; Schöffmann, 1992a, 1992b, 1998, 2004a, 2005b, 2006, 2012; Togan et al., 1995; Geldiay & Balık, 2002; Sušnik et al., 2004; Sušnik et al., 2005; Bardakci et al., 2006; Okumuş et al., 2006; Tarkan et al., 2008; Turan et al., 2009; Arslan & Bardakci, 2010; Kara et al., 2011(a, b); Turan et al., 2011; Turan et al., 2012.

5.17. Kaukasien und nördliches Kaspibecken

Der bis zu 5642 m hohe Kaukasus wird allgemein als Grenze Europas angesehen und erstreckt sich zwischen dem Schwarzen und dem Kaspischen Meer. Die Kaukasus-Region wird nach beiden Seiten entwässert: Die Flüsse aus dem westlichen Großen Kaukasus, auch Pontischer Kaukasus genannt, fließen ins Schwarze Meer. Das bei weitem größere Einzugsgebiet des Kaspischen Meeres umfasst die Flüsse aus dem zentralen und dem östlichen Großen Kaukasus sowie aus dem gesamten Kleinen Kaukasus.

Hydrografische Karte von Kaukasien und Nordiran

1 Çıldır-See, 2 Achalkalaki-Fluss, 3 Aragvi, 4 Alazani, 5 Ezenam-See, 6 Arpa, 7 Akera, 8 Līqvān-Fluss, 9 Mardaq-Fluss, 10 Karasu, 11 Gorgān Rūd, 12 Pol Rūd, 13 Tonekābon, 14 Sardāb, 15 Čalūs, 16 Harāz, 17 Lār, 18 Bābol 19 Talar, 20 Tajan, 21 Karaj, 22 Nāv Rūd;

a) Die Kaspische Forelle

Die anadrome Form der Kaspischen Forelle bewohnt die westliche und südliche, seltener die nördliche Küste des Kaspischen Meeres, wo sie in die einmündenden Flüsse, vom Terek im Norden bis zu den kleineren und größeren Zuflüssen der iranischen Küste, zum Laichen aufsteigt. Neben vielen lokalen Bezeichnungen kennt man diese Forellenform auch unter dem russischen Namen „kaspiiskii losos“ (Kaspischer Lachs). In Anbetracht des äußeren Erscheinungsbildes, vor allem aber wegen des außerordentlich schlanken Schwanzstiels, waren sich die Wissenschaftler lange Zeit nicht einig, ob die Kaspische Forelle dem Lachs oder der Forelle näher steht. Karl Fjodorowitsch KESSLER beschreibt 1877 die Kaspische Forelle aus dem Unterlauf der Kura unter dem Namen *Salmo caspius.* Im Jahre 1932 reklassifiziert der ebenfalls bekannte russische Ichthyologe Leo BERG dieses Taxon in die Unterart *S. trutta caspius* und stellt die Fluss- und Seeformen des kaspischen Einzugsbereichs in die infrasubspezifische Kategorie *S. t. caspius* morpha *fario* bzw. *lacustris.* Doch bereits im Jahre 1814 beschreibt der deutsche Naturforscher Peter Simon PALLAS die Forellen des Terek als *Salmo spurius.* Die russische Ichthyologin und Salmonidenforscherin E. A. DOROFEYEVA klassifiziert 1967 die Forellen der nordwestlichen Küstenzonen des Kaspischen Meeres und aus den Einzugsgebieten von Terek, Wolga und Ural als eigenständige Unterart: *S. trutta ciscaucasicus.*

Zur zoogeografischen Herkunft der pontokaspischen Forellen, das heißt des Donaustammes, bestehen kontroverse Theorien. Viele Forscher betrachten die Europäische Forelle als ein Element der nördlichen Ichthyofauna, das seinen Ursprung im Atlantikbecken hatte und erst nach dem Rückzug der letzten Vereisung vor etwa 15.000 Jahren in die Becken des Schwarzen Meeres, des Kaspischen Meeres und des Aralsees einwanderte. Diesem Szenario entsprechend erfolgte die Kolonisation über ehemalige Verbindungen der Oberläufe von Rhein und Donau oder auch über andere Flüsse des nördlichen und des südlichen Beckens, die durch postglaziale Seen miteinander verbunden waren. Außerdem wäre auch eine Zuwanderung aus dem Mittelmeerbecken möglich. Die Theorie einer nacheiszeitlichen Immigration wird schon allein durch die großen genetischen Unterschiede zwischen den atlantikstämmigen und den donaustämmigen Forellen widerlegt, die für eine weitaus längere Zeit der divergenten Entwicklung der zwei Evolutionslinien sprechen. Wie jüngere Studien zeigen, fand gleichwohl ein begrenzter postglazialer Genfluss zwischen den atlantikstämmigen Forellen aus dem Becken des Weißen Meeres mit den donaustämmigen aus dem Becken des Schwarzen Meeres statt. Andere Autoren sind daher der Auffassung, dass während des

Pleistozäns atlantische Forellen aus dem Einzugsgebiet der Barentsee und des Weißen Meeres über zeitweilige Verbindungen zwischen den hydrografischen Systemen in den pontokaspischen Raum migrierten und die südlichen Populationen von ihren nordischen Verwandten bereits vor der letzten Eiszeit isoliert wurden. Die beiden Wissenschaftler kaukasischer Herkunft, A. N. DERZHAVIN und V. I. VLADIMIRIOV, vertreten die Ansicht, dass sich die Vorfahren der Europäischen Forelle im kaukasischen Raum bereits im Pliozän, also vor dem Eiszeitalter, entwickelt und von dort aus den heutigen Verbreitungsraum besiedelt haben. Sie stützen ihre These auf den Fund eines fossilen Abdruckes eines Lachsfisches, genannt *Salmo derzhavini,* aus pliozänen Ablagerungen in Armenien. Die genaue Datierung bleibt allerdings umstritten. Da einer der neueren Theorien zufolge der Ursprung der Europäischen Forelle in der Paratethys vermutet wird, könnte die Besiedelung des Atlantikbeckens wohl aus dem pontokaspischen Becken erfolgt sein. Weitere Daten erhielt man bei Grabungen an paläolithischen Fundstellen, die belegen, dass die Kaspische Forelle – wahrscheinlich die Wanderform – vor etwa 100.000 Jahren als Handelsgut diente.
Die wohl umfangreichste Arbeit über die Forellen der Kaukasusregion beinhalten die zwei in den Jahren 1896 bzw. 1897 veröffentlichten Bände von F. F. KAWRAISKY: „Die Lachse des Kaukasus“, die er ehrfurchtsvoll „Seiner Kaiserlichen Hoheit dem Grossfürsten Thronfolger Georg Alexandrowitsch“ widmet. Der Text ist in russischer und in deutscher Sprache. Neben vielen aufschlussreichen Informationen über die Gewässer, die Biologie und das Aussehen der Fische stellt KAWRAISKY genaue morphologische Daten von Forellen aus Seen und Fließgewässern, sowohl stationärer als auch anadromer Formen, zur Verfügung und kommt zu dem Schluss, dass alle kaukasischen Forellen einer einzigen Art, nämlich *Salmo trutta,* angehören.

Forellen (*S. ciscaucasius*), Kama Zufluss (Wolga-Becken), Foto: Saša Marić

Forelle (*S. ciscaucasius*), Kama Zufluss (Wolga-Becken), Foto: Saša Marić

Forelle, ~330 mm, Arpa (Aras-Becken, Armenien)

Arpa ein Aras Zufluss (links) und Absak ein Kama Zufluss (rechts), Foto: Saša Marić

Die größten Exemplare der Kaspischen Forelle und wohl auch die größten Vertreter der Europäischen Forelle überhaupt stellte die Population, die im Winter in die Kura zum Laichen aufstieg. Das durchschnittliche Gewicht der Kura-Forellen lag zwischen 13 und 15 kg. KAWRAISKY sah noch häufig Exemplare, die mehr als 80 Pfund (damalige russische „Fund": etwa 33 kg) wogen. Das größte ihm bekannte Exemplar hatte sogar ein Gewicht von 125 Pfund (51 kg). Die Tiere begannen zwischen November und Februar in großer Anzahl die Kura stromaufwärts zu schwimmen, wo sie, bis zu 1.000 km von der Mündung entfernt, in den Zuflüssen Aragvi, Alazani und Akera (Aras-Zufluss) erst im darauf folgenden Herbst, 8 bis 11 Monate nachdem sie das Kaspische Meer verlassen hatten, laichten. Die grusinische Hauptstadt Tiflis erreichten die aufsteigenden Meerforellen nicht vor April und Anfang Mai. Im Oberlauf der Kura erschienen einzelne große Exemplare sogar noch bei der Stadt Achalzich, nahe der Grenze zur Türkei. Das Mindestalter der Laichfische lag zwischen 6 und 8 Jahren. Die Rückwanderer erreichten den Mittellauf der Kura in April und Mai. Die Jungfische verbringen gewöhnlich zwei Jahre in den Flüssen. Wasserverschmutzung und Flussverbauungen haben den Laichwanderungen ein Ende gesetzt. Heute kommen nur noch vereinzelte Exemplare bis zum Damm von Warwarinskaja, etwa 600 km von der Mündung entfernt. Die Populationen anderer größerer Flüsse sind offensichtlich bedeutend kleinwüchsiger als der Kura-Stamm. So lag 1916 das Durchschnittsgewicht im Terek bei 7 kg, im Samur bei 4 kg und in der Yalama bei 2 kg. Die Zeit des Laichzugs ist für jeden Fluss etwas verschieden und von Wasserstand und Wassertemperatur abhängig, doch können immer zwei Perioden unterschieden werden. Am Anfang ziehen die kleineren Exemplare mit beinahe reifen Gonaden an Laichorte, die weniger weit von der Küste entfernt sind. In der Kura erscheinen diese Frühankömmlinge, hier „loch" genannt, um Mitte September und ihr Zug dauert zirka einen Monat. Sie schwimmen nicht weiter als bis zum mittleren Lauf der Kura, wo sie in geeigneten Zuflüssen noch im selben Jahr ablaichen. Der „loch" kam in der Kura immer in weit geringeren Stückzahlen als die Winterform vor. Andere Flüssen hingegen, wie die südlich der Kura mündende Lenkoranka oder der Terek, werden überwiegend von Frühlaichern aufgesucht. Heute sind alle restlichen Bestände der Wanderform der Kaspischen Forelle vom Aussterben bedroht. Der Verlust der Laichplätze konnte durch die wenig erfolgreichen Versuche der künstlichen Vermehrung in keiner Weise ausgeglichen werden. Die noch vorhandenen stationären Populationen in den Quellregionen wiederum sind fast überall durch Überfischung stark gefährdet.

b) Die Kaukasichen Seeforellen

Aus der Kaukasusregion wurden einige endemische Seeforellenformen bekannt. KAWRAISKY beschreibt in seinem ersten Band die Forellen des Tabiszchuri-Sees. Der nicht besonders tiefe See liegt auf etwa 2000 m Seehöhe im Südwesten Georgiens, nicht weiter als 30 km Luftlinie vom Çıldır-See in der Türkei entfernt. An der Oberfläche besteht kein Abfluss, doch wird der See unterirdisch zum Achalkalaki-Fluss entwässert, welcher in die Kura fließt. Diagnostizierbare morphologische Eigenheiten bewogen KAWRAISKY, die geografisch isolierten Forellen des Tabiszchuri-Sees wie folgt zu klassifizieren: „Von Fischen trifft man nur die Forelle, eine gut ausgebildete Varietät von *Salmo lacustris* L. Diese Form erlaube ich mir zu Ehren „Seiner Kaiserlichen Hoheit des Grossfürsten Nikolai Michailowitsch", welcher zu wünschen geruhte, dass ich den See untersuchen sollte, *Salmo lacustris* L. var. *Romanovi* Kawraisky zu benennen". In seinem zweiten Band beschreibt KAWRAISKY die Populationen zweier weiterer Seen aus demselben Einzugsbereich, Toporowan- und Tuman-See, bezieht diese Forellen aber auf *Salmo trutta lacustris* L. Bereits im vorangegangenen Band erwähnt er die Forellen vom „Eisenamsee in Dagestan". Die endemische Forelle aus dem Ezenam-See in Dagestan beschreibt Leo BERG 1948 als *Salmo trutta ezenami.* Ein paar besondere morphologische Merkmale kennzeichnen die Ezenam-Forellen: kurze, breite Kiemenreusendornen (16-21); eine relativ geringe Anzahl von Wirbeln (53-58); ein kurzer Oberkiefer, der kaum bis unter den hinteren Augenrand reicht und den Unterkiefer leicht überragt. Der aktuelle Name des Sees lautet Kezenoi-Am und er gehört heute zur umstrittenen autonomen Republik Tschetschenien. Der 2,4 km² große und bis zu 74 m tiefe Gebirgssee liegt auf einer Seehöhe von 1870 m, etwa 60 km südöstlich der Hauptstadt Grozny. Der See entwässert unterirdisch durch das umliegende Kalkgebirge. Die Forellen laichen in der Nähe von sublakustrischen Quellen im See, größere Individuen wandern wahrscheinlich auch in die Zuflüsse. Vor dem Besatz mit Aiteln (*Squalius cephalus*) und Kaspischen Gründlingen (*Gobio holurus*) waren die Forellen die einzigen Fische im See und ernährten sich hauptsächlich von Mollusken und benthischen Wirbellosen. Seit dem Besatz mit anderen Arten wechselte ein Teil der adulten Tiere zur Fischnahrung, wodurch das Wachstum zunahm. Die größte bisher bekannte Ezenam-Forelle hatte eine Länge von über einem Meter und wog 17 kg.

c) Die Sewan-Forelle

Die Sewan-Forelle ist eine endemische Seeforelle, die den Sewansee und seine Zuflüsse bewohnt. Der Sewan liegt im Einzugsgebiet des Araks (Aras), der über die Kura ins Schwarze Meer entwässert. Vier reproduktiv isolierte Populationen leben im Sewansee, eine weitere Form kommt nur in seinen Zuflüssen vor. Die geringen genetischen Unterschiede zwischen den einzelnen Formen lassen darauf schließen, dass sie sich aus einer geographisch isolierten Stammpopulation gebildet haben. Eine relativ artenarme Ichthyofauna erlaubte den Sewan-Forellen, verschiedene ökologische Nischen zu besetzen. Das rare Angebot an Laichplätzen bewirkte die Aufspaltung in mehrere Stämme, die zu unterschiedlichen Zeiten, direkt im See oder in seinen Zuflüssen, ablaichen.

Seewansee – an der Mündung des Vardenis

Erstmals beschreibt KESSLER 1877 die Sewan-Forelle und unterscheidet zwei Arten: *Salmo ischchan* und *Salmo gegarkuni.* KAWRAISKY fasst 1896 die inzwischen auf drei Arten erweiterte Sewan-Forelle zu einer einzigen Art zusammen. Nach BERG (1948) gibt es von *Salmo ischchan* vier Unterarten (infraspecies) sowie eine Form (morpha). Gemäß der bisher üblichen zoologischen Nomenklatur wird die Sewan-Forelle als eigenständige Art, *Salmo ischchan,* behandelt, die, nach der Vorstellung einiger Wissenschaftler, das Relikt eines primitiven Vorfahren aller rezenten Formen der Europäischen Forelle darstellen soll. Neuere genetische Untersuchungen widerlegen jedoch diese Hypothese und beweisen, dass die morphologisch und ökologisch einzigartigen Populationen der Sewan-Forelle sich erst während und nach der letzten Eiszeit entwickelt haben und derselben stammesgeschichtlichen Linie angehören wie alle übrigen Forellen des aralo-pontokaspischen Raumes, nämlich dem Donaustamm. Allerdings ist die genetische Vielfalt innerhalb dieser phylogenetischen Gruppe bedeutend größer als in den vier übrigen Gruppierungen der Europäischen Forelle.

Die Formen der Sewan-Forelle nach BERG (1948):

a) Winter-Ischchan/Bachtak (*Salmo ischchan ischchan*):
   Diese schnell wachsende Forelle kann bis zu 104 cm lang und 17 kg schwer werden. Der Winter-Bachtak laicht in einer Tiefe von 0,5 bis 3,0 m über feinem Kies, von Anfang November bis Ende Dezember im nordwestlichen Bereich des Sees. Die Ernährung besteht, wie bei allen vier im See lebenden Rassen, fast ausschließlich aus Flohkrebsen (*Gammarus*).
b) Sommer-Ischchan/Bachtak (*Salmo ischchan aestivalis*):
   Er wird bis zu 59 cm lang und 1,9 kg schwer. Seine Laichzeit erstreckt sich vom April bis Ende Juli. Die Laichplätze befinden sich sowohl im Unterlauf und Oberlauf der Zuflüsse.
c) Gegarkuni (*Salmo ischchan gegarkuni*):
   Sein Durchschnittsgewicht beträgt 4 kg, in Ausnahmefällen kann er bis zu 16 kg schwer werden. Die Sommerform des Gegarkuni wandert im Herbst mit reifen Geschlechtsprodukten in die Flüsse und laicht von September bis Januar in der Nähe der Mündungen. Die Winterform (Yabani) zieht Anfang Sommer mit unreifen Gonaden in die Flüsse und beginnt im Oktober in den Oberläufen, bis zu 500 m über dem Sewansee, zu laichen. In den Jahren 1930-1936 wurde der Gegarkuni im Issyk-Kul-See (Kirgisistan) eingebürgert, wo er nun neben der großwüchsigen migrierenden noch eine kleinwüchsige, stationäre Form bildete.
d) Alabalach (*Salmo ischchan gegarkuni* morpha *alabalach*):
   Die stationäre Flussform der Sewan-Forelle wird bis zu 33 cm lang und laicht im Herbst. Das Wort „alabalach" stammt aus dem Aserbaidschanischen und ist die in den Turksprachen weit verbreitete Bezeichnung für Forelle. Das armenische Wort für Bachforelle heißt „charmrachait" und bedeutet so viel wie „rot gefleckt", obgleich bei großen Exemplaren oft nur schwarze Flecken aufscheinen.
e) Bodschak (*Salmo ischchan danilewskii*):
   Die Zwergform der Sewan-Forelle wird maximal 35 cm lang. Der Boschak laicht von Mitte Oktober bis Mitte November im See, in einer Tiefe von1 bis 4 m, aber an anderen Stellen als der Winter-Bachtak.

Sommer-Bachtak (*S. ischchan aestivalis*), ~380 mm, Sewansee

Gegarkuni (*S. ischchan gegarkuni*), ~250 mm, Sewansee

Gegarkuni (*S. ischchan gegarkuni*), ~550 mm, Issyk-Kul-See (eingebürgert)

Alabalach (*S. ischchan gegarkuni* m. *alabalach*), ~310 mm, Argichy (Sewansee-Zufluss)

Die Armenier bezeichnen alle geschlechtlich unreifen Sewan-Forellen als Ischchan (Prinz), die reifen als Bachtak. Ein gemeinsames äußeres Kennzeichen aller Formen der Sewan-Forelle ist die Fleckenzeichnung: vergleichsweise große, runde bis unregelmäßig geformte Flecken an den Seiten, etwas kleinere zum Rücken hin. Juvenile Tiere zeigen neben den schwarzen auch rote Flecken, die nach dem ersten Lebensjahr zunehmend von schwarzem Pigment überdeckt werden, bis nur mehr schwarze Flecken zu sehen sind. Der Alabalach unterscheidet sich durch seine großen Flecken deutlich von den Bachformen aus anderen Araks-Zuflüssen, wie Arpa, Vorotan und Marmaruk. Diese charakteristische Fleckenzeichnung spricht für eine isolierte Entwicklung der Sewan-Forelle. Mit Ausnahme des Alabalach, der ganzjährig schwarze und rote Flecken aufweist, lassen sich die im See lebenden Formen außerhalb der Fortpflanzungszeit schwer voneinander unterscheiden. Sie zeigen das typische Kleid von Seeforellen, mit schwarzen Flecken auf silbrig glänzenden Seiten. In der Laichzeit färben sich die Sewan-Forellen, vor allem die männlichen, dunkler. Während der Gegarkuni eine ausgeprägte schwarze Fleckenzeichnung bekommt, können beim Winter-Bachtak auch zwei oder drei kleine rote Flecken entlang der Seitenlinie erscheinen, beim Sommer-Bachtak sogar mehrere entlang und unterhalb der Seitenlinie. Fahle rote Flecken kennzeichnen auch männliche, vor allem jüngere Bodschak.

Der Sewansee in Armenien ist der größte und bekannteste Süßwassersee Transkaukasiens. Sein aserbaidschanischer Name lautet Göktschai, auf Deutsch „Himmelsgewässer“. Der ursprünglich 1.415 km², heute 940 km² große Sewan liegt im Kleinen Kaukasus. Seine Oberfläche befindet sich bei 1900 m über dem Meeresspiegel. Er zählt nicht nur zu den größten Gebirgsseen, sondern auch zu den ältesten Seen der Erde. Ein Paläo-Sewan tektonischen Ursprungs bestand schon im frühen Quartär. Nicht weniger als 28 Zuflüsse speisen den See, dennoch erreicht die durchschnittliche Abflussmenge über den Razdan, einen Araks-Zubringer, nicht mehr als 2 m³/sek. Das sind nur 3,6% der Wasserzufuhr, da etwa 6,4% versickern und 90% verdunsten. Die Erneuerungszeit des Wasservolumens des Sewan betrug ursprünglich rund 50 Jahre. Schon seit dem 14. Jahrhundert wurde dieses natürliche Wasserreservoir zur Bewässerung der fruchtbaren vulkanischen Böden der etwa 1.000 m tiefer liegenden Ararat-Ebene genutzt. Um die Abflussmenge für Bewässerung und Wasserkraft zu erhöhen, begann man 1933 mit dem Aushub des Razdan. Bald bohrte man auch 40 m unter dem Seespiegel einen Tunnel. Nach dessen Fertigstellung im Jahre 1949 begann der Wasserspiegel jährlich um einen Meter zu sinken. Erst 1956 wurde dieses Projekt erstmals in Frage gestellt. 1958 beschloss die damalige Regierung der

Sowjetunion, die Wasserkraftwerke teilweise durch kalorische Kraftwerke zu ersetzen und gleichzeitig den Wasserverbrauch für die Bewässerung zu drosseln. Dank dieser Maßnahmen stabilisierte sich der Wasserspiegel 1962 bei 18 m unter dem Stand von 1933. In der Hoffnung, den Seespiegel wieder anzuheben, baute man einen 49 km langen Tunnel, der seit 1981 jährlich 200 Mio. Kubikmeter Wasser vom Arpa-Fluss zum Sewan bringt. Der Spiegel stieg jedoch nur um 1,5 m, und so begann man mit dem Bau eines weiteren Tunnels vom Vorotan-Fluss zum Arpa. Da die notwendigen finanziellen Mittel für Wartung und Reparaturen fehlen, befindet sich der Arpa-Sewan-Tunnel heute in einem sehr desolaten Zustand. Vom Vorotan-Arpa-Tunnel wurden nur 18 km fertig gestellt. Nach dem katastrophalen Erdbeben von 1988 wurde das einzige Atomkraftwerk Armeniens für acht Jahre stillgelegt und wieder verstärkt die Wasserkraft des Sees genutzt. Die Folge davon war, dass der Wasserspiegel bis 1996 19,2 m unter dem ursprünglichen Niveau lag. Das Wasservolumen des Sees hatte sich um 42.2% verringert. Die Auswirkungen der Senkung des Wasserspiegels auf die Forellenbestände und die Fischerei waren verheerend. Die offizielle Ausbeute an Sewan-Forellen belief sich zu Beginn der 1950er Jahre noch auf 6.000 t jährlich. Bis zum Jahre 1976, als der Forellenfang im See verboten wurde, fing man nur mehr wenige hundert Tonnen. Das Fangverbot wird bis heute weder eingehalten noch kontrolliert. Die Senkung des Wasserspiegels des Sewan um etwa 20 m und die damit verbundene ökologische Verschlechterung ebenso wie die Überfischung und der Besatz mit allochthonen Fischarten sind die Hauptursachen für den drastischen Rückgang der Bestände.
Zwei Formen, der Winter-Bachtak und der Bodschak, sind aufgrund des Verlustes ihrer Laichgründe im See heute praktisch verschwunden. Der Alabalach ist durch übermäßige Befischung und die Nutzung der Zuflüsse für die Bewässerung vom Aussterben bedroht. Aus demselben Grund sind die Fortpflanzungsmöglichkeiten für Gegarkuni und Sommer-Bachtak stark eingeschränkt. Hinzu kommt noch, dass vielerorts Dämme den Laichzug verhindern und die Unterläufe oft durch Abwässer verschmutzt sind. Die übermäßige Oberflächenerwärmung im See beeinträchtigt den Sommer-Bachtak bei seinen sommerlichen Laichzügen zusätzlich.
Eutrophierung, erhöhte Wassertemperaturen und die drastische Verringerung des litoralen Pflanzengürtels durch die Seespiegelsenkung äußerten sich in vermindertem Aufkommen von benthischen Wirbellosen (z.B. Flohkrebsen, Fliegenlarven), der Nahrungsgrundlage für die Forellen. Gleichzeitig erhöhte sich der Fraßdruck auf das Benthos durch die Renken.

Der Besatz mit konkurrierenden Arten wirkte sich ebenfalls negativ auf den Forellenbestand aus. Zwei Formen von Renken (*Coregonus lavaretus ludoga* und *C. l. maraenoides*) wurden 1924 erstmals im Sewan eingesetzt. Es entstand daraus eine Hybridpopulation, die als neue Unterart (*C. l. sevanicus*) beschrieben wurde. In den 1970er Jahren, als die Forellenfänge drastisch zurückgingen, begannen die Coregonen sich stark zu vermehren. Die höchste Fangquote wurde 1982 mit 16.000 t erzielt. Danach verringerten sich die Fänge schlagartig und 1984 wurde ein massives, bis heute nicht gänzlich geklärtes Coregonensterben beobachtet. Gegenwärtig stellen die Renken wieder den höchsten Anteil an den Erträgen der Netzfischerei. Eine andere Art, die Karausche (*Carassius carassius*), wurde eher unbeabsichtigt in den See eingeschleppt. Sie konkurriert im Litoral mit Forellen und Renken und vermehrt sich rasch im sommerwarmen Wasser. Die wenigen um den See angelegten Zuchtanstalten für die Sewan-Forellen arbeiten mangels finanzieller Unterstützung ineffizient. Gelegentlich werden die verschiedenen Rassen sogar gekreuzt.

Die vielfältigen Schwierigkeiten zur Wiederherstellung des ökologischen Gleichgewichts des Sewansees geben wenig Anlass zu Optimismus. Selbst wenn es gelingen sollte, den Vorotan-Tunnel zu vollenden und den Seespiegel um 4 bis 6 m zu heben, bleibt das Problem der Eutrophierung. Auch bei reduzierter Nährstoffzufuhr von außen würden weiterhin Verunreinigungen aus den anoxischen Sedimentschichten in die oberen Wasserschichten gelangen. Der infolge der Seespiegelsenkung um 60% verringerte Tiefenwasserbereich wird vermehrt in die Durchmischung der vertikalen Wasserschichten eingebunden. Die lange Erneuerungszeit des Wasservolumens verlangsamt den Gesundungsprozess des Sewan. Der Fortbestand der einzigartigen Sewan-Forellen ist daher äußerst ungewiss.

Literatur: Kessler 1877, 1879; Kawraisky, 1896/97; Vladimirov, 1944, 1946; Berg, 1948; Luzhin, 1956; Dadikyan, 1986; Osinov, 1984, 1989a, 1989b; Savvaitova et al., 1989; Hovhannissian, 1994; Bernatchez & Osinov, 1995; Dorofeyeva, 1967, 1998; Schöffmann, 2002a.

5.18. Iran

Der Aras oder Araks bildet die Grenze zwischen den Staaten Armenien und Aserbaidschan im Norden und dem Iran im Süden. Sein größter Zubringer auf iranischem Gebiet ist der Karasu (Qara Sū). Forellenvorkommen gibt es in einigen Quellflüssen nahe der Stadt Ardabil. In dieser nordwestlichsten Provinz des Iran, die ebenfalls Āzarbāyǧān* heißt, liegt das abflusslose Becken des Urmia (Orūmīyeh)-Sees. Es grenzt im Westen an die Türkei und das Tigris-Becken, im Norden an das Aras-Becken und im Osten und im Süden an das Becken des Sefīd-Rūd. Der stark salzhaltige Urmia-See ist der größte See des Iran, mit einer Fläche von ca. 5.000 km² und einer mittleren Tiefe von 5 m, jeweils abhängig von der Jahreszeit. Aus dem Urmia-Becken wurde eine Forellenform mit auffallender Fleckenzeichnung bekannt. Im Jahre 1974 leitete Robert J. BEHNKE eine Fischbestandserhebung im Iran. Dabei führte ihn Barry NEHRING, ein Biologiestudent der „Colorado State University", der vier Jahre im Iran verbrachte, zu einem Bach südöstlich von Täbris (Tabrīz), dem Līqvān Čāy, um einige Exemplare einer sonderbaren Forelle zu fangen. Die Seiten dieser Fische sind dicht übersät mit kleinen schwarzen und roten Flecken. Die hohe Anzahl an rot bis orange gefärbten Flecken (durchschnittlich 100-400 an jeder Seite) verleiht den Flanken einen rötlichen Schimmer. Das Urmia-Becken lag während feuchterer postglazialer Zeiten noch im Einzugsbereich des Kaspischen Meeres. Die Forellen des Līqvān Čāy entwickelten sich also schon lange Zeit getrennt von anderen Formen aus dem Kaspischen Becken. Im Urmia-Becken gibt es noch drei oder vier Forellenvorkommen, wobei aber unklar ist, ob sie natürlichen Ursprungs sind oder irgendwann eingesetzt wurden. Jedenfalls findet man in keiner dieser Populationen eine ähnliche Fleckenzeichnung wie jene der Forellen aus dem Līqvān-Fluss. Um diese durch Überfischung bedrohte Forellenform zu schützen, brachte Barry NEHRING 1975 an die 300 Līqvān-Forellen in einen Fluss im zentralen Zagros-Gebirge. Die Fische wurden zuerst 36 Stunden mit einem Lastwagen und dann mit einem Hubschrauber in eine abgelegene Schlucht transportiert. Dieser Fluss, der Āb-e Bāzoft, ist ein Zubringer des Kārūn-Flusses, der in den Schatt-el-Arab mündet. Aus unbekannten Gründen blieb dieser aufwändige Besatzversuch jedoch erfolglos. Im Gegensatz dazu konnten Bachforellen europäischer Herkunft im Dez-Fluss, einem weiteren Zubringer des Kārūn, erfolgreich angesiedelt werden. Ungeklärt bleibt dennoch die Frage, ob in diesem Einzugsgebiet jemals autochthone Forellen lebten.

* Die Transliteration der iranischen Ortsnamen erfolgt nach den Regeln der DMG (Deutsche Morgenländische Gesellschaft)-Umschrift oder wird in Klammern hinzugefügt.

Forelle, Līqvān Čāy, Foto: Ashgar Abdoli

Forelle, ~160 mm, Ardabil Alvares, Foto: Hossein Mostafavi

Forelle, ~210 mm, Lār-Fluss, Foto: Hossein Mostafavi

Forelle, ~190 mm, Šīrīn Rūd, Foto: Hossein Mostafavi

Ein vom Zugang zum kaspischen Einzugsgebiet abgeschnittenes Forellenvorkommen befindet sich auch im abflusslosen Becken des Namak-Sees. Der Karaj (Karağ)-Fluss entspringt an der Südabdachung des Elburs-Gebirges nördlich von Teheran und entwässert in den Namak-See, der südlich von Teheran am nordwestlichen Rande der Kavir-Wüste liegt. Die Forellen des Karaj-Flusses werden erstmals vom renommierten britischen Ichthyologen George Albert BOULENGER (1896) erwähnt. Er und später die russischen Ichthyologen A. N. DERZHAVIN (1929) und L. S. BERG (1948) vertreten die Ansicht, Forellen mediterraner Herkunft seien einst über das Euphrat-Tigris-Becken bis in das innere Becken des Iran vorgedrungen und sie betrachten diese daher als *Salmo trutta macrostigma.* Die deutliche Ähnlichkeit der Forellen des Karaj-Flusses mit Populationen aus den Flüssen am Nordhang des Elburs-Gebirges, die ins Kaspische Meer fließen, widerspricht dieser Hypothese. Oft wird auch behauptet, die Forellen seien im 19. Jahrhundert von der Familie des Schah, die Sportlager in der Quellregion des Karaj-Flusses und am Lār-Fluss unterhielt, aus dem kaspischen Becken eingesetzt worden. Neuere genetische und morphologische Untersuchungen bestätigen jedoch zweifelsfrei die Authentizität der Karaj-Forellen, die sich offensichtlich schon seit langer Zeit isoliert entwickeln haben. Eine Anzahl von Autoren nennt weitere Lokalitäten im Einzugsbereich des abflusslosen inneren Beckens, wo Forellen vorkommen sollen, wie die östlich von Teheran gelegenen Flüsse Jajrud (Ğağ Rūd) und Damāvand.
Der Lār-Fluss entspringt nördlich von Teheran und mündet bei der Stadt Kohrūd in den Harāz-Fluss, der zum Kaspischen Meer fließt. Über den außerordentlichen Fischreichtum des Lār-Flusses schreibt der britische Abenteurer und Reisende Valentine BAKER in seinem Bericht aus dem Jahre 1876: Er fing dort routinemäßig täglich 50 bis 60 Forellen, bis zu 2 kg schwer, um die Mitglieder seines Camps mit Nahrung zu versorgen. Noch in den 1970ern gab es in diesem Fluss ausreichend Forellen, berichtet NEHRING. Die Überweidung in der Lār-Region, seit 1976 zum Nationalpark erhoben, verringerte das Aufkommen von Insekten, der Nahrungsgrundlage der Forellen. Eine ungewöhnlich lange Trockenperiode im Jahre 2000 reduzierte dann drastisch die bereits beeinträchtigten Bestände. Auch in den anderen Flüssen des Elburs-Gebirges gingen die Forellenvorkommen gegen Ende des letzten Jahrhunderts infolge von Wasserverschmutzung durch Abwässer aus Haushalten, Industrie und Landwirtschaft sowie durch Überfischung dramatisch zurück. Einst bedeckten dichte Feuchtwälder die gesamte kaspische Küstenregion des Iran. Sie beherbergten etliche Wildarten, wie den Kaspischen Tiger. Heute sind nur noch 7 bis 8% des Waldes vorhanden, der noch zu Beginn des letzten Jahrhunderts stand.

Größtenteils ist dieser Wald bereits degradiert. Die durch die Entwaldung der Berghänge hervorgerufene Erosion der Böden führte zu vermehrten Flutkatastrophen und zur Versandung und Verschlammung der Gewässer. Zahlreiche Flüsse entwässern die niederschlagsreiche Nordseite des bis zu 5670 m hohen Elbrus in das Kaspische Meer. In den kaspischen Zubringern des Iran findet man sowohl anadrome als auch stationäre Forellenformen, vom Kargān-Fluss (auch Gorgān Rūd) bei Haštpar im Westen bis zum Tajan (Teğan)-Fluss (auch Šīrīn Rūd genannt) im Osten. Zu den größeren dazwischen liegenden Forellenflüssen gehören Sefīd Rūd, Pol Rūd, Tonekābon (Seh Hazār), Sardāb, Čalūs, Harāz, Bābol und Talar. Früher zogen anadrome Forellen auch noch in die Zuflüsse der Lagune von Anzalī Mordāb nahe der Stadt Rašt. Keine Forellenvorkommen befinden sich in den Zuflüssen Gorgān und Atrek an der Südostküste des Kaspischen Meeres. Das in älterer Literatur (BERG, 1948) erwähnte Vorkommen im Oberlauf des Gorgān bezieht sich daher wohl auf den Gorgān- oder Kargān-Fluss bei Haštpar an der Südwestküste. Während die stationären Forellen im zweiten und im dritten Jahr geschlechtsreif werden, verbringen die anadromen Forellen zwei bis drei Jahre im Fluss und meist zwei Jahre im Kaspisee, bevor sie mit einer Länge von 60 bis 70 cm zum Laichen aufsteigen. Die Laichzüge finden von September bis Dezember (Herbstlaicher) und von März bis Mai (Frühjahrslaicher) statt. Die Zerstörung der Laichgründe durch den Sandabbau, die Errichtung von Dämmen, die Wasserentnahme für die Bewässerung der Felder und die bereits erwähnten Ursachen der Umweltverschlechterung ebenso wie die illegale Fischerei mit Fallen und Netzen in den Laichflüssen führten zu einem Rückgang der kommerziellen Fänge. Wurden 1995 noch 13 t Kaspischer „Lachs" gelandet, so fingen die Berufsfischer 2005 weniger als 3 t. Einen weiteren bedeutenden Faktor stellt der Rückgang der Bestände der Kilka (*Clupeonella ssp.*) dar. Diese Heringsfische machen den Hauptanteil der Nahrung der Kaspischen Forelle aus und wurden durch Überfischung sowie die Einschleppung der invasiven Rippenqualle, *Mnemiopsis leidyi,* während der letzten zwei Jahrzehnte dramatisch dezimiert. Der Bestand der anadromen Forellen kann heute nur noch durch die künstliche Erbrütung in der Zuchtanstalt von Kelardašt am Sardāb-Fluss aufrecht erhalten werden. Die Muttertiere werden vor ihrem Laichaufstieg (Herbst und Frühjahr) an den Mündungen des Sardāb Rūd und drei weiterer Flüsse (Kargān Rūd, Nāv Rūd, Tonekābon) gefangen. Im Jahre 2007 gingen den staatlichen Fischereiorganen nicht mehr als 64 Laichtiere in die Fischwehre. In der Brutanstalt dauert es zwei Jahre, bis die Jungfische ein Gewicht von 15 bis 20 g und eine Länge von 10 bis 15 cm erreichen und in die Flüsse oder Flussmündungen entlassen werden können. Man schätzt, dass 0,5% der jährlich freigesetzten Jungtiere mit einem Alter von drei bis vier Jahren in die Flüsse zurückkehren. Erst in neuerer Zeit wurden molekularbiologische Untersuchungen an den noch vorhandenen anadromen Populationen des Iran durchgeführt, wobei mindestens fünf neue Haplotypen des Donaustammes identifiziert werden konnten. Untersuchungen an zwei Populationen aus dem Urmia-Becken (Līqvān und Mardaq Čāy) ergaben, dass diese vor 100.000 bis 300.000 Jahren von den Populationen des südlichen kaspischen Beckens isoliert wurden. Eine noch länger isolierte Entwicklung dürften die Forellen des Namak-Beckens durchlaufen haben, da sie einen von den übrigen iranischen Populationen stark abweichenden Genotyp aufweisen, welcher früher wahrscheinlich noch weiter verbreitet war. Eine deutlich höhere Anzahl an Kiemenreusendornen stellt ein weiteres diskriminierendes meristisches Merkmal dar und unterstreicht den Sonderstatus dieser Forellen. Die genetische Nähe zu den Tigris-Forellen der Türkei einerseits und den Populationen aus dem Amudarja-Becken in Afghanistan andererseits lässt darauf schließen, dass die südliche kaspische Region einst als Verbreitungszentrum fungierte.

Tajan (auch Šīrīn Rūd) – an der Nordseite des Elburz-Gebirges, Foto: Hossein Mostafavi

Kaspisches Meer – an der Südwestküste im Iran, Foto: Martin Hochleithner

Das Kaspische Meer, auch Kaspisee genannt, ist ein endorheisches Gewässer und mit einer gegenwärtigen Fläche von annähernd 371.000 km² (1860 waren es noch 460.000 km²) der größte See der Erde. Das Kaspische Meer entstand ebenso wie das Schwarze Meer und der Aralsee als ein Relikt der Paratethys. Infolge der Plattentektonik wurde es vor ungefähr 5,5 Mio. Jahren zum Binnengewässer. Während warmer und niederschlagsarmer Perioden trockneten der mittlere und nördliche Teil des Kaspisees mehrmals komplett aus. Zum Ende der Eiszeiten hingegen, als durch das Abschmelzen der Gletscher die Wasserzufuhr enorm anstieg, waren das Kaspische Meer, das Schwarze Meer und der Aralsee miteinander verbunden. Im Laufe der letzten 100.000 Jahre schwankte der Wasserstand zwischen 50 m über dem heutigen und 80 m unter dem jetzigen Niveau. Auch in den letzten Jahrzehnten wechselte der Pegel des Kaspischen Meeres kurzfristig, bedingt durch die schwankende Wassermenge der Zuflüsse, vor allem aber durch die variierenden Niederschlagsmengen im riesigen Einzugsgebiet der Wolga, dem wichtigsten und größten Zubringer. Im Jahre 2004 lag die Oberfläche 28 m unter dem Meeresspiegel, seither steigt der Wasserspiegel wieder stetig an. Der Salzgehalt liegt im Schnitt zwischen 1,1 und 1,3%, im Norden - in der Nähe der großen Flussmündungen - bei 0,5%. In der Kara-Bogaz-Bucht erreicht die Salinität sogar bis zu 30%. Der große Nordteil weist eine durchschnittliche Tiefe von nur 6 m auf und ist im Winter mit einer bis zu 70 cm dicken Eisschicht bedeckt. Die tiefste Stelle im Süden mit 995 m befindet sich 1023 m unter dem Niveau der Ozeane. Das Ökosystem des Kaspischen Meeres ist heute durch die chemische Verunreinigung der Zuflüsse, insbesondere der Wolga, und durch die zunehmende Erdöl- und Erdgasindustrie massiv gefährdet. Die Kaspische Forelle, die verschiedenen Störarten und die Kaspische Robbe gehören - als Folge dieser Entwicklung - zu den am meisten vom Aussterben bedrohten Arten. Hinzu kommen noch unkontrollierter Fischfang und Wilderei.

Literatur: Derzhavin, 1934; Berg, 1948; Behnke, 1986; Coad, 1995; Jalali & Amiri, 2009; Niksirat & Abdoli, 2009; Kheyrandish et al., 2010, Jamshidi & Kalbassi, 2011; Vera et al., 2011; Hashemzadeh Segherloo et al., 2012.

5.19. Zentralasien

Die östlichste Verbreitungsgrenze der Europäischen Forelle befindet sich in den Quellflüssen des Amudarja[1] im Pamir-Gebirge von Kirgisistan[2] und Tadschikistan und im Hindukusch in Afghanistan. Der Amudarja ist der südliche Zubringer des Aralsees. In seinem nördlichen Zufluss, dem Syrdarja, gibt es kein natürliches Forellenvorkommen.

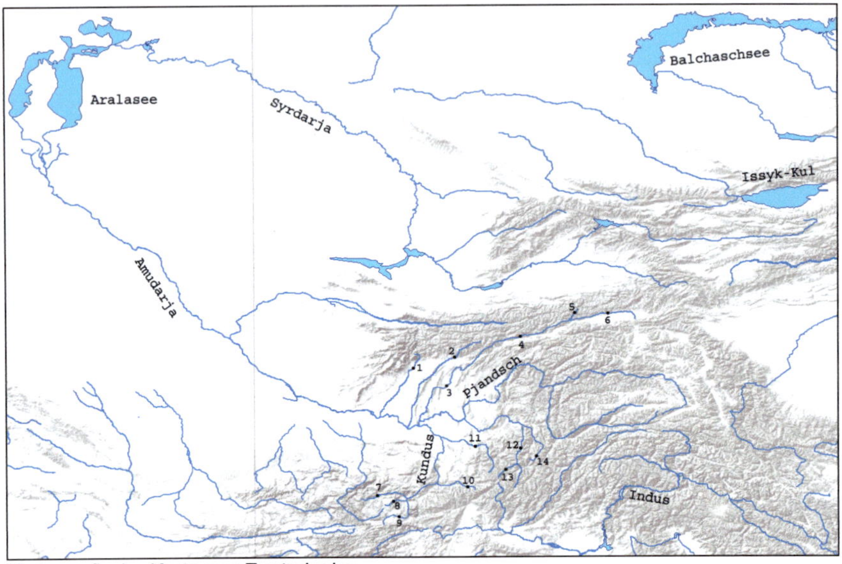

Hydrografische Karte von Zentralasien

1 Surchan, 2 Kafirnigan, 3 Wachsch, 4 Surchob, 5 Daraut-Bach, 6 Kyzylsu (Alai-Tal), 7 Adschar, 8 Saighan, 9 Bamijan, 10 Andarab, 11 Farchar, 12 Andschoman-See, 13 Koktscha, 14 Zebak;

[1] Bei den tadschikischen und afghanischen Flussnamen kommt hier die deutsche Transkription zur Anwendung.

[2] Die offizielle deutsche Landesbezeichnung lautet Kirgisistan. Ebenfalls verbreitet sind der Name Kirgistan sowie die in Sowjetzeiten gängige Bezeichnung Kirgisien. Obwohl orthografisch falsch, kommt Kirgistan der Aussprache des Landesnamens in kirgisischer Sprache am nächsten, da man ihn in der neuen kirgisischen Lateinschrift „Kırgızstan" schreibt.

Der britische Arzt mit geologischen und biologischen Interessen, John McCLELLAND, beschreibt im Jahre 1842 die Forellen des Bamijan-Flusses aus dem Amudarja-Becken in Afghanistan als eigene Art, *Salmo orientalis.* Dieser Name ist ungültig, da er als jüngeres Homonym eines zuvor beschriebenen *S. orientalis* gilt, eines Pazifischen Lachses (*Oncorhynchus tschawytscha*), der von PALLAS 1811 so benannt wurde. Der in Deutschland geborene britische Ichthyologe Albert C. L. G. GÜNTHER verzichtet in seinem „Catalogue of Fishes" des Britischen Museums (1866) darauf, diese Art wissenschaftlich zu benennen, und bezeichnet die Amudarja-Forelle nur als eine „Forelle aus den Flüssen des Hindukusch". KESSLER folgt in seinem ersten Werk über die Ichthyofauna von Turkestan (1872) McCLELLAND und nennt sie *S. orientalis,* ohne ein Exemplar näher zu beschreiben. Doch schon in seiner nächsten Arbeit (1874), in der er die Fische Zentralasiens behandelt, gibt KESSLER eine genauere Beschreibung dieser Form und ändert den Namen in *Salmo oxianus.* Der Amudarja hieß im Altertum Oxus. Die Exemplare für die Originalbeschreibung stammen aus dem Alai-Tal in Kirgisien, genauer gesagt aus dem Daraut-Bach, einem rechtsseitigen Zubringer des Kyzylsu. Im Jahre 1905 revidiert L. S. BERG anhand von neuem Material die Systematik dieser Spezies und kommt zu dem Schluss, dass die Forelle aus Turkestan eine Unterart der „gewöhnlichen Forelle" darstellt und folglich *Salmo trutta oxianus* heißen muss. In derselben Arbeit erwähnt BERG das Vorkommen einer „Art von Lachs" im Aralsee, kann aber die Artzugehörigkeit nicht bestimmen, da er keine Exemplare zur Verfügung hat. Später erhält BERG eine Forelle aus dem Delta des Amudarja und klassifiziert sie 1908 als eigene Unterart, *Salmo trutta aralensis.* Der bekannte indische Ichthyologe Sunder Lal HORA veröffentlicht 1933 (1935) die Ergebnisse seiner Untersuchungen von Forellen aus dem Hindukusch, die er als eine Variation der Aralseeforelle betrachtet und *Salmo trutta aralensis oxianus* nennt. Der angesehene russische Ichthyologe und Leiter der ichthyologischen Abteilung des Zoologischen Museums der Universität Moskau, George NIKOLSKY, veröffentlicht 1937 die Ergebnisse seiner morphologischen Untersuchungen an 18 Museumsexemplaren (*Salmo trutta oxianus*) aus dem Pamir und 5 Exemplaren (*Salmo trutta aralensis*) aus dem Aralsee. Die ungewöhnlich niedrige Anzahl der Wirbel (53-57) veranlasst ihn und später (1948) auch L. S. BERG, eine verwandtschaftliche Beziehung zwischen den Forellen aus dem Amudarja-Becken und den mediterranen Forellen (*Salmo trutta macrostigma*) in Erwägung zu ziehen. Genetische Analysen widerlegen jedoch diese Hypothese. Die Amudarja-Forellen bilden innerhalb des Donaustammes einen eigenen Zweig. Im Verlauf der quartären Kalt- und Warmzeiten wurde die

Verbindung zwischen dem Kaspischen Meer und dem Aralsee oder direkt mit dem Amudarja mehrmals unterbrochen und wieder hergestellt. Die letzte Verbindung des Amudarja mit dem Kaspischen Meer verschwand sogar erst im ersten Jahrtausend vor unserer Zeitrechnung. Theoretisch war daher eine Zuwanderung von pontokaspischen Forellen in das Aralseebecken bis zum Postglazial möglich.
Die heutige Verbreitung der Amudarja-Forellen beschränkt sich auf die Oberläufe der Nebenflüsse des Amudarja. Die rechtsseitigen Zuflüsse kommen aus dem Hissar-Gebirge in Tadschikistan und aus dem Pamir-Alai in Kirgisistan. Forellen findet man in den Einzugsgebieten der Flüsse Surchan, Kafirnigan und Wachsch. Im Hindukusch Afghanistans entspringen die linksseitigen Zuflüsse. Forellenvorkommen kennt man aus den Quellflüssen des Kundus, wie Adschar, Saighan, Bamijan und Andarab, sowie aus dem Oberlauf des Farchar-Flusses und aus dem Koktscha-Fluss und seinem Nebenfluss, dem Zebak, von den Quellregionen bis zur Mündung in den Amudarja. Außerdem findet man noch ein paar Seepopulationen, wie im Andschoman-See in der Quellregion des Kokschta. Das östlichste Vorkommen der Oxus-Forelle und somit der Europäischen Forelle überhaupt befindet sich im kirgisischen Alai-Tal mit dem Kyzylsu (Kızılsu) und seinen Nebenflüssen. Von seinem Ursprung im äußersten Süden Kirgisistans, im Grenzgebiet zu China, fließt der Kyzylsu durch das breite, baumlose Alai-Tal gegen Westen. In Tadschikistan fließt er zunächst als Surchob und weiter westlich als Wachsch in Richtung Südwesten, um sich an der Grenze zu Afghanistan mit dem Pjandsch zum Amudarja zu vereinen. Der Name Kyzylsu bedeutet „rotes Wasser" und rührt von der rotbraunen Trübung dieses Fließgewässers her. Forellenvorkommen findet man nur in den meist klaren Zuflüssen, die in den Kalkgebieten nördlich des Alai-Tales entspringen. Südlich des Alai-Tales erheben sich die mächtigen Gebirgsketten des Pamir mit den zwei höchsten Spitzen Zentralasiens, dem Pik Kommunisma mit 7495 m und dem Pik Lenina mit 7134 m. Die Forellen des Alai-Tales leben in einer Seehöhe zwischen 2800 und 3400 m. Die rauen klimatischen Bedingungen in diesen hohen Lagen sowie die Beschaffenheit der Flüsse – hohe Strömungsgeschwindigkeit mit kaum strömungsarmen Bereichen – beeinträchtigen das Wachstum der Fische. Sie erreichen selten mehr als eine Länge von 20 bis 25 cm und werden erst im dritten oder vierten Jahr geschlechtsreif, Männchen mit einer Länge von 12 bis 16 cm und gewöhnlich ein Jahr früher als die Weibchen, die die Geschlechtsreife mit 15 bis 20 cm erlangen. Die Laichablage findet von September bis Ende Oktober in den Oberläufen statt, meist hinter großen Steinen, wo die Strömung abgelenkt wird. Die höchstgelegenen natürlichen Vorkommen der Europäischen Forelle befinden sich im Hindukusch

Afghanistans auf um die 4000 m Seehöhe, in den Quellregionen des Koktscha. Trotz geringer Wachstumsraten – etwa 25 cm im fünften und 30 cm im siebenten Lebensjahr – können einzelne Exemplare, vor allem im Andschoman-See, bis zu 10 kg schwer werden. In den Flussabschnitten tieferer Lagen werden ohnehin immer wieder sehr große Forellen gefangen. In einigen Fällen nahm der Mensch Einfluss auf das Wachstum der Forellen des Amudarja. Nach der Fertigstellung des Wasserkraftwerkes von Nurek in Tadschikistan im Jahre 1973 etablierte sich im aufgestauten Wachsch eine Population, die sich hauptsächlich von Fisch (Marinkas und Schmerlen) ernährt und deren Wachstum deutlich über dem der Flusspopulation liegt. Seit 1953 versuchte man, die Amudarja-Forelle in verschiedenen Flussläufen des Syrdarja-Beckens einzubürgern. Im Jahre 1965 besetzte man den Issyk-Ata-Fluss mit Forellen aus dem Alai-Tal. Der Issyk-Ata entspringt im Tienschan-Gebirge, unweit der kirgisischen Hauptstadt Bischkek (ehemals Frunse) und fließt zum Tschu, welcher während wasserreicherer Epochen noch in den Syrdarja mündete. Dank geringer Seehöhe und warmer Quellen wachsen die Forellen im Issyk-Ata besser als im Alai-Tal. Die Forellenvorkommen in Zentralasien sind beinahe überall durch Überfischung stark bedroht. Daher findet man heute gute Bestände nur noch in abgelegenen Gebieten, weit entfernt von den Siedlungen.

Kennzeichnend für die Amudarja-Forelle sind eine relativ lange, niedrige Fettflosse sowie eine hohe Körperform. Das Kopfprofil ist über dem Auge stark gerundet. Der vergleichsweise hohe Schwanzstiel unterscheidet die Oxus-Forellen von den pontokaspischen Formen. Ein ähnlich hoher Schwanzstiel ist jedoch auch bei den mediterranen Formen vorherrschend. Aufgrund der geringen Wirbelzahl und offensichtlich auch wegen der gedrungenen Körperform wurde, wie bereits erwähnt, die Oxus-Forelle in älterer Literatur fälschlicherweise in die Nähe der mediterranen Forelle (*S. t. macrostigma*) gestellt. Die Anzahl der Kiemenreusendornen liegt normalerweise zwischen 16 und 22. Bei einem Exemplar, das um 1960 im Bamijan-Fluss gefangen wurde, zählte Robert J. BEHNKE die ungewöhnlich hohe Anzahl von 24 Kiemenreusendornen.

Forelle *(S. oxianus)*, ~170 mm, Daraut-Bach (Kyzylsu-Becken, Kirgisistan) – Typusfundort

Forelle *(S. oxianus)*, Zufluss (Amudarja-Becken, Afghanistan), Foto: Donald le Heron

Forelle *(S. oxianus)*, Zufluss (Amudarja-Becken, Afghanistan), Foto: Donald le Heron

Forelle *(S. oxianus)*, Andschoman-See (Afghanistan), Foto: Donald le Heron

Kaškasu – rechter Zufluss im oberen Alai-Tal (östlicher Verbreitungsrand der *Salmo* spp.)

Fluss im Amudarja-Becken von Afghanistan, Foto: Donald le Heron

Die anadrome Forellenform des Aralsees, meist mit *Salmo trutta aralensis* klassifiziert, bewohnte einst den Aralsee und wanderte zum Laichen bis zu 300 km den Amudarja aufwärts. Sie konnte eine Länge von einem Meter und ein Gewicht von mehr als 13 kg erreichen. Seit den 70er Jahren des 20. Jahrhunderts ist sie verschwunden. Die Aralseeforelle war schon vor ihrem Aussterben sehr rar – nicht nur während der letzten 100 Jahre, sondern, wie man anhand von Ausgrabungsfunden feststellte, zumindest seit 6.000 Jahren. Ebenso ist bekannt, dass seit der letzten Eiszeit der Aralsee drastischen Wasserstandsschwankungen, möglicherweise sogar bis zur völligen Austrocknung, unterworfen war. Neben dem Mangel an geeigneten Laichplätzen im Unterlauf des Amudarja könnten auch diese klimatischen Fluktuationen eine Erklärung für die geringe Populationsgröße sein. Der Grund für die endgültige Vernichtung der Aralseeforelle war – neben der Wasserverschmutzung durch Pestizide – der enorme Wasserverbrauch zur Bewässerung der Baumwollfelder in Usbekistan und Turkmenistan. In den 1980er Jahren war die jährliche Wasserzufuhr zum Aralsee bereits auf weniger als ein Zehntel der Menge der 1950er Jahre reduziert. Zwischen 1966 und 1993 fiel dadurch der Wasserstand des Aralsees um 16 m, sein Volumen verringerte sich um 75% und die Fläche um mehr als die Hälfte. Gleichzeitig stieg der Salzgehalt um ein Vielfaches. Der Untergang der Aralseeforelle wurde somit besiegelt. Und noch immer werden den beiden Zuflüssen Amudarja und Syrdarja 80 bzw. 90% ihres Wassers für die Landwirtschaft entzogen. Der Aralsee büßte so 90% seiner Wassermenge ein und zerfiel in mehrere Teile. Selbst wenn sich der nördliche Aralsee durch den mit finanzieller Hilfe der Weltbank erbauten Kokaral-Damm bis 2025 wieder auf eine Fläche von 3500 km² erstrecken sollte, ist der See als Ganzes verloren.

Literatur: McClelland, 1842; Kessler, 1874, 1879; Nikolsky, 1937; Berg, 1948; Lushin, 1963; Tsepkin, 1987; Osinov, 1990; Salmanov & Dorofeyeva, 1990; Schöffmann, 2001.

6. Genetische Vielfalt und Besatzmaßnahmen

Die außergewöhnliche genetische Variabilität sowohl innerhalb der ursprünglichen Forellenpopulationen als auch zwischen den verschiedenen Populationen spiegelt sich im äußeren Erscheinungsbild, im Verhalten, in der Lebensweise, in der Ökologie und in anderen biologischen Aspekten wider. Die natürliche Selektion führte zur Anpassung an die spezifischen lokalen Umweltbedingungen. Die Gendrift verursachte zufällige genetische Veränderungen, besonders innerhalb kleiner isolierter Populationen. Der Phänotyp oder das Erscheinungsbild eines Tieres ergibt sich aus dem Genotyp und den jeweiligen Umwelteinflüssen. Die Forellen weisen eine hohe phänotypische Plastizität auf. Aus einem Genotyp können daher, bedingt durch verschiedene Umweltkonditionen, mannigfaltige Phänotypen entstehen, obgleich das Ausmaß der Plastizität auch genetisch verankert ist. Viele der populationsspezifischen phänotypischen Charakterzüge sind so genannte quantitative Merkmale, die zur Fitness der einzelnen Populationen unter den besonderen Umweltbedingungen beitragen. Zu den quantitativen Merkmalen zählen: Überlebensrate in den verschiedenen Lebensstadien, Lebensspanne (maximales Alter), Wachstumsrate in den verschiedenen Lebensstadien, Maximalgröße, Ernährungsgewohnheiten, Ernährungseffizienz, Körperform, Form und Größe der Flossen, Anzahl und Form der Kiemenreusendornen, Färbung und Zeichnungsmuster, Anzahl und Form der Jugendflecken, Fettgehalt des Körpers, Schwimmgeschwindigkeit und Ausdauer, Wanderverhalten (zeitliche und örtliche Eigenschaften), physiologische Anpassungsfähigkeit an das Leben im Salzwasser, Ausdehnung und Muster der Wanderungen im Meer, Alter bei der Geschlechtsreife, Entwicklung sekundärer Geschlechtsmerkmale, Laichverhalten (Zeit und Ort), Fruchtbarkeit, Größe der Eier, Überleben nach dem Laichen und wiederholtes Ablaichen in folgenden Jahren, Entwicklungszeit der Embryos und der Jungfische, Toleranzgrenzen (Temperatur, pH-Wert, Sauerstoffgehalt, Stress), Resistenz gegen Krankheiten und Parasiten, agonistisches Verhalten (Territorialverhalten, Verhalten in Gegenwart von Fressfeinden).

Die Forellenvorkommen vieler Gewässer wurden infolge anthropogener Einflüsse wie Wasserverschmutzung, Zerstörung des Lebensraumes, Einschleppung von Krankheiten und Parasiten sowie Überfischung stark dezimiert, manchmal sogar ausgelöscht. Die vorherrschende Methode, diesem Problem zu begegnen, ist der Besatz mit Forellen aus

Zuchtanstalten. Der Erfolg dieser Maßnahmen stellt sich im Allgemeinen als bescheiden heraus. So gingen trotz, oder vielleicht gerade wegen der weit verbreiteten Besatzaktivitäten viele Bestände kontinuierlich zurück. Das Ausmaß des genetischen Einflusses (Introgression) auf die natürlichen Populationen durch den Besatz mit Forellen aus Zuchtanstalten ist in den meisten Fällen bei weitem geringer als angenommen. In einigen Situationen ist eine Introgression von domestizierten Forellen trotz jahrzehntelanger Besatzmaßnahmen kaum nachweisbar oder nur sehr geringfügig (<5%). Die Mehrheit der Populationen aus dem Atlantikbecken, von Skandinavien bis Portugal, besitzt noch mindestens 75% ihres ursprünglichen Genmaterials und nur wenige Populationen bestehen zu 100% aus Besatzmaterial. Im letzteren Falle bleibt es oft unklar, ob die ursprüngliche Population von den Besatzfischen verdrängt wurde oder bereits vor dem Besatz verschwunden war. Einen größeren Einfluss durch Gene aus Besatzmaterial scheint es in den mediterranen Einzugsgebieten von Spanien, Frankreich und Italien zu geben. Für dieses Phänomen bieten sich mehrere Erklärungen an. Es ist möglich, dass die mediterranen Populationen bereits vor dem Besatz reduzierte Populationsgrößen aufwiesen und so die Anzahl der eingesetzten Fische höher lag. Die atlantikstämmigen Besatzfische könnten auch im Konkurrenzkampf überlegen sein und die mittelmeerstämmigen Forellen vom Laichgeschehen weitgehend ausschließen. In dieser Hinsicht gleicht der Besatz mit Atlantikforellen eher dem Einbringen einer fremden Art als der genetischen Veränderung durch Hybridisierung, wie es im Atlantikbecken anscheinend der Fall ist. Ein ähnlich hoher genetischer Einfluss durch domestizierte Atlantikforellen besteht auch bei den donaustämmigen Populationen im oberen Donaubecken.

Die Gründe, warum trotz umfangreicher Besatztätigkeit der genetische Einfluss von domestizierten Forellen in vielen Populationen unerheblich bleibt, sind mannigfaltig. Die Bedingungen, unter welchen Forellen in Zuchtanstalten aufwachsen, sind grundsätzlich verschieden von den natürlichen Umweltbedingungen in den freien Gewässern. Domestizierte Forellen unterscheiden sich daher phänotypisch von ihren wilden Artgenossen in ihrem Verhalten, ihrer Physiologie und ihrer Morphologie. Genetisch unterscheiden sie sich bedingt durch Gründereffekte (founder effects). Da die meisten Zuchtstämme von einer geringen Anzahl an Individuen aus einer Wildpopulation oder mehreren solchen abstammen, wird der Genpool der Ausgangspopulation(en) nur unzureichend repräsentiert, wodurch ein Großteil der geno- und phänotypischen Variabilität verloren geht. Hinzu kommt noch die künstliche Selektion, die in erster Linie auf die für die Domestikation vorteilhaften Charaktereigenschaften ausgerichtet ist, wie z. B. schnelles Wachstum oder frühe und synchrone Laichreife. Die domestizierten Genotypen sind bedeutend besser an das Leben in Zuchtanstalten angepasst als an ein Überleben in der freien Natur. Wie viele Studien zeigen, überlebt und reproduziert sich meist nur ein relativ geringer Anteil der Besatzfische. Ein weiterer Faktor, der zu unmittelbaren Ausfällen führen kann, ist die Besatztechnik. Der Stress, verursacht durch Verladung und Transport, verringert die Fähigkeit zur raschen Akklimatisation an veränderte physische und chemische Faktoren. Der Besatzerfolg hängt unter anderem auch im wesentlichen davon ab, welcher Zuchtstamm benutzt wird, welches Alter und welche Größe die Besatzfische haben, in welcher Jahreszeit und an welchen Plätzen der Besatz stattfindet und welche Verteilungsmethode angewendet wird. Einigen Untersuchungen zufolge liegt das kritische Temperaturmaximum bei Wildpopulationen bedeutend höher als bei domestizierten Populationen. Ebenso ist die Anpassungsfähigkeit an das Leben im Meer bei den eingesetzten Forellen aus Zuchtanstalten geringer als bei den Wildfischen. Weitere Nachteile, die Zuchtforellen gegenüber den Wildforellen aufweisen können, sind morphologische Unterschiede, wie die Körperform und die Form und die Größe der Flossen, oder Unterschiede im Verhalten, wie die verringerte Fähigkeit des Auffindens von Nahrung, ein verändertes Fluchtverhalten, ein reduziertes Territorialverhalten und ein anderes Paarungsverhalten. Diese Unterschiede können durch genetische oder umweltbedingte Ursachen hervorgerufen werden. Das Verhalten der Fische gehört zu den ersten Veränderungen, die bei der Domestizierung entstehen. So sind Besatzfische leichter zu beangeln als Wildfische.

Obwohl, wie schon angeführt, Besatzmaßnahmen oft nur geringe genetische Veränderungen verursachen, können sie der Fitness einer Population schaden, als Folge der verminderten Fitness der Hybriden zwischen Zuchtforellen und wilden Forellen. Je mehr und je öfter Besatz durchgeführt wird, desto größer ist die Wahrscheinlichkeit einer schädlichen genetischen Beeinflussung. Einer der Hauptgründe für den Besatz mit Forellen aus Zuchtanlagen ist die zu geringe Eigenproduktion eines Gewässers. Die Ursache dafür liegt meist in anthropogenen Einwirkungen, wie der Zerstörung des Lebensraumes durch Verbauungen und Wasserverschmutzung. Es wäre daher angebracht, erst die Möglichkeiten einer Biotopverbesserung in Erwägung zu ziehen und, falls erforderlich, ergänzend dazu Besatz mit autochthonem Material vorzunehmen. Die Elterntiere sollten aus demselben Gewässer stammen und nur für die Zucht abgefischt werden.

Wie bereits in der Einleitung erwähnt, wurden Forellen aus Europa – fast ausschließlich atlantikstämmige – weltweit in geeignete Gewässer, sowohl der gemäßigten Breiten als auch einiger höher gelegener Gebiete der Tropen und Subtropen, eingesetzt, wo sie sich durchwegs gut etablieren konnten. So wurde die Europäische Forelle nach der ubiquitären Regenbogenforelle zu einem der bedeutendsten aquatischen Bioinvasoren und leider vielerorts auch zur ernsthaften Bedrohung für die bodenständige Süßwasserfischfauna. Besonders betroffen und gefährdet durch die künstliche Verbreitung der Europäischen Forelle und anderer Lachsfische sind die Galaxiiden der südlichen Hemisphäre, die entfernte Verwandte der Salmoniden darstellen und ähnliche Habitate wie diese bevorzugen. Die gewöhnlich kleinwüchsigen Galaxiiden werden von den aggressiveren Forellen verdrängt oder gefressen. Zum Schutz der globalen Biodiversität sollten Besatzmaßnahmen mit exotischen Arten überall vermieden und dort, wo es noch möglich ist, rückgängig gemacht werden. Bedauerlicherweise entspricht diese Vorstellung nur in den wenigsten Fällen dem Interesse der Fischereibewirtschaftung.

Literatur: Møller Hansen et al., 1993; Altukhov et al., 2000; Ferguson, 2006b; Santos et al., 2010; Vincenzi et al., 2010; Schöffmann, 2011b, 2012b.

7. Epilog

Die Begeisterung für Fische und die nassen Biotope begleitet mich seit frühester Kindheit. Schon in jungen Jahren faszinierte mich die zu jener Zeit noch recht üppige ichthyologische Artenvielfalt der Fließgewässer und Seen in der Umgebung meines Heimatortes im Süden Österreichs. Viele Fischarten, die damals noch häufig vorkamen, sind heute rar geworden oder aus unseren Gewässern ganz verschwunden, wie z. B. die Elritze, die Koppe, der Steinbeißer oder der Semling, auch Hundsbarbe genannt. Mein besonderes Interesse galt seit jeher den in dieser Region weit verbreiteten Bachforellen und ihren unterschiedlichen Farbvarianten. Wie seinerzeit bei Kindern und Jugendlichen durchaus üblich, fing ich die Forellen zumeist mit den bloßen Händen. In späteren Jahren, vor allem während meiner beruflich bedingten mehrjährigen Aufenthalte in Südafrika und Kolumbien, nahm mich dann der große Artenreichtum anderer Regionen dieser Erde gefangen. Nachdem ich mich in den 1970ern wieder in meiner Heimat niedergelassen hatte, entdeckte ich erneut meine Leidenschaft für die Forellen und die Salmoniden insgesamt. Die ersten Reisen, um Forellenformen andernorts kennen zu lernen, erstreckten sich über den Balkan Ex-Jugoslawiens, wo man noch heute eine außerordentliche Formenvielfalt antrifft. Bald schon folgten Expeditionen in andere Regionen des Mittelmeerraumes, nämlich nach Marokko und Algerien sowie in die Türkei. Im Laufe der Jahre eignete ich mir über einschlägige wissenschaftliche Literatur ein umfangreiches Fachwissen an. Zusätzliche Kenntnisse erlangte ich durch schriftliche Kontakte mit professionellen Ichthyologen aus aller Welt, allem voran dem bekannten Salmonidenforscher Prof. Dr. Robert B. BEHNKE von der Colorado State University (USA). Im Jahre 1968 beschrieb BEHNKE anhand dreier konservierter Exemplare eine neue Spezies, *Salmo (Platysalmo) platycephalus*, aus Zentralanatolien. Danach wurde nichts mehr über diese Forelle bekannt und sie fand trotz ihrer ungewöhnlichen morphologischen Merkmale und ungeklärter taxonomischer Fragen kaum wissenschaftliche Beachtung. Aufgrund der literarischen Hinweise unternahm ich 1990 eine Expedition in diese Region und es gelang mir, Restbestände dieser eigentümlichen Forellenform nicht nur am Typus-Fundort, sondern auch in einem anderen Fluss nachzuweisen. Ein Exemplar erhielt BEHNKE zur Begutachtung und Bestätigung der Authentizität, ein weiteres ließ ich dem Naturhistorischen Museum in Wien zukommen. Die Ergebnisse der ersten Feldbeobachtungen wurden 1992 in „Österreichs Fischerei“ veröffentlicht. Inspiriert von BEHNKES Informationen und Vorschlägen bereiste ich später andere entlegene Gebiete auf der Suche nach „verschollenen“ Salmoniden, wie der „Äsche mit den großen Zähnen“ vom Südhang des Altai-Gebirges in der Mongolei. Es existiert davon nur ein einziges Exemplar aus dem Jahre 1897 im Britischen Museum, welches der Ichthyologe George BOULENGER als neue Gattung und Art, *Phylogephyra altaica*, beschrieb. Die Nachforschungen blieben erfolglos, da BEHNKE irrtümlich die falsche Region vorgab. In seiner Kolumne „About Trout“ im Journal „Trout“ (Sommer 2005) bedauerte er schließlich meine vergeblichen Bemühungen infolge seiner inkorrekten Auslegung. Ein ebenso ergebnisloses Unternehmen war die Erkundung nach dem Verbleib des Jangtse-Huchens in China. Hier war allerdings die durch den Bevölkerungsdruck verursachte Umweltverschlechterung für die weitgehende Ausrottung dieser Art verantwortlich. Ein weiteres nicht von Erfolg gekröntes Unternehmen war die Suche nach der Orontes-Forelle im Libanon im Jahre 1999. Während der vorangegangenen Jahre des Bürgerkrieges war im Quellgebiet des Orontes, in der nördlichen Bekaa-Ebene, intensiv mit Sprengstoff gefischt worden. Trotz ausgiebiger tagelanger Nachforschung konnte ich nur eingesetzte Regenbogenforellen ausfindig machen. Wie mir von Einheimischen mitgeteilt wurde, gab es in diesem Fluss zuvor sehr wohl „Forellen mit roten Punkten“, also Bachforellen, die hier nach der nahe gelegenen Stadt Hermel „hermelani“ genannt wurden. Es bleibt jedoch unklar, ob es sich dabei wirklich um einen autochthonen Bestand handelte oder ob diese Forellen von Besatzmaßnahmen während des französischen Mandats im Libanon stammten.

Der Empfehlung BEHNKES Folge leistend nahm der frankokanadische Molekularbiologe Louis BERNATCHEZ Anfang 1991 Kontakt zu mir auf. Er weilte zu jener Zeit als Post-Doktorand an der Universität von Montpellier (Frankreich), wo er im Laboratorium von Dr. F. BONHOMME DNS-Sequenz-Unterschiede zwischen verschiedenen Populationen der Europäischen Forelle untersuchte. Seiner Bitte um Mithilfe bei der Beschaffung von Proben – vor allem aus den südlichen und östlichen Einzugsgebieten des Verbreitungsraumes – kam ich gerne nach. In den folgenden Jahren sammelte ich Gewebeproben (Leber) für die DNS-Analyse in den abgelegensten Gebieten oder auch in damaligen Kriegs- und Krisenregionen, wie auf dem Balkan oder im Südosten Anatoliens. Aber auch in südeuropäischen und nordafrikanischen Ländern, aus denen BERNATCHEZ aufgrund des Territorialverhaltens der dort heimischen Wissenschaftler keine Proben erhielt, kam ich zum Einsatz. BERNATCHEZ erkannte als Erster die fünf phylogenetischen Linien oder Stämme der Europäischen Forelle und benannte sie meist nach den Einzugsgebieten, aus welchen die ersten Proben stammten.

Ebenfalls durch die Vermittlung von BEHNKE lernte ich 1996 den Yale-Absolventen, Künstler, Schriftsteller und Fliegenfischer James PROSEK kennen. Unsere gemeinsame Passion für Forellen ließ uns während der folgenden acht Jahre viele Reisen zu entlegenen und wenig bekannten Forellengewässern in Südeuropa, in der Türkei, in Armenien und in Kirgisistan unternehmen. James verfasste darüber zahlreiche Artikel in Zeitschriften und Journalen und publizierte letztendlich zwei Bücher: „Fly-Fishing the 41st“ und „Trout of the World“. Als Mitbegründer des „Yale Anglers' Journal“, das 1996 erstmals erschien, überredete er mich dazu, anlässlich des jährlichen Fundraising Dinners im April 2007 in der Memorial Hall der Yale Universität in New Haven (Connecticut) einen Vortrag über meine Forellen-Expeditionen zu halten.

Führten mich meine Reisen auch in viele der schönsten und naturbelassensten Landstriche dieser Erde, so wurde ich dabei doch oft mit größeren oder kleineren Problemen konfrontiert. Um mit dem Auto zu den Quellen des Munzur, eines Zubringers des Euphrat in Ostanatolien, zu gelangen, waren wir gezwungen, immer wieder umständliche Militärkontrollen zu passieren. Die Region gilt schon seit langem als eines der Hauptrückzugsgebiete der kurdischen Freiheitskämpfer. Das obere Munzurtal ist ein Nationalpark, auf Türkisch „Milli park“. Mein Freund James glaubte wohl nicht ganz zu unrecht, dass damit „Militär-Park“ gemeint war. Der Murat ist der größte Zufluss des Euphrat. In seinem Quellgebiet kam es immer wieder zu bewaffneten Auseinandersetzungen zwischen der türkischen Armee und kurdischen Aufständischen. Mein erster Versuch im Jahre 1997, die Forellenregion des Murat zu erreichen, scheiterte, da die Armee das Tal hermetisch abgeriegelt hatte. Erst 2002, als sich die Lage einigermaßen beruhigt hatte, gelang es mir, gemeinsam mit meiner Frau bis in die schwer zugängliche Quellregion vorzudringen. Straßen gab es hier so gut wie keine. Die wenigen Einheimischen, denen wir begegneten, waren zu Pferd unterwegs und sehr oft bewaffnet. Unglücklicherweise blieben wir mit dem Geländewagen im Morast stecken und konnten das Fahrzeug nicht mehr mit eigener Kraft flott machen. Da es schon am späten Nachmittag war, kamen auch keine Reiter mehr des Weges, von denen wir uns Hilfe erwarten konnten. Da wir davon ausgegangen waren, bis zum Abend wieder in die Zivilisation zurückkehren zu können, hatten wir weder Proviant noch Schlafsäcke dabei. So blieb uns nichts anderes übrig, als eine kalte Nacht im Auto verbringen. Am frühen Morgen tauchten endlich zwei Hirten auf, die uns mit Brot, Butter und Tee versorgten. Ein paar Stunden später kamen sie mit einer Schaufel wieder und befreiten unseren Wagen aus dem Schlamm. Jeglichen Versuch, mich für die Hilfsdienste erkenntlich zu zeigen, wiesen sie kategorisch zurück. Südlich des Van-Sees, im Quellgebiet des Tigris-Zuflusses Çatak, herrschte eine ähnliche militärpolitische Situation. Für einen Tagesausflug zum Çatak brachen James und ich frühmorgens in Van auf. Der Militärposten unterwegs ließ uns passieren, aber nur unter der Bedingung, dass wir bis 16 Uhr wieder zurück sein mussten. All unsere Anstrengungen, eine Forelle zu erwischen, blieben ohne Erfolg und so übersahen wir die Zeit. Den Ernst der Lage erkannten wir erst, als eine Kolonne von mehr als hundert schwer bewaffneten Militärfahrzeugen und Panzern durch das Tal rollte. Da die Straße sehr eng war, sahen wir uns genötigt, sie erst vorbeifahren zu lassen, bevor wir in die entgegengesetzte Richtung – ohne positives Ergebnis – unseren Heimweg antreten konnten. Ich ließ mich jedoch von diesem Missgeschick nicht entmutigen und kehrte ein paar Jahre später mit meiner Frau wieder an diesen Ort zurück, um die Suche nach der Tigris-Forelle fortzusetzen. Diesmal fuhren wir in ein anderes, noch entlegeneres Seitental. Am ersten Checkpoint stieg ein Soldat in unser Auto ein, um uns zum Hauptquartier der Armee zu geleiten. Eingepfercht zwischen Gepäckstücken im Laderaum meines kleinen, geliehenen Geländewagens konnte er sich kaum bewegen und hatte große Probleme beim Aussteigen. Um sich dabei leichter zu tun, überreichte er mir kurzerhand seine Kalaschnikow. Ich war nicht gerade davon angetan, als Fremder mit einer Waffe in der Hand inmitten von Armeeangehörigen zu stehen, und streckte sie deshalb weit von mir weg, in der Absicht, meine Harmlosigkeit zu demonstrieren. Nach stundenlangen Befragungen und Belehrungen durch den Kommandanten ließ er mich schließlich zu einer sicheren Stelle am Fluss führen, wo ich mit Taucherbrille und Netz fischen konnte und auch endlich Erfolg hatte. Ein Artikel über diese abenteuerlichen Exkursionen zur Auffindung der Tigris-Forelle, verfasst von James PROSEK, erschien im März 2003 in einer Sonntagsausgabe der New York Times.

Im Herbst 1990, kurz vor dem Zerfall Jugoslawiens, besuchte ich die abgelegene Quellregion der Neretva in Bosnien. Die allgemeine politische Situation war bereits merkbar angespannt. Starke Regenfälle verwandelten die unbefestigte Straße nahe des Ursprungs der Neretva in eine Schlammpiste, sodass ein Weiterkommen mit meinem VW-Bus nicht mehr möglich war. Erst nach Stunden bangen Wartens tauchte ein Geländefahrzeug der Jugoslawischen Volksarmee auf. Die freundlichen Offiziere überlegten nicht lange und schleppten mein Fahrzeug einige Kilometer weit, bis der Untergrund wieder fester wurde. Tags darauf hatte ich im selben Gebiet ein weniger erfreuliches Erlebnis. Ich wurde als vermeintlicher Spion festgenommen und erst nach langem Verhör durch Geheimdienstleute konnte ich meine Reise fortsetzen.

Die Taucherausrüstung, bestehend aus Taucherbrille, Schnorchel, Nassanzug, Bleigürtel und Flossen, habe ich bei meinen Expeditionen immer dabei, um einen schnellen und sicheren Fang zu gewährleisten oder um die Stellen zu prüfen, die für einen Fang in Frage kommen. Für den Fang verwende ich gewöhnlich einen speziell konzipierten Kescher aus Fliegengitter. In Kirgisistan verbrachten wir mangels Alternativen ein paar Nächte in einem Basislager für Bergsteiger in etwa 4000 m Seehöhe. Man stellte uns Zelte mit Schlafsäcken zur Verfügung. Dennoch froren wir erbärmlich, weil es im August gerade schneite. Dass wir hier fehl am Platze waren, sah jeder auf den ersten Blick, da an unseren Rucksäcken die Taucherflossen befestigt waren und wir anstatt eines Seiles den Bleigürtel mit uns herumschleppten. Zudem reiste ich mit einem Koffer an, in dem sich ein Aquarium zum Fotografieren lebender Fische befand, ein für Alpinisten eher unübliches Accessoire.

Die für Mitteleuropäer ungewohnte Gastfreundschaft, die mir in vielen Ländern zuteil wurde, entschädigte mich oft für die gelegentlich auftretenden Schwierigkeiten. Außerordentlich gastfreundlich begegnen einem die Menschen in Anatolien, egal ob Kurden oder Türken. Besonders in den ländlichen Gebieten im Osten kann man den Einladungen in die Häuser, bei den Halbnomaden auch in die Zelte, kaum entgehen. Zuerst reicht man den obligaten Tee, in weiterer Folge werden dann noch Speisen angeboten. Da ich immer etwas unter Zeitdruck stand – ich fasste ja stets schon den nächsten Fluss ins Auge – erfand ich alle möglichen Ausreden, damit mir eine zeitraubende Unterbrechung erspart blieb. Zum Glück gelang mir die Absage nicht jedes Mal und so lernte ich doch einiges mehr über die Bewohner dieser Region und ihre Bräuche.

Im Sommer 2002 bereisten James und ich die westliche Balkanhalbinsel. In Montenegro trafen wir uns zum ersten Mal mit Aleš SNOJ und Simona SUŠNIK, Molekularbiologen an der Universität Ljubljana. Wir besuchten und befischten gemeinsam einige Flüsse des Landes. Sie erklärten mir, dass sie an Proben von *Salmo platycephalus* interessiert wären, mit dem Ziel, genetische Untersuchungen durchzuführen und die noch fragliche phylogenetische Stellung dieser Forellenform zu klären. Daraufhin entschloss ich mich, noch im selben Herbst abermals nach Zentralanatolien zu fahren, in der Hoffnung, ein paar Exemplare zu finden. Bei dieser Exkursion und bei zwei weiteren Reisen in den darauf folgenden Jahren gelang es mir, nicht nur genügend Proben von *S. platycephalus* zu sammeln, sondern auch von Forellenpopulationen aus dem Einzugsbereich von Euphrat und Tigris. Ein anderes Projekt, das mir schon seit Längerem am Herzen lag, konnte mit der fachlichen Hilfe meiner slowenischen Freunde ebenso erfolgreich zu Ende gebracht werden: Aufgrund der äußeren phänotypischen Merkmale, die ich bei den autochthonen Forellen Siziliens feststellte, vermutete ich einen atlantikstämmigen Ursprung. Mit Hilfe der DNS-Analyse konnten wir letztendlich den Beweis dafür erbringen und in einem internationalen Journal veröffentlichen.

Hinsichtlich der Phylogeografie der Europäischen Forelle gab es auf der Landkarte kaum mehr einen „weißen Fleck“. Die noch am wenigsten erforschten Gebiete lagen in Nordafrika, im Rif-Gebirge und im Hohen Atlas Marokkos und, sollte eine Restpopulation noch existieren, in Algerien, wo sich der Typus-Fundort von *Salmo macrostigma* befindet. Um auch die letzten Geheimnisse im südwestlichsten Teil des Verbreitungsgebietes der Europäischen Forelle zu lüften, begab ich mich gemeinsam mit meinen Freunden Aleš SNOJ (Universität Ljubljana, Slowenien) und Saša MARIĆ (Universität Belgrad, Serbien) auf mehrere Expeditionen (2006, 2008, 2009, 2010) in verschiedene abgelegene Gebirgsregionen Marokkos. Eine Reise nach Algerien war wenig erfolgversprechend – bei einer Exkursion im Jahre 1987 hatte ich keine Forellen gefunden – und wegen der instabilen politischen Lage seit Beginn des Bürgerkrieges nur schwer durchführbar. Nach jahrelangen Recherchen gelang es uns dann, eine umfassende Arbeit über die letzten autochthonen Forellen im Nordwesten Afrikas zu publizieren.

Einer meiner jüngsten Reisebegleiter ist der gebürtige Texaner John ZABLOCKI. Ich lernte John, der mehrere Sprachen beherrscht, während seines Studienaufenthaltes in Slowenien kennen. Er begleitete mich 2009 auf eine Expedition nach Serbien und in den Kosovo und im Jahre 2011 in die Türkei. Als begnadeter Fliegenangler, der nur in den aussichtslosesten Situationen aufgibt, trug John essenziell dazu bei, dass wir an allen vorgegebenen Beprobungsstellen erfolgreich waren. Im Herbst 2011 bekam er dann endlich seine zweite Staatsbürgerschaft und den heiß ersehnten polnischen Pass, womit er nun ohne weitere bürokratische Hürden sein Masterstudium für „Biodiversity, Conservation and Management“ in Oxford antreten konnte. Trotz anfänglicher Bedenken lebte er sich an der englischen Eliteuniversität gut ein, obgleich, wie er vermerkt, es ihm anfangs ungewohnt erschien, sich zu manchen Anlässen wie Harry Potter zu verkleiden. Im Sommer 2012 kehrte er schließlich in die USA zurück, wo er bei „Trout Unlimited“ eine Stelle als Naturschutzbiologe annahm, um ein Projekt zur Erhaltung der vom Aussterben bedrohten Lahontan Cutthroat-Forelle zu betreuen. Gleichzeitig schloss er sein Studium in Oxford ab, wobei er eine Auszeichnung für die beste Dissertation seiner Klasse erhielt.

8. Das Wort „Forelle“ in verschiedenen Sprachen*

Albanisch: troftë
Arabisch: samak al-salmūn al-muraqqaṭ
Armenisch: charmrachait, ischchan, bachtak
Arpitanisch (Frankoprovenzialisch): truèta
Aserbaidschanisch: qızılxallı, alabalık (stationär), qızılbalık (anadrom)
Altenglisch: sceota
Baskisch: amuarrain, arrankari, izun, arrain
Belarussisch: stronha
Berberisch: huta berd (Tamazight), ablagh (Taschelhit)
Bretonisch: dluzh, dluzhenn, dluzhed
Bulgarisch: păstărva
Dänisch: ørret
Englisch: trout
Esperanto: truto
Estnisch: eherus, forell
Färöisch: eyriði
Finnisch: taimen, mullonen, forelli
Französisch: truite
Furlanisch: trote
Galizisch: troita
Gallo: trutt
Georgisch: kalmakhi, oraguli
Griechisch: péstropha
Isländisch: urriði, silungur
Iranisch (Persisch): qezel ālā (stationär), māhī āzād (anadrom)
Irisch: breac
Italienisch: trota
Kasachisch: baqtaq
Katalanisch: truita
Korsisch: truita
Kroatisch: pastrva
Kurdisch: masī ālā, deqsor, trītmasī
Ladinisch: forela, trota
Lettisch: forele, taimins
Litauisch: upėtakis
Lombardisch: trüta
Luxemburgisch: frell
Mazedonisch: pastrva
Niederländisch: forel
Norwegisch: ørret, aure

Okzitanisch: truita, trocha, troita, trueita, troucia, troucho
Piemontesisch: truta
Polnisch: pstrąg, troć
Portugiesisch: truta
Rätoromanisch (Bündnerromanisch): litgíva, maroch, purchna, forella
Rumänisch: păstrăv
Russisch: forelj, kumscha, pestruschka, kroschitsa, torpa
Schottisch-Gälisch: breac
Schwedisch: öring
Serbisch: pastrmka
Slowakisch: pstruh
Slowenisch: postrv, posterblja (Unterkrainerisch)
Spanisch: trucha
Tadschikisch: gul-mai
Tschechisch: pstruh
Tschuwaschisch: ărkaj
Türkisch: alabalık
Turkmenisch: azatmahysy, kumja
Ukrainisch: pstrug, forelj
Ungarisch: pisztráng
Venetisch: truta
Walisisch: brithyll
Wallonisch: trûte, treûte

* (inkl. Regionalsprachen) aus dem Verbreitungsraum der Europäischen Forelle

9. Taxonregister

10. Literatur

Alessio, G., S. Melotto & E. Oppi, 1990. Indagini fondamentali sulla biologia del Carpione, *Salmo carpio* L., del Lago di Garda. Rivista di Idrobiologia, 29(1): 51-68.

Allendorf, F., N. Ryman, A. Stennek & G. Ståhl, 1976. Genetic variation in Scandinavian brown trout (*Salmo trutta* L.): evidence of distinct sympatric populations. Heredity, 83: 73-82.

Altukhov, Y. P., E. A. Salmenkova & V. T. Omelchenko, 2000. Salmonid fishes: population biology, genetics and management. Fish and Aquatic Resources Series, vol. 2, Blackwell Science, Oxford, 354 pp.

Aparicio, E., E. García-Berthou, R. M. Araguas, P. Martinez & J. L. García-Marín, 2005. Body pigmentation pattern to assess introgression by hatchery stocks in native *Salmo trutta* from Mediterranean streams. Journal of Fish Biology, 67: 931-949.

Apostolidis, A. P., Y. Karakousis & C. Triantaphylidis, 1996. Genetic divergence and phylogenetic relationships among *Salmo trutta* L. (brown trout) populations from Greek and other European countries. Heredity, 76: 551-560.

Apostolidis, A. P., C. Triantaphylidis, A. Kouvatsi & P. S. Economidis, 1997. Mitochondrial DNA sequence variation and phylogeography among *Salmo trutta* L. (Greek brown trout) populations. Molecular Ecology, 6: 531-542.

Apostolidis, A. P., MJ. Madeira, M. M. Hansen & A. Machordom, 2008. Genetic structure and demographic history of brown trout (*Salmo trutta*) populations from the southern Balkans. Freshwater Biology, 53: 1555-1566.

Apostolidis, A. P., M. Th. Stoumboudi, E. Kalogianni, G. Cote & L. Bernatchez, 2011. Genetic divergence among native trout *Salmo trutta* populations from southern Balkans based on mitochondrial DNA and microsatellite variation. Journal of Fish Biology, 79: 1950-1960.

Argenton, F., L. Bargelloni, T. Patarnello, L. Colombo & M. Bortolussi, 1992. Rischio di ibridazione introgressiva tra le forme *fario* e *marmoratus* di *Salmo trutta* nell'Italia nord-orientale evidenziata dall'analisi del DNA mitochondriale. – Risk of introgressive hybridization between *fario* and *marmoratus* morphis of *Salmo trutta* in Italy, as evidenced by mitochondrial DNA analysis. Rivista Italiana Acquacoltura, 27: 119-126.

Arslan, S. & F. Bardakci, 2010. Genetic structure of brown trout (*Salmo trutta*) populations from Turkey based on microsatellite data. Biochemical Genetics, 48: 995-1014.

Atunes, A., P. Alexandrino & N. Ferrand, 1999. Genetic characterization of Portuguese brown trout (*Salmo trutta* L.) and comparison with other European populations. Ecology of Freshwater Fish, 8: 194-200.

Atunes, A., R. Faria, S. Weiss, P. Alexandrino, 2001. Complex evolutionary history in the brown trout: Insights on the recognition of conservation units. Conservation Genetics, 2: 237-247.

Atunes, A., R. Faria, W. E. Johnson, R. Guyomard & P. Alexandrino, 2006. Life on the edge: the long-term persistence and contrasting spatial genetic structure of distinct brown trout life histories at their ecological limits. Journal of Heredity, 97 (3): 193-205.

Aurelle, D. & P. Berrebi, 2001. Genetic structure of brown trout (*Salmo trutta,* L.) populations from south-western France: data from mitochondrial control region variability. Molecular Ecology, 10: 1551-1561.

Aurelle, D., G. Cattaneo-Berrebi & P. Berrebi, 2002. Natural and artificial secondary contact in brown trout (*Salmo trutta,* L.) in the French western Pyrenees assessed by allozymes and microsatellites. Heredity, 89: 171-183.

Balon, E. K., 1968. Notes to the origin and evolution of trouts and salmons with special reference to the Danubian trouts. Acta Societatis Zoologicae Bohemoslovacae, 32: 1-21.

Bănărescu, P. M., 1989. Vicariant patterns and dispersal in European freshwater fishes. Spixiana, 12: 91-103.

Bardakci, F., N. Degerli, O. Ozdemir & H. H. Basibuyuk, 2006. Phylogeography of the Turkish brown trout *Salmo trutta* L.: mitochondrial DNA PCR-RFLP variation. Journal of Fish Biology, 68: 36-55.

Bartel, R., 1988. Trouts in Poland. Polskie Archiwum Hydrobiologii, 35: 321-339.

Behnke, R. J., 1968. Süßwasserfische der Türkei. 6. Teil: A new subgenus and species of trout, *Salmo (Platysalmo) platycephalus*, from south-central Turkey, with comments on the classification of the sub-family Salmoninae. Mitteilungen aus dem hamburgischen Zoologischen Museum und Institut, 66: 1-15.

Behnke, R. J., 1972. The salmonid fishes of recently glaciated lakes. Journal of the Fisheries Research Board of Canada, 29: 639-671.

Behnke, R. J., 1986. About trout, brown trout. Trout Magazine, winter 1986, 42-47.

Behnke, R. J., 2002. Trout and Salmon of North America. The Free Press, New York, 359 pp.

Berg, L. S., 1912. Über die Zusammensetzung und Herkunft der Fischfauna des Amur-Flusses mit Bezug auf die Frage von den zoogeographischen Regionen für die Süßwasserfische. Zoologische Jahrbücher, Jena, 32 (6): 475-520.

Berg, L. S., 1932. Übersicht der Verbreitung der Süßwasserfische Europas. Zoogeographica, 1: 107-208.

Berg, L. S., 1948. Freshwater fishes of the U.S.S.R. and adjacent countries. Vol. I, 4th Ed., 504 pp. (Published for the National Science Foundation, Washington D.C., by the Israel Program for Scientific Translation, Jerusalem 1962).

Bernatchez, L., R. Guyomard, F. Bonhomme, 1992. DNA sequence variation of the mitochondrial control region among geographically and morphologically remote European brown trout *Salmo trutta* populations. Molecular Ecology, 1: 161-173.

Bernatchez, L. & A. Osinov, 1995. Genetic diversity of trout (genus *Salmo*) from its most eastern native range based on mtDNA and nuclear gene variation. Molecular Ecology, 4: 285-297.

Bernatchez, L., 2001. The evolutionary history of brown trout (*Salmo trutta* L.) inferred from phylogeographic, nested clade, and mismatch analyses of mitochondrial DNA variation. Evolution, 55: 351-379.

Berrebi, P., M. Povž, D. Jesenšek, G. Cattaneo-Berrebi & A. J. Crivelli, 2000. The genetic diversity of native, stocked and hybrid populations of marble trout in the Soca river, Slovenia. Heredity, 85: 227-287.

Boulenger, G. A., 1901. On the occurrence of *Salmo macrostigma* Dum. In Sardinia. Annals and Magazine of Natural History, 8: 14.

Bouza, C., J. Castro, L. Sánchez & P. Martínez, 2001. Allozyme evidence of parapatric differenciation of brown trout (*Salmo trutta* L.) within an Atlantic river basin of the Iberian Peninsula. Molecular Ecology, 10: 1455-1469.

Bruno, S., 1987. Pesci d'Italia. Giunti Barbèra, Firenze, 286 pp.

Caballero, P., F. Cobo & M. A. González, 2006. Life history of a Sea Trout (*Salmo trutta* L.) population from the north-west Iberian peninsula (River Ulla, Galicia, Spain). In: Sea Trout, Biology, Conservation and Management (G. S. Harris & N. J. Milner, Eds.). Proceedings of the 1st International Sea Trout Symposium, July 2004, Cardiff, Wales, UK. Blackwell Publishing, Oxford, 234-247.

Caputo, V., M. Giovannotti, P. Nisi Cerioni, M. L. Caniglia & A. Splendiani, 2004. Genetic diversity of brown trout in central Italy. Journal of Fish Biology, 65: 403-418.

Chiereghin, S., 2001. Descrizione de' Pesci de' Crostacei e de' Testacei che abitano le Lagune ed il Golfo Veneto. A cura die Cinzio Gibin. Canova, Treviso. 2 vol., XLVIII + 982, 829 pp.

Coad, B. W., 1995. Freshwater Fishes of Iran. Acta Scientiarum Naturalum Bohemicae, Brno, 62 pp., 1 pl.

Confortini, I., 1995. L'ittiofauna del Lago di Garda. Provincia di Verona e Cooperativa tra pescatori Garda, 222 pp.

Cortey, M., C. Pla & J. L. García-Marín, 2004. Historical biogeography of Mediterranean trout. Molecular Phylogenetics and Evolution, 33: 831-844.

Cortey, M., V. Manuel, C. Pla & J. L. García-Marín, 2009. Northern and southern expansions of Atlantic brown trout (*Salmo trutta*) populations during the pleistocene. Biological Journal of the Linnaean Society, 97: 904-917.

Cottiglia, M., 1968. La distribuzione della ittiofauna dulciacquaticola in Sardegna. Rivista di Idrobiologia, Perugia, 7 (1/2): 63-116.

Crespi, B. J. & M. J. Fulton, 2004. Molecular systematics of Salmonidae: combined nuclear data yields a robust phylogeny. Molecular Phylogenetics and Evolution, 31: 658-679.

Crozier, W. W. & A. Ferguson, 1986. Electrophoretic examination of population structure of brown trout (*Salmo trutta* L.) from the catchment of Lough Neagh, Northern Ireland. Journal of Fish Biology, 28: 459-477.

Cuvier, G., 1829. Le règne animal distribué d'après son organisation. Pour server de base à l'histoire naturelle des animaux et d'introduction à l'anatomie compare. Déterville, Paris, 2: xv + 406 pp.

Dadikyan, M. G., 1986. Ryby Armenii. Izdatel'stvo Akademii Nauk Armyanskoi SSR, Yerevan, 246 pp., 2 pls.

D'Ancona, U. & S. Merlo, 1959. La speciazione nelle trote italiane ed in particolare in quelle del Lago di Garda. Atti dell'Istituto Veneto di Scienze, Lettere ed Arti, 117: 19-26.

Day, F., 1887. British and Irish Salmonidae. Williams and Norgate, London, Edinburgh, 298 pp., 12 pl.

Delling, B., 2003. Species diversity and phylogeny of *Salmo* with emphasis on southern trouts (Teleostei, Salmonidae). Stockholm University, Sweden.

Delling, B., 2010. Diversitiy of western and southern Balkan trouts, with the description of a new species from the Louros River, Greece (Teleostei: Salmonidae). Ichthyological Exploration of Freshwaters, 21 (4): 331-344.

Delling, B. & I. Doadrio, 2005. Systematics of the trout endemic to Moroccan lakes, with description of a new species (Teleostei: Salmonidae). Ichthyological Exploration of Freshwaters, 16: 49-64.

Delpino, I., 1935. La diffusione e la distribuzione in Italia della "*Trutta genivittata*" (Heckel-Kner, 1858). Bollettino di Pesca, Piscicoltura e Idrobiologia, 11: 196-210.

Derzhavin, A. N., 1934. Freshwater fishes of the southern shore of the Caspian Sea. Introduction. Trudy Azerbaidzhanskogo Otdeleniya Zakavkazskogo Filiala Akademii Nauk SSR, Sektor Zoologii, Baku, 7: 91-126 (in Russisch).

Dirksmeyer, J., E. I. Meyer & E. Brunotte, 2011. Haben Lachse und Meerforellen in Deutschland wieder eine Chance? Bewertung der Sedimentzusammensetzung und Sauerstoffversorgung im Bereich ihrer Laichplätze. Zeitschrift für Geomorhpologie, Supplementary Issues, 55: 77-86.

Doadrio, I., 1994. Freshwater fish fauna of North Africa and its biogeography. Annales du Musée royale d'Afrique Central, Zoologie, 275: 21-34.

Dorofeyeva, Ye. A., 1967. Comparative morphological principles of the systematics of the east European salmon. Voprosy ikhiologii, 7: 3-17 (in Russisch).

Dorofeyeva, Ye. A., T. Vuković & D. Seralić, 1987. Osteological features of the endemic Balkan marbled trout, *Salmo marmoratus* Cuv. (Salmonidae). Trudy Zoologicheskogo Instituta AN SSSR, 162: 13-21 (1992 Scripta Technica, Inc., 113-121).

Dorofeyeva, Ye. A., 1998. Systematics and distribution history of European Salmonid fishes of the genus *Salmo*. Journal of Ichthyology, 38: 419-429.

Duchi, A., 1988. Dati preliminati sulle trote del Torrente Tellesimo (Ragusa, Sicilia) (Pisces, Salmonidae). Atti della Società Italiana di Scienze Naturali e del Museo Civico di Storia Naturale in Milano, 129: 167-172.

Duchi, A., 1991. Prime indagini per la conservazione della trota macrostigma, *Salmo (trutta) macrostigma* Dum., in provincia di Ragusa. – First studies on conservation of macrostigma trout, *Salmo (trutta) macrostigma* Dum., in Ragusa province, Sicily. Atti Congresuali del 4° Convegno Nazionale A. I. I. A. D., Distribuzione della fauna ittica italiana, 423-432.

Duftner, N., S. Weiss, N. Medgyesy & C. Sturmbauer, 2003. Enhanced phylogeographic information about Austrian brown trout populations derived from complete mitochondrial control region sequences. Journal of Fish Biology, 62: 427-435.

Duguid, R. A., A. Ferguson & P. Prodöhl, 2006. Reproductive isolation and genetic differentiation of ferox trout from sympatric brown trout in Loch Awe and Loch Laggan, Scotland. Journal of Fish Biology, 69: 89-114.

Duméril, A., 1858. Note sur une Truite d'Algerie (*Salar macrostigma*). Revue et Magazine de Zoologie Pure et Appliquée, 2: 396-399, pl. 10.

Dunner, S., L. Royo & J. Cañon, 2000. Genetic structure in Atlantic brown trout (*Salmo trutta* L.) populations in the Iberian peninsula: evidence from mitochondrial and nuclear DNA analysis. Journal of Animal Breeding and Genetics, 117: 105-120.

Durante, S., 1978. Note on *Salmo trutta* L. in the Pleistocene of Praia a Mare, (Southern Italy). Quaternaria, 20: 117-121.

Ferguson, A., 1986. Lough Melvin – a unique fish community. Royal Dublin Society, Occasional papers in Irish Science and Technology, 1: 1-17.

Ferguson, A., 2006a. Genetics of Sea Trout, with particular reference to Britain and Ireland. In: Sea Trout, Biology, Conservation and Management (G. S. Harris & N. J. Milner, Eds.). Proceedings of the 1st International Sea Trout Symposium, July 2004, Cardiff, Wales, UK. Blackwell Publishing, Oxford, 157-182.

Ferguson, A., 2006b. Genetic impacts of stocking on indigenous brown trout populations. Science Report: SC040071/SR, Environment Agency, Almondsbury, Bristol, UK, 96 pp.

Ferguson, A. & J. B. Taggart, 1991. Genetic differentiation among the sympatric brown trout (*Salmo trutta*) populations of Lough Melvin, Ireland. Biological Journal of the Linnean Society, 42: 221-237.

Findenegg, I., 1936. Der Weissensee in Kärnten – eine seenkundliche Darstellung. IV. Sonderheft der „Carinthia II“ (Mitteilungen des Vereines „Naturkundliches Landesmuseum für Kärnten), pp. 46.

Forneris, G., B. Delmastro & S. Bellardi, 1990. Attuale distribuzione di *Salmo marmoratus* Cuvier, 1817 in provincia di Torino. Rivista di Idrobiologia, 29: 213-221.

Fumagalli, L., A. Snoj, D. Jesenšek, F. Balloux, T. Jug, O. Duron, F. Brossier, A. J. Crivelli & P. Berrebi, 2002. Extreme genetic differentiation among the remnant populations of marble trout (*Salmo marmoratus*) in Slovenia. Molecular Ecology, 11: 2711-2716.

Gandolfi, A., S. Fantini, F. Ciutti & M. S. Grando, 2006. Il carpione del Garda (*Salmo carpio*): variabilità genetica e relazioni filogenetiche rispetto al complesso *Salmo trutta*. Biologia Ambientale, 20: 7-12.

Gandolfi, G., S. Zerunian, P. Torricelli & A. Marconato, 1991. I pesci delle acque interne italiane. Instituto Poligrafico e Zecca dello Stato, Roma, 616 pp.

García-Marín, J. L., P. E. Jorde, N. Ryman, F. Utter & C. Pla, 1991. Management implications of genetic differentiation beween native and hatchery populations of brown trout (*Salmo trutta*) in Spain. Aquaculture, 95: 235-249.

García-Marín, J. L. & C. Pla, 1996. Origins and relationships of native populations of *Salmo trutta* (brown trout) in Spain. Heredity, 77: 313-323.

García-Marín, J. L., FM. Utter & C. Pla, 1999. Postglacial colonization of brown trout in Europe based on distribution of allozyme variants. Heredity, 82: 46-56.

Gee, J. H. R. & C. A. Duigan, 1993. The limnology of Lac d'Ifni (High Atlas Mountains, Morocco), an unusually productive mountain lake. Freshwater Biology, 30: 447-462.

Geldiay, R. & P. Kähsbauer, 1967. Beitrag zur Kenntnis der Fischfauna der Türkei. Annalen des Naturhistorischen Museums in Wien, 70: 159-168.

Geldiay, R., 1972. Trout (*Salmo trutta* L.) populations inhabiting the streams of Kazdagi range. Verhandlungen des Internationalen Verein Limnologie, 18: 1212-1221.

Geldiay, R. & S. Balık, 2002. Türkiye Tatlısu Balıkları (IV. baskı). Ege Üniversitesi Su Ürünleri Fakültesi, Izmir, 532 pp.

Georgiev, S. B., 2003. On the origin of the Balkan Peninsula salmonids. Ribarstvo 61 (4): 147-174.

Gibertoni, P. P., S. Esposito, M. Penserini, A. Foglia Parrucin, C. Leonzio, M. Radi & G. Querci, 2010. Ipotesi di distribuzione originaria delle popolazioni di salmonidi native per le acque italiane. – Hypothesis of the original distribution of native salmonid stocks in the Italian waters. Fishery's Science Journal, I/0: 18-37.

Gíslason, G. M., S.Ó. Steingrímsson & G. Guldenbergsson, 2002. Stock size and movements of landlocked brown trout (*Salmo trutta* L.) in the subarctic River Laxá, north-east Iceland. Verhandlungen des Internationalen Verein Limnologie, 28: 1567-1571.

Giuffra, E., L. Bernachetz & R. Guyomard, 1994. Mitochondrial control region and protein coding genes sequence variation among phenotypic forms of brown trout *Salmo trutta* from northern Italy. Molecular Ecology, 3: 1161-1171.

Giuffra, E., R. Guyomard & G. Forneris, 1996. Phylogenetic relationships and introgession patterns beween incipient parapatric species of Italian brown trout (*Salmo trutta* L. complex). Molecular Ecology, 5: 207-220.

Greer, R., 1995. Ferox trout and Arctic charr. Swan Hill Press, Shrewsbury, England, 160 pp.

Gridelli, E., 1935. Le trote della Venezia Giulia. Note dell'Istituto Italo-Germanico di Biologia Marina di Rovigno d'Istria, 16: 1-10.

Gridelli, E., 1936. I pesci d'acqua dolce della Venezia Giulia. Del Bianco e Figlio, Udine, 143 pp. + 13 pl.

Guyomard, R., 1989. Diversité génétique de la truite commune. Bulletin Français de la Pêche et de la Pisciculture, 314: 118-135.

Hadžišče, S., 1960. Zur Kenntnis der Gattung *Salmothymus* Berg zugleich ein Beitrag zur Systematik der Familie der Salmoniden (Pisces). Izdanija Zavoda za Ribarstvo NRM (Skopje), 3 (2): 39-56.

Hadžišče, S., 1961. Zur Kenntnis des *Salmothymus ohridanus* (Steindachner) (Pisces, Salmonidae). Verhandlungen des Internationalen Vereins für Limnologie, 14: 785-791.

Hamilton, K. E., A. Ferguson, J. B. Taggart, T. Tomasson, A. Walker & E. Fahy, 1989. Post-glacial colonization of brown trout, *Salmo trutta* L.: Ldh-5 as a phylogeographic marker locus. Journal of Fish Biology, 35: 651-664.

Heckel, J. J.; 1852. Beiträge zu den Gattungen *Salmo, Fario, Salar, Coregonus, Chondrostoma* und *Telestes*. Sitzungsberichte der Mathematisch-Naturwissenschaftlichen Classe der Kaiserlichen Akademie der Wissenschaften Wien, 8: 347-391, pls. 7-14.

Heckel, J. J. & R. Kner, 1858. Die Süsswasserfische der Österreichischen Monarchie mit Rücksicht auf die angrenzenden Länder. Engelmann, Leipzig, 247-286.

Heinz, K., 1908. Die Salmoniden Bosniens und der Hercegovina. Beilage zur Deutschen Anglerzeitung, 1(IX): 9-11.

Hewitt, G. M., 2000. The genetic legacy of the Quaternary ice ages. Nature, 405: 907-913.

Hewitt, G. M., 2004. Genetic consequences of climatic oscillations in the Quaternary. Philosophical Transactions of the Royal Society of London, 359: 183-195.

Hindar, K., B. Jonsson, N. Ryman & G. Ståhl, 1991. Genetic relationship among landlocked, resident, and anadromous brown trout, *Salmo trutta* L. Heredity, 66: 83-91.

Hochleithner, M., 1989. Die Situation der Seeforelle (*Salmo trutta* f. *lacustris* L.) in österreichischen Seen. Österreichs Fischerei, 42: 15-21.

Holčík, J., 1969. A note on the occurrence and taxonomy of brown trout – *Salmo trutta* Linnaeus, 1758 in the Danube River. Acta Societatis Zoologicae Bohemoslovacae, 33: 223-228.

Hovhannissian, R. H., 1994. Lake Sevan, yesterday, today. Armenian National Academy of Sciences, Erevan, 478 pp. (in Russisch mit Zusammenfassungen in Englisch und Armenisch).

Huusko, A., O. Van Der Meer & M. L. Koljonen, 1990. Life history patterns and genetic differences in brown trout (*Salmo trutta* L.) in the Koutajoki river system. Polskie Archiwum Hydrobiologii, 37: 63-77.

Hynes, R. A., A. Ferguson & M. A. McCann, 1996. Variation in mtDNA and post-glacial colonization of northwestern Europe by brown trout. Journal of Fish Biology, 45: 54-67.

Ivanović, B. M., 1973. Ichthyofauna of Skadar Lake. Institution for Biological and Medical Research in Montenegro Biological Station, Titograd, 146 pp.

Jalali, M. A. & B. M. Amiri, 2009. Threatened fishes of the world: *Salmo trutta caspius* (Kessler, 1877) (Salmoniforms: Salmonidae). Environmental Biology of Fishes, 86: 375-376.

Jamshidi, S. & Kalbassi, M. R., 2011. Conspecific relation between two seasonal migratory forms of endangered Caspian trout, *Salmo trutta caspius* Kessler, 1877, revealed by RAPD markers. Iranian Journal of Fisheries Science, 10(3): 437-446.

Joleaud, L., 1938. Études de géographie zoologique sur la Berbérie: les truites. Hespéris, Archives Berbères et Bulletin del'institut des hautes-études marocaines, 25(2/3): 247-249.

Jonsson, B. & N. Jonsson, 2006. Life history of the anadromous trout *Salmo trutta*. In: Sea Trout, Biology, Conservation and Management (G. S. Harris & N. J. Milner, Eds.). Proceedings of the 1st International Sea Trout Symposium, July 2004, Cardiff, Wales, UK. Blackwell Publishing, Oxford, 196-223.

Kara, C., A. Alp & M. F. Can, 2011. Growth and reproductive properties of flathead trout (*Salmo platycephalus* Behnke, 1968) population from Zamantı Stream, Seyhan River, Turkey. Turkish Journal of Fisheries and Aquatic Sciences, 11: 367-375.

Kara, C., A. Alp & M. E. Gürlek, 2011. Morphological variations of the trouts (*Salmo trutta* and *Salmo platycephalus*) in the rivers of Ceyhan, Seyhan and Euphrates, Turkey. Turkish Journal of Fisheries and Aquatic Sciences, 11: 77-85.

Karakousis, Y., C. Triantaphyllidis & P. S. Economidis, 1991. Morphological variability among seven populations of brown trout, *Salmo trutta* L., in Greece. Journal of Fish Biology, 38: 807-817.

Karaman, M. S., 1966. Beitrag zur Kenntnis der Salmoniden Südeuropas. Hydrobiologia, 28: 1-41.

Karaman, S., 1924. Pisces macedoniae. Hrvatska Stamparija, Split, 90 pp.

Karaman, S., 1938. 11. Beitrag zur Kenntnis der Süsswasserfische Jugoslaviens. Glasnik Skopskog Naučnog Društva [Bulletin de la Société Scientifique de Skoplje], 18 (Odel. Prirod. Nauk [Sect. Sci. Nat.] 6) (1936 [1938]): 131-139.

Kawraisky, F. F., 1896/1897. Lososevyiya Kavkaza. Die Lachse des Kaukasus. Kavkazskii Muzei, Tiflis. 2 Teile: 91 pp. + 79 pp., 14 pls. (in Russisch und Deutsch)

Keith, P. & J. Allardi. 1996. Endangered freshwater fish: The situation in France. In: Conservation of Endangered Freshwater Fish in Europe (A. Kirchhofer & D. Hefti, Eds.). Birkhäuser Verlag, Basel, CH, 35-54.

Kerans, H. J., 1962. Fish acclimatization in Morocco. Salmon and Trout Magazine, 166: 193-197.

Kessler, K., 1874. A. P. Fedchenko's travel to Turkestan. Fishes. Izvestiya Obshchestva Lyubitelei Estestvoznaniya, Antropologii i Etnografii, Moskva, 11(3): 1-63, pls. I-VIII (in Russisch).

Kessler, K., 1877. Fishes of the Aralo-Caspian-Pontic ichthyological region. Trudy Aralo-Kaspijskoj Ekspeditsii, 4: 360 pp., pls. I-VIII (in Russisch).

Kessler, K., 1879. Beiträge zur Ichthyologie von Central-Asien. Bulletin de l'Académie impériale des sciences de St.-Pétersbourg, 25: 282-31.

Kheyrandish, A., A. Abdoli, H. Mostafavi, H. Niksirat, M. Naderi & S. Vatandoost. 2010. Age and growth of brown trout (*Salmo trutta*) in six rivers of the southern part of Caspian basin. American Journal of Animal and Veterinary Sciences, 5(1): 8-12.

King, T. L., E. Verspoor, A. P. Spidle, R. Gross, R. B. Phillips, M. L. Koljonen, J. A. Sanchez & C. L. Morrison, 2007. Biodiversity and Population Structure. In: The Atlantic Salmon – Genetics, Conservation and Management (E. Verspoor, L. Stradmeyer & J. L. Nielsen, Eds.). Blackwell Publishing Ltd., Oxford, UK, 117-166.

Knutsen, H., J. A. Knutsen & P. E. Jorde, 2001. Genetic evidence for mixed origin of recolonized sea trout populations. Heredity, 87: 207-214.

Kolombatović, J., 1890. Notizie ittiologiche. I. Seconda trota marina pescata nel mare di Vranjic *Trutta adriatica* n. sp. II. Cattura di *Lophotes cepedianus* (Giorna), nelle acque di Trappano (Dalmaziae). III. Sui *Mullus* dell'Adriatico. Glasnika Hrvatskoga Naravoslovnogna Družtva, 5: 165-174.

Kosorić, D. & Vuković, T., 1969. A research of possibilities of hybridization of salmonids species of the Neretva river confluence. Ichthyologia, 1: 57-67.

Kosswig, C., 1964. Bemerkungen zur Geschichte und zur Ökologie der Ichthyofauna Kleinasiens, besonders seines abflußlosen Zentralbeckens. Zoologischer Anzeiger, 172(1): 1-15.

Kottelat, M., 1997. European freshwater fishes. Biologia, 52(5): 1-271.

Kottelat, M. & J. Freyhof, 2007. Handbook of European freshwater fishes. Kottelat, Cornol, Switzerland and Freyhof, Berlin, Germany, 646 pp.

Krieg, F. & R. Guyomard, 1983. Mise en évidence électrophorétique d'une forte différenciation génétique entre populations de truite fario de Corse. Comptes Rendus de l'Academie des Sciences Paris, 296: 1089-1094.

Lahnsteiner, F. & A. Jagsch, 2003. Der Genotyp rezenter österreichischer *Salmo trutta*-Populationen im Vergleich zu Populationen des 19. Jahrhunderts, basierend auf RFLP von mtDNA. Österreichs Fischerei, 56: 268-274.

Lamb, H. F., C. A. Duigan, J. H. R. Gee, K. Kelts, G. Lister, R. W. Maxted, A. Merzouk, F. Niessen, M. Tahri, R. J. Whittington & E. Zeroual, 1994. Lacustrine sedimentation in a high-altitude, semi-arid environment: The Palaeo-limnological record of Lake Isli, High Atlas, Morocco. In: Environmental Change in Drylands: Biogeographical and Geomorphological Perspectives (A. C. Millington & K. Pye, Eds), 8: 148-161.

Largiadèr, C. R., & A. Scholl, 1996. Genetic introgression between native and introduced brown trout (*Salmo trutta* L.) populations in the Rhône River basin. Molecular Ecology, 5: 417-426.

Largiadèr, C. R., A. Scholl & R. Guyomard, 1996. The role of natural and artificial propagation on the genetic diversity of brown trout (*Salmo trutta* L.) of the upper Rhône drainage, 181-197. In: Conservation of Endangered Freshwater Fish in Europe (A. Kirchhofer & D. Hefti, Eds.). Birkhäuser Verlag, Basel, CH, 181-197.

Lelek, A., 1980. The occurrence, taxonomy and future of trouts in north-east Turkey. Council of Europe, Eur. Committee for the Conservation of Nature and Natural Resources. CDSN (81) 11, 110 pp.

Lo Brutto, S., N. Hristovski & M. Arculeo, 2010. Genetic diversity between morphological forms of brown trout *Salmo trutta* L. in the Balkan region of Macedonia. Journal of Fish Biology, 76: 1220-1227.

Lucentini, L., A. Palomba, L. Gigliarelli, H. Lancioni, P. Viali & F. Panara, 2006. Genetic characterization of a putative indigenous brown trout (*Salmo trutta fario*) population in a secondary stream of the Nera River Basin (Central Italy) assessed by means of three molecular markers. Italian Journal of Zoology, 73 (3): 263-273.

Lumme, J., T. Asplund, J. Kuusela, A. Veselov, I. Bakhmet, A. Potutkin & C. Primmer, 2005. Endemic Karelian strains of brown trout, *Salmo trutta* L.: a preliminary analysis by mitochondrial DNA. Salmonid fishes of Eastern Fennoskandinavia. Petrozavodsk: Institute of Biology, Karelian Research Centre of RAS, 71-80.

Lunkka, J. P., N. Putkinen & A. Miettinen, 2012. Shoreline displacement in the Belomorsk area, NW Russia during the Younger Dryas stadial. Quaternary Science Reviews, 37: 26-37.

Lushin, B. P., 1956. The Lake Issyk-Kul gegarkuni. Izvestiya Akademii Nauk Kirgizskoe SSR, Frunze (in Russisch).

Lushin, B. P., 1963. On adaption of Amu Darya trout to the Syr Darya basin. Izvestiya Akademii Nauk Kirgizskoe SSR Seriya Biologii Nauki, 5(2): 43-45 (in Russisch).

Machordom, A., J. Suárez, A. Almodóvar & J. M. Bautista, 2000. Mitochondrial haplotype variation and phylogeography of Iberian brown trout populations. Molecular Ecology, 9: 1325-1338.

Mangel, M. & V. Abrahams, 2001. Age and longevity in fish, with consideration of the ferox trout. Experimental Gerontology, 36: 765-790.

Marić, S., 2005. Dissertation thesis: Evolutionary history of brown trout (*Salmo trutta* L. 1758) complex on the territory of Serbia and its fishery importance, 141 pp.

Marić, S., S. Sušnik, P. Simonivić & A. Snoj, 2006. Phylogeographic study of brown trout from Serbia, based on mitochondrial DNA control region analysis. Genetics Selection Evolution, 38: 411-430.

Marzano, F. N., N. Corradi, R. Papa, J. Tagliavini & G. Gandolfi, 2003. Molecular evidence for introgression and loss of genetic variability in *Salmo (trutta) macrostigma* as a result of massive restocking of Apennine populations (northern and central Italy). Environment Biology of Fishes, 68: 349-356.

McClelland, J., 1842. On the freshwater fishes collected by William Griffith during his travels from 1835 to 1842. Calcutta Journal of Natural History and Miscellany of the Arts and Sciences in India, 2, 560-589.

McKeown, N. J., R. A. Hynes, R. A. Duguid, A. Ferguson & P. A. Prodöhl, 2010. Phylogeographic structure of brown trout *Salmo trutta* in Britain and Ireland: glacial refugia, postglacial colonization and origins of sympatric populations. Journal of Fish Biology, 76: 319-347.

Melotto, S., 1987. Stato attuale delle conoscenze sul Carpione, endemismo benacense. Atti del 2° Convegno Nazionale, A.I.I.A.D., Biologia e gestione dell'ittiofauna autoctona, Torino, 239-249.

Melotto, S., 1988. Biologia del Carpione, *Salmo carpio* L., nel Lago di Garda. Tesi di laurea in Scienze biologiche, Facoltà di Scienze matematiche, fisiche e naturali, Università di Parma, 103 pp.

Melotto, S. & G. Alessio, 1990. Biology of carpione, *Salmo carpio* L., an endemic species of Lake Garda (Italy). Journal of Fish Biology, 37: 687-698.

Mezzera, M., C. R. Largiadér & A. Scholl, 1997. Discrimination of native and introduced brown trout in the River Doubs (Rhône drainage) by number and shape of parr marks. Journal of Fish Biology, 50: 672-677.

Møller Hansen, M., V. Loeschcke, G. Rasmussen & V. Simonsen, 1993. Genetic differentiation among Danish brown trout (*Salmo trutta*) populations. Hereditas, 118: 177-185.

Morán, P., A. M. Pendás, E. García-Vázquez, J. I. Izquierdo & J. Lobón-Cervía, 1995. Estimates of gene flow among neighbouring populations of brown trout. Journal of Fish Biology, 46: 593-602.

Mouslih, M., 1987. Introductions de poissons et d'écrevisses au Maroc. Revue d'Hydrobiologie Tropicale, 20: 65-72.

Mrdak, D., V. Nikolić, A. Tošić & P. Simonović, 2012. Molecular and ecological features of the soft-muzzled trout *Salmo obtusirostris* (Heckel, 1852) in the Zeta River, Montenegro. Biologia, 67/1: 222-233.

Nikolsky, G., 1937. The trout of Middle Asia. Salmon and Trout Magazine, 86: 76-81.

Niksirat, H. & A. Abdoli, 2009. Caspian brown trout, *Salmo trutta caspius*, during recent decades in the southern Caspian Sea basin. Zoology of the Middle East, 46: 55-60.

Oakley, T. H. & R. B. Phillips, 1999. Phylogeny of Salmonine fishes based on growth hormone introns: Atlantic (*Salmo*) and Pacific (*Oncorhynchus*) salmon are not sister taxa. Molecular Phylogenetics and Evolution, 3: 381-393.

Okumuş, I., I. Z. Kurtoglu & Ş. Atasaral, 2006. General overview of Turkish Sea Trout (*Salmo trutta* L.) populations. In: Sea Trout, Biology, Conservation and Management (G. S. Harris & N. J. Milner, Eds.). Proceedings of the 1st International Sea Trout Symposium, July 2004, Cardiff, Wales, UK. Blackwell Publishing, Oxford, 115-127.

Olivari, G. & G. Brun, 1988. Le nombre de caeca pyloriques dans les populations naturelles de truites communes *Salmo trutta*, Linné en Corse. Bulletin de Ecologie, 19: 197-200.

Osinov, A. G., 1984. Zoogeographical origins of brown trout, *Salmo trutta* (Salmonidae): data from biochemical genetic markers. Journal of Ichthyology, 24: 10-23.

Osinov, A. G., 1989a. Brown trout (*Salmo trutta* L., Salmonidae) in basins of the Black and Caspian seas: a population genetic analysis. Genetica, 24: 2172-2187.

Osinov, A. G., 1989b. Low level of genetic variability and differentiation in ecological forms of Sevan trout, *Salmo ischchan* KESSLER. Genetica, 25: 1827-1835.

Osinov, A. G., 1990. The level of genetic variation and differentiation of brown trout (*Salmo trutta* L.) in Tadjikistan. Moscow University Biological Sciences Bulletin, 45: 37-41.

Osinov, A. G. & L. Bernatchez, 1996. "Atlantic" and "Danubian" phylogenetic groupings of brown trout *Salmo trutta* complex: genetic divergence, evolution, and conservation. Journal of Ichthyology, 36: 723-746.

Panouse, J. B., 1963. Le Lac d'Ifni (Haut Atlas marocain). Bulletin de la Société de Sciences Naturelles et Physiques du Maroc, 43: 7-24.

Pellegrin, J., 1924a. Les Salmonidés du Maroc. Comtes Rendus de l'Académie des Sciences, Paris, 178: 970-972.

Pellegrin, J., 1924b. Le *Salmo pallaryi* Pellegrin, poisson du Moyen Atlas marocain. Bulletin du Museum National d'Histoire Naturelle, 30 (2): 181-184.

Phillips, R. P., M. P. Matsuoka, I. Konon & K. M. Reed, 2000. Phylogenetic analysis of mitochondrial and nuclear sequences supports inclusion of *Acantholingua ohridana* in the genus *Salmo.* Copeia, 2: 546-550.

Poljakov, G. D., N. Filipi & K. Basho, 1958. Peshqit e shqiperise. Universiteti Shtetëror i Tiranës, 286 pp.

Pomini, F. P., 1937. Osservazioni sull'ittiofauna delle acque dolci del Veneto e indagini riguardanti la pesca. Bolletino di Pesca, Piscicoltura e Idrobiologica, 9: 262-312.

Pomini, F. P., 1939. Fenotipi e genotipi nei *Salmo* italiani. Scientia Genetica, Torino, 1: 206-218.

Pomini, F. P., 1940a. Il problema biologico dei *Salmo* italiani. Archivio zoologico italiano, 28: 421-481.

Pomini, F. P., 1940b. Ricerche sul *Salmo macrostigma* Dum. Bollettino di Pesca, Piscicoltura e Idrobiologia, 16: 13-63.

Pomini, F. P., 1940c. La livrea delle trote ed il reale significato des suo polimorfismo. Atti della Società Italiana di Scienze Naturali e del Museo Civico di Storia Naturale di Milano, 79: 69-84.

Pomini, F. P., 1941. Ricerche sul *Salmo* dell'Italia peninsulare. I. La trota del Sagittario (Abruzzi): *Salmo ghigii* (n. sp.). Atti della Società Italiana di Scienze Naturali e del Museo Civico di Storia Naturale in Milano, 80: 33-48.

Povž, M., 1989. Distribution and biometric characteristics of the marble trout (*Salmo marmoratus* Cuvier 1817) in Slovenia. Ichthyos, 8: 13-36.

Povž, M., D. Jesenšek, P. Berrebi & A. J. Crivelli, 1996. The marble trout *Salmo trutta marmoratus,* Cuvier 1817 in the Soca River basin, Slovenia, Tour du Valat, Arles, 65 pp.

Pujolar, J. M., S. Vicenzi, L. Zane, D. Jesenšek, G. A. de Leo & A. J. Crivelli, 2011. The effect of recurrent floods on genetic composition of marble trout populations. PLoS ONE 6(9): e23822. doi: 10.1371/journal.pone.0023822

Pustovrh, G., S. Sušnik Bajec & A. Snoj, 2011. Evolutionary relationship between marble trout of the northern and the southern Adriatic basin. Molecular Phylogenetics and Evolution, 59 (3): 761-766.

Roché, B., 1988. Bilan des premiers inventaires ichtyologiques du réseau hydrographique de la Corse. Bulletin de Ecologie, 19: 235-245.

Roché, B., P. Berrebi & M. Martini, 1998. Étude génétique des populations de truites des rivières de Corse, bilan des connaissances et perspectives. Bulletin de la Société des Sciences Historiques et Naturelles de la Corse, 682-683-684: 183-202.

Radtke, G., 1999. Distribution of lake trout in Wdzydze Lake. Archives of Polish Fisheries, 7: 129-140.

Razpet, A., S. Sušnik, T. Jug & A. Snoj, 2007. Genetic variation among trout in the River Neretva basin, Bosnia and Herzegovina. Journal of Fish Biology, 70: 94-110.

Roule, L., 1923. Descrition de la grande truite du Rhône (*Salmo Trutta* Linné; forma major Fatio, *facies rhodanensis*). Bulletin du Museum National d'Histoire Naturelle, 29: 291-295.

Roule, L., 1925. Les poisons des eaux douces de la France. Les Presses Universitaires de France, Paris, 228 pp.

Rulé, C., J. Deufel, T. Kindle, M. Klein, H. Löffler & B. Wagner, 1984. Die Seeforelle des Bodensees. Probleme und Problemlösungen. Österreichs Fischerei, 37: 272-307.

Rulé, C., 1996. Decline and conservation of migrating brown trout (*Salmo trutta* f. *lacustris* L.) of Lake Constance. In: Conservation of Endangered Freshwater Fish in Europe (A. Kirchhofer & D. Hefti, Eds.). Birkhäuser Verlag, Basel, CH, 203-211.

Rulé, C., G. Ackermann, R. Berg, T. Kindle, R. Kistler, M. Klein, M. Konrad, H. Löffler, M. Michel & B. Wagner, 2005. Die Seeforelle im Bodensee und seinen Zuflüssen: Biologie und Management. Österreichs Fischerei, 58: 230-262.

Rumyantsev, V., M. Viljanen & T. Slepukhina, 1999. The present state of Lake Ladoga, Russia – a review. Boreal Environment Research, 4: 201-214.

Ryman, N., F. W. Allendorf & G. Ståhl, 1979. Reproductive isolation with little genetic divergence in sympatric populations of brown trout (*Salmo trutta*). Genetics, 92: 247-262.

Ryman, N., 1981. Conservation of genetic resources: experiences from the brown trout (*Salmo trutta*). Ecological Bulletins, 34: 61-74.

Salmanov, A. V. & Ye. A. Dorofeyeva, 1990. Morphological features of the Amu Darya trout, *Salmo trutta oxianus,* in light of recent data. Taxonomy, position, biology. Voprosy Ikhtiologii, 30: 817-824 (1991 Scripta Technica, Inc., 33-43).

Sanford, C. P. J., 1990. The phylogenetic relationships of salmonoid fishes. Bulletin of the British Museum of Natural History, Zoology, 56: 145-153.

Santos, N. P., A. A. Fontaínhas-Fernandes, R. Faria, L. F. Torres-Castro, M. R. Anjos, R. M. V. Cortes & P. Alexandrino, 2006. Genetic evidence for limited introgression between wild and stocked individuals in Portuguese brown trout, *Salmo trutta* populations. Folia Zoologica, 55(4): 1-14.

Sanz, N., J. L. García-Marín & C. Pla, 2000. Divergence of brown trout (*Salmo trutta*) within glacial refugia. Canadian Journal of Fisheries and Aquatic Sciences, 57: 2201-2210.

Savvaitova, K. A., V. G. Markaryan & E. A. Dorofeyeva, 1989. Interrelationships of races of Lake Sevan trout, *Salmo ischchan*, before and after regulation of the discharge of the Lake (as indicated by morphometric characters). Voprosy Ikhtiologii, 4: 532-538 (1990 Scripta Technica, Inc.).

Schöffmann, J., 1991. Die Weichmaulforelle (*Salmothymus obtusirostris,* Heckel 1851), eine bedrohte Salmonidenart in Dalmatien. Österreichs Fischerei, 44: 64-66.

Schöffmann, J., 1992a. Erste Lebendbobachtung von *Salmo (Platysalmo) platycephalus.* Österreichs Fischerei, 45: 11-18.

Schöffmann, J., 1992b. Fischerei in Ost-Anatolien – Die Forellen des Balik Gölü. Österreichs Fischerei, 45: 150, 163-166.

Schöffmann, J., 1993. Autochthone Forellen (*Salmo trutta* L.) in Nordafrika. Österreichs Fischerei, 46: 146, 164-169.

Schöffmann, J., 1994. Endemische Seeforellen im Adriaraum – *Salmo carpio* L. und *Salmo letnica* Karaman. Österreichs Fischerei, 47: 78, 97-99.

Schöffmann, J., 1997a. Mediterrane „Inselforellen" – autochthone Forellen (*Salmo trutta* L.) auf Korsika, Sardinien und Sizilien. Österreichs Fischerei, 50: 70, 87-90.

Schöffmann, J., 1997b. Die Weichmaulforelle (*Salmothymus obtusirostris,* Heckel, 1851) ist vom Aussterben bedroht. Österreichs Fischerei, 50: 129-130.

Schöffmann, J., 1998. Restbestände von *Salmo (Platysalmo) platycephalus*, einer vom Aussterben bedrohten Forellenart aus der Türkei, seit 1990 drastisch reduziert. Österreichs Fischerei, 51: 58-59, 72.

Schöffmann, J., 2001. Forellen in Zentralasien – dem östlichsten natürlichen Verbreitungsraum von *Salmo trutta* L. Österreichs Fischerei, 54: 54-58.

Schöffmann, J., 2002a. Zur aktuellen Situation des Sewan-Sees und seiner einzigartigen Forellen (*Salmo trutta* L.). Österreichs Fischerei, 55: 16-21.

Schöffmann, J., 2002b. Diagnostischer Charakter einiger Eigenheiten des Zeichnungsmusters zur Unterscheidung von Populationen der europäischen Forelle (*Salmo trutta* L.) aus den verschiedenen Einzugsgebieten der iberischen Halbinsel und des westlichen europäischen Mittelmeerbeckens. Österreichs Fischerei, 55: 168-172.

Schöffmann, J., 2003. Zur aktuellen Situation der vier Unterarten der Weichmaulforelle, *Salmo (Salmothymus) obtusirostris* Heckel 1851. Österreichs Fischerei, 56: 180-184.

Schöffmann, J., 2004a. Status und Ergebnisse jüngster Feldbeobachtungen von *Salmo platycephalus* Behnke 1968, einer ungewöhnlichen Forellenform aus dem südlichen Zentralanatolien. Österreichs Fischerei, 57: 156-161.

Schöffmann, J., 2004b. Nachweis einer Restpopulation der bereits für ausgestorben erklärten Weichmaulforelle, *Salmo (Salmothymus) obtusirostris* ssp., der Vrlika, südliches Kroatien. Österreichs Fischerei, 57: 277-278.

Schöffmann, J., 2005a. Sympatrisches Vorkommen dreier Forellenarten der Gattung *Salmo* in der Zeta – Morača-Skutari-Becken, Montenegro: *Salmo obtusirostris zetensis, Salmo marmoratus, Salmo trutta*. Österreichs Fischerei, 58: 20-23.

Schöffmann, J., 2005b. Die Forellen (*Salmo trutta* L.) im Einzugsgebiet von Euphrat und Tigris. Österreichs Fischerei, 58: 133-136.

Schöffmann, J., 2006. Phänotypische Unterschiede zwischen allopatrischen Forellenpopulationen (*Salmo trutta* L., *Salmo platycephalus* Behnke) im Seyhan-Becken, Türkei. Österreichs Fischerei, 59: 159-162.

Schöffmann, J., 2007a. Endemische Forellenformen (*Salmo trutta* L.) in isolierten Bergseen des Atlasgebierges von Marokko. Österreichs Fischerei, 60: 16-19.

Schöffmann, J., 2007b. Zur Herkunft, Verbreitung und systematischen Nomenklatur der Forellen (*Salmo trutta* L.) im Mittelmeerraum. Österreichs Fischerei, 60: 90-93.

Schöffmann, J., S. Sušnik & A. Snoj, 2007. Phylogeographic origin of *Salmo trutta* L. 1758 from Sicily, based on mitochondrial and nuclear DNA analyses. Hydrobiologia, 575: 51-55.

Schöffmann, J., 2009. Fischerei in der Andenregion Kolumbiens. Österreichs Fischerei, 62: 142-146.

Schöffmann, J., 2010a. Phylogeographie, Taxonomie und Formenvielfalt der Europäischen Forelle (*Salmo trutta*) auf der zentralen Balkanhalbinsel. Österreichs Fischerei, 63: 58-64.

Schöffmann, J., 2010b. Morphologische und genetische Vielfalt bei den Forellenpopulationen (*Salmo trutta* L.) Norwegens. Österreichs Fischerei, 63: 256-262.

Schöffmann, J., 2011a. Zum aktuellen Stand der autochthonen Forellen der Gattung *Salmo* in Marokko: phänotypische Unterschiede, Phylogeographie und Konservierungsstatus. Österreichs Fischerei, 64: 218-228.

Schöffmann, J., 2011b. Süßwasserfische in Chile: Die Galaxiiden (Osmeriformes: Galaxiidae) – die entfernten Verwandten der Salmoniden der Nordhemisphäre und deren Gegenstück in den gemäßigten bis kalten Breiten der Südhalbkugel. Österreichs Fischerei, 64: 268-276.

Schöffmann, J., 2012a. Richtigstellung der These zur Herkunft der Forellenpopulationen der Gattung *Salmo* im Seyhan-Becken, Türkei, aufgrund phänotypischer Beobachtungen und des Resultates neuerlicher genetischer Untersuchungen. Österreichs Fischerei, 65: 32-35.

Schöffmann, J., 2012b. Zur Fischfauna der südlichsten Süßwasser-Ökoregion Afrikas. AKFS-aktuell, 30: 4-10.

Skaala, Ø. & K. E. Jørstad, 1987. Fine-spotted trout (*Salmo trutta*): its phenotypic description and biochemical genetic variation. Canadian Journal of Fisheries and Aquatic Sciences, 44: 1775-1779.

Skaala, Ø. & K. E. Jørstad, 1988. Inheritance of the fine-spotted pigmentation pattern of brown trout. Polskie Archiwum Hidrobiologii, 35: 295-304.

Skaala, Ø., 1992. Genetic variation in brown trout *Salmo trutta* L., and application of genetic markers in studies on gene flow from cultured populations. Dr. scient. thesis, University of Bergen, Norway, 98 pp.

Skaala, Ø. & G. Solberg, 1997. Biochemical genetic variability and taxonomy of a marmorated Salmonid in River Otra, Norway. Nordic Journal of Freshwater Research, 73: 3-12.

Smith, G. R. & R. F. Stearly, 1989. The classification and scientific names of rainbow and cutthroat trouts. Fisheries, 14: 4-10.

Snoj, A., E. Melkič, S. Sušnik, S. Muhamedagić & P. Dovč, 2002. DNA phylogeny supports revised classification of *Salmothymus obtusirostris*. Biological Journal of the Linnaean Society, 77: 399-411.

Snoj, A., S. Marić, P. Berrebi, A. J. Crivelli, S. Shumka & S. Sušnik, 2009. Genetic architecture of trout from Albania as revealed by mtDNA control region variation. Genetics Selection Evolution, 41: 22.

Snoj, A., B. Glamuzina, A. Razpet, J. Zablocki, I. Bogut, E. Lerceteau-Köhler, N. Pojskić & S. Sušnik, 2010. Resolving taxonomic uncertainties using molecular systematics: *Salmo dentex* and the Balkan trout community. Hydrobiologia, 651: 199-212.

Snoj, A., S. Marić, S. Sušnik Bajec, P. Berrebi, S. Janjani & J. Schöffmann, 2011. Phylogeographic structure and demographic patterns of brown trout in North-West Africa. Molecular Phylogenetics and Evolution, 61: 203-211.

Solewski, W., 1962. Pstrąg potokowy (*Salmo trutta* morpha *fario* L.) dorzecza górnego Sanu – Die Bachforelle (*Salmo trutta* morpha *fario* L.) im Flussgebiet des oberen San. Acta Hydrobiologica, 4: 47-57 (Deutsch mit polnischer Zusammenfassung).

Sommani, E., 1948. Sulla presenza del *Salmo fario* L. e del *S. marmoratus* Cuv. nell'Italia settentrionale: loro caratteristiche ecologiche e considerazione relative ai ripopolamento. Bollettino di Pesca, Piscicoltura e Idrobiologia, 3: 136-145.

Sommani, E., 1950. Osservazioni sulla sistematica ed ecologia delle trote dell'Italia meridionale. Bollettino di Pesca, Piscicoltura e Idrobiologia, 5: 170-187.

Sommani, E., 1960. Il *Salmo marmoratus* Cuv.: sua origine e distribuzione nell'Italia settentrionale. Bollettino di Pesca, Piscicoltura e Idrobiologia, 15:40-47.

Šorić, V., 1990. Salmonids in the Ohrid-Drin-Skadar system. Acta Societatis Zoologicae Bohemoslovaciae, 54: 305-319.

Splendiani, A., M. Giovannotti, P. Nisi Cerioni, M. L. Caniglia & V. Caputo, 2006. Phylogeographic inferences on the native brown trout mtDNA variation in central Italy. Italian Journal of Zoology, 73 (2): 179-189.

Smith, G. R. & R. F. Stearly, 1989. The classification and scientific names of rainbow and cutthroat trouts. Fisheries, Bulletin of the American Fisheries Society, 14 (1): 4-10.

Stearley, R. F. & G. R. Smith, 1993. Phylogeny of the Pacific trouts and salmons (*Oncorhynchus*) and genera of the family Salmonidae. Transactions of the American Fisheries Society, 122: 1-33.

Stefanović, D., 1948. Rasna i ekoloska ispitivanja na Ohridskim salmonidima (Systematic and ecological study of the salmonids of Lake Ohrid). Posebna Izdanja SAN, Beograd, 139 (38): 1-207.

Steindachner, F., 1882. Ichthyologische Beiträge (XII). Sitzungsberichte der Mathematisch-Naturwissenschaftlichen Classe der Kaiserlichen Akademie der Wissenschaften, Wien, 86: 61-82, pls. 1-5.

Steindachner, F., 1892. Über einige neue und seltene Fischarten aus der ichthyologischen Sammlung des K. K. Naturhistorischen Hofmuseums. Denkschriften der Mathematisch-Naturwissenschaftlichen Classe der Kaiserlichen Akademie der Wissenschaften, Wien, 59: 357-383, pls. 1-6.

Steingrímsson, S. Ó. & G. M. Gíslason, 2002. Body size, diet and growth of landlocked brown trout, *Salmo trutta*, in the subarctic River Laxá, North-East Iceland. Environmental Biology of Fishes, 63: 417-426.

Stephen, A. B. & B. J. McAndrew, 1990. Distribution of genetic variation in brown trout, *Salmo trutta* L., in Scotland. Aquaculture and Fisheries Management, 21: 47-66.

Sturlaugsson, J. & M. Johannsson, 1998. Migration study of wild sea trout (*Salmo trutta* L.) in SE-Iceland: Depth movements and water temperature recorded by data storage tags in freshwater and marine environment. Proceedings of Fifth European Conference on Wildlife Telemetry. Strasbourg, France, 25.-30. August 1996, 12 pp.

Suárez, J., J. M. Bautista, A. Almodóvar & A. Machordom, 2001. Evolution of the mitochondrial control region in Palaeartic brown trout (*Salmo trutta*) populations: the biogeographical role of the Iberian Peninsula. Heredity, 87: 198-206.

Sušnik, S., J. Schöffmann & A. Snoj, 2004. Phylogenetic position of *Salmo (Platysalmo) platycephalus* Behnke 1968 from south-central Turkey, evidenced by genetic data. Journal of Fish Biology, 64: 947-960.

Sušnik, S., J. Schöffmann & S. Weiss, 2005. Genetic verification of native brown trout from the Persian Gulf (Catak Cay River, Tigris basin). Journal of Fish Biology, 67: 879-884.

Sušnik, S., I. Knizhin, A. Snoj & S. Weiss, 2006. Genetic and morphological characterization of a Lake Ohrid endemic, *Salmo (Acantholingua) ohridanus* with a comparison to sympatric *Salmo trutta*. Journal of Fish Biology, 68(A): 2-23.

Sušnik, S., A. Snoj, I. E. Wilson, D. Mrdak & S. Weiss, 2007a. Historical demography of brown trout (*Salmo trutta*) in the Adriatic drainage including the putative *S. letnica* endemic to Lake Ohrid. Molecular Phylogenetics and Evolution, 44: 63-76.

Sušnik, S., S. Weiss, T. Odak, B. Delling, T. Treer & A. Snoj, 2007b. Reticulate evolution: ancient introgression of the Adriatic brown trout mtDNA in softmouth trout *Salmo obtusirostris* (Teleostei: Salmonidae). Biological Journal of the Linnaean Society, 90: 139-152.

Taberlet, P., L. Fumagalli, A. G. Wust-Saucy & J. F. Cosson, 1998. Comparative phylogeography and postglacial colonization routes in Europe. Molecular Ecology, 7: 453-464.

Taler, Z., 1950. Visovačka jezerska pastrva (*Salmo visovacensis* n. sp.). Glasnik Bioloske Sekcije, Hrvatsko Prirodoslovno Društvo, Ser. 2B, 2-3: 118-158. (Mit einer deutschen Zusammenfassung)

Tarkan, A. S., O. Gaygusuz, M. Ozulug & C. G. Gaygusuz, 2008. Reoccurrence of *Samo trutta macrostigma* (Dumeril, 1858) in Lake Sapanca Basin (Sakarya, Turkey): Implications for conservation. Journal of Fisheries and Aquatic Science, 3: 87-91.

Tchernavin, V. V., 1939. The origin of salmon. Is its ancestry marine or freshwater? Salmon and Trout Magazine, 95: 120-140.

Thienemann, A., 1950. Die Binnengewässer, Band XVIII: Verbreitungsgeschichte der Süsswassertierwelt Europas. E. Schweizerbart'sche Verlagsbuchhandlung, Stuttgart, 809 pp.

Togan I., A. Z. Findan, E. Yain, A. Ergüven & Y. Emre, 1995. Genetic structure of two Turkish brown trout populations. Journal of Fish Biology, 47: 164-169.

Toledo, M., A. L. Lemaire, J. L. Bagliniere & F. Braña, 1993. Caractéristiques de la truite de mer (*Salmo trutta* L.) au nord de l'Espagne, dans deux rivières des Asturies. Bulletin Français de la Pêche et de la Pisciculture, 330: 295-306.

Tortonese, E., 1954. The trouts of Asiatic Turkey. Istanbul Üniversitesi Fen Fakültesi Hidrobiologi Araştırma Enstitüsü Yayınlarından, B, 11(1): 1-25, pl. I-II.

Tortonese, E., 1980. I salmonidi italiani. Quaderni E.T.P., Rivista di Limnologia, Udine, 2: 1-11.

Tsepkin, E. A., 1987. About the Aral salmon, *Salmo trutta aralensis* Berg. Voprosy Ikhtiologii, 27(4): 688-690.

Turan, D., M. Kottelat & S. Engin, 2009. Two new species of trouts, resident and migratory, sympatric in streams of northern Anatolia (Salmoniformes: Salmonidae). Ichthyological Exploration of Freshwaters, 20 (4): 333-364.

Turan, D., M. Kottelat & S. Engin, 2012. The trouts of the Mediterranean drainages of Southern Anatolia, Turkey, with description of three new species (Teleostei: Salmonidae). Ichthyological Exploration of Freshwaters, 23 (3): 219-236.

Turan, D., M. Kottelat & Y. Bektaş, 2011. *Salmo tigridis,* a new species of trout from the Tigris River, Turkey (Teleostei: Salmonidae). Zootaxa, 2993: 23-33.

Vera, M., I. Sourinejad, C. Bouza, R. Vilas, A. Pino-Querido, M. R. Kalbassi & P. Martínez, 2011. Phylogeography, genetic structure, and conservation of the endangered Caspian brown trout, *Salmo trutta caspius* (Kessler, 1877), from Iran. Hydrobiologia, 664: 51-67.

Vincenzi, S., A. J. Crivelli, D. Jesenšek, J-F. Rubin & G. A. De Leo, 2007. Densitiy-dependent individual growth of marble trout (*Salmo marmoratus*) in the Soča and Idrijca river basins, Slovenia. Hydrobiologia, 583: 57-68.

Vincenzi, S., A. J. Crivelli, D. Jesenšek & G. A. De Leo, 2010. The management of a small, isolated salmonid population: do we have to fix it if it ain't broken? Animal Conservation, 13: 21-23.

Vinciguerra, D., 1902. Sulla presenza di *Salmo macrostigma* Dum. nella paludi Pontine. Monitore zoologico italiano, 13: 27-28.

Vivier, P., 1948. Note sur les eaux douces du Maroc et sur leur mise en valeur. Bulletin Français de Pisciculture, 150: 5-27.

Vladimirov, V. I., 1944. Brook form of Sevan trout: *Salmo ischchan* Kessler morpha *alabalach nova.* Izvestiya Akademii Nauk Armyanskoy SSR, 3: 61-72.

Vladimirov, V. I., 1946. Brook trout from the Armenian diatomite deposits of Pleiocene. Doklady Akademii Nauk Armyanskoy SSR, 10: 123-128.

Weiss, S., A. Atunes, C. Schlötterer & P. Alexandrino, 2000. Mitochondrial haplotype diversity of brown trout, *Salmo trutta* L., in Portuguese rivers supports a simple broad-scale model of the post-Pleistocene recolonization of northern Europe. Molecular Ecology, 9: 691-698.

Weiss, S., C. Schlötterer, H. Waidbacher & M. Jungwirth, 2001. Haplotype (mtDNA) diversity of brown trout *Salmo trutta* in tributaries of the Austrian Danube: massive introgression of Atlantic basin fish – by man or nature? Molecular Ecology, 10: 1241-1246.

Werner, F., 1931. Ergebnisse einer zoologischen Forschungsreise nach Marokko. II. Fische. Sitzungsberichte der Akademie der Wissenschaften in Wien, Abt. 1, 140: 261-270.

Whittal, H. M., 1967. Trout in Turkey. Salmon and Trout Magazine, 179: 50-53.

Wilson, I., 2004. Low genetic variability in the summer Koran (*Salmo letnica aestivalis* Stefanovic) of Lake Ohrid. The Albanian Journal of Natural and Technical Sciences, 16: 3-13.

Wilson, M. V. H. & R. R. G. Williams, 2010. Salmoniform fishes: key fossils, supertree, and possible morphological synapomorphies. In: Origin and Phylogenetic Interrelationships of Teleosts (J. S. Nelson, H.-P. Schultze & M. V. H. Wilson, Eds.). Verlag Dr. Friedrich Pfeil, München, Germany, 379-409.

Winfield, I. J., C. E. Adams, J. D. Armstrong, R. Gardiner, A. Kirika, J. Montgomery, B. M. Spears, D. C. Stewart, J. E. Thorpe & W. Wilson, 2012. Changes in the fish community of Loch Leven: untangling anthropogenic pressures. Hydrobiologia 681: 73-84.

Zava, B., T. Beller, P. Chiari, P. A. Nardi, C. Violani & F. Bernini, 1991. Note faunistiche e tassinomiche su *Salmo (trutta) macrostigma* (Dum.) della Sicilia (Osteichthyes, Salmonidae). – Faunistic and taxonomic notes on *Salmo (trutta) macrostigma* (Dum.) from Sicily (Osteichthyes, Salmonidae). Atti Congressuali del 4° Convegno Nazionale A. I. I. A. D., Distribuzione della fauna italiana, 413-421.

Zerunian, S. & G. Gandolfi, 1990. *Salmo fibreni* n. sp. (Osteichthyes, Salmonidae) endemica nel bacino del Fibreno (Italia centrale). Rivista di Idrobiologia, 29: 521-532.

Zerunian, S., A. Lecce & G. Gibertini, 1994. Osservazione sulla riproduzione del Carpione del Fibreno (Osteichthyes, Salmonidae) – Observations on the reproduction of *Salmo fibreni* (Osteichthyes, Salmonide). Atti del 5° Convegno Nazionale A. I. I. A. D., Biologia dei salmonidi: tutela e gestione delle popolazioni indigene, 119-128.

Das Fischereibuch Maximilians I. – Faksimile und Transkription

Martin Hochleithner & Wolfgang Hohenleiter
Hardcover, 200 pp. ISBN: 978-3-902855-14-5

Das Fischereibuch Maximilians I. von Habsburg aus dem Jahre 1504, geschrieben vom Jagdschreiber Wolfgang Hohenleiter, ist eines der ältesten erhaltenen gebliebenen Bücher über die Bewirtschaftung von Fischgewässern in Tirol und Umgebung. Es ist selbst nach mehr als einem Halben Jahrtausend immer noch von Bedeutung und Interesse. Kaiser Maximilian I. war nicht nur ein großer Ritter und Herrscher, sondern auch ein begeisterter Jäger und Fischer. Unter ihm kam es zu intensiven Bemühungen um Besatz, Hege, und Nutzung der Fischbestände. Motiv für diese Maßnahmen war einerseits die Freude am Fischfang, andererseits die Nutzung der Fischbestände für die Verpflegung des Landesherren und seines Gefolges. Die vorliegende Wiedergabe des Fischereibuches von Maximilian I., herausgegeben von Fischereimeister Martin Hochleithner, beinhaltet sowohl die Faksimile als auch die Transkription des Originals, das sich heute in der Österreichischen Nationalbibliothek in Wien befindet. Das historisch wertvolle Buch ist nicht nur für Angler und Fischer interessant sondern auch für Biologen, Historiker und Kunstliebhaber.

Die Hochgebirgsseen Tirols aus fischereilicher Sicht – Bestandsaufnahme und Kartierung

Volker Steiner & Bernd Stampfer
Softcover, 204 pp. ISBN: 978-3-902855-10-7

Das Hochgebirge Tirols weist über 1000 stehende Gewässer auf, ein Großteil allerdings eine Größe bei der eine Fischerei kaum in Frage kommen dürfte. Immerhin verbleiben noch mehr als 200 Seen, die auf Grund ihres Areals für die Fischerei in Betracht zu ziehen wären. Durch die vorliegende Bearbeitung sind gegenwärtig 65 Hochgebirgsseen relativ gut erfasst. Von diesen Seen weist heute rund die Hälfte einen Fischbestand auf. In vielen Fällen sind diese Bestände aber in einem Zustand, der keinen Anreiz für eine fischereiliche Nutzung bietet. Es besteht jedoch die Möglichkeit, Gewässer mit verwahr-losten Beständen durch gezielte Befischung, eventuell auch durch zusätzlichen Besatz zu sanieren und aufzuwerten. In letzter Zeit ist die Nachfrage nach Fischereimöglichkeiten im Bereich der Sport- bzw. Erholungsfischerei stark angewachsen, das Potential an Fischwässern in Tallagen jedoch weitgehend ausgeschöpft und durch Umwelteinflüsse stark eingeschränkt. Die Nutzung von Hochgebirgsseen als Fischwässer dient nicht nur der Fischereiwirtschaft, sie bietet auch gute Chancen für Gemeinden, Verbände, Bergbauern und andere Interessenten.

Fachwissen: aktuell – kompakt – umfassend

356 Seiten, ISBN: 3-9500968-3-3

152 Seiten, ISBN: 3-9500968-4-1

172 Seiten, ISBN: 3-9500968-6-8

248 Seiten, ISBN: 3-9500968-2-5

160 Seiten, ISBN: 3-9500968-7-6

156 Seiten, ISBN: 3-9500968-8-0

Diese umfassenden Fachbücher (Hardcover, mit großteils farbigen Abbildungen und zahlreichen Tabellen) von FM Martin Hochleithner, sind für alle die sich in irgendeiner Form mit den betreffenden Fischarten beschäftigen, eine Pflichtlektüre und sowohl für den Biologen und Fischzüchter zu empfehlen, als auch für Berufsfischer und Sportangler sowie Aquarianer und sonst an der Natur interessierte Personen sehr interessant. Nach der Einleitung gibt der allgemeine Teil einen Überblick über den speziellen Körperbau, die Lebensweise, die Systematik und die Hybriden. Ein funktionierender Bestimmungsschlüssel erleichtert das exakte Bestimmen der einzelnen Familien, Gattungen und Arten. Im Arten Teil werden die verschiedenen Arten in Einzeldarstellung mit genauer Beschreibung, Verbreitung, Lebensweise und Bedeutung vorgestellt. Der Aquakultur Teil behandelt ausführlich die verschiedenen Methoden der Laichfischhaltung, Handhabung, Vermehrung, Erbrütung, Aufzucht und Fütterung sowie die unterschiedlichen Bewirtschaftungsformen und Fischereimethoden und wird mit der Verarbeitung beendet. Im Anhang finden sich interessante Rezepte, eine Liste der wichtigsten Krankheiten und Parasiten sowie ein Adressverzeichnis der Beratungsstellen und Fischgesundheitsdienste. Die fremdsprachigen Bezeichnungen und Synonyme der einzelnen Arten und ein Literaturverzeichnis vervollständigen diese Werke.

Überall im Buchhandel und bei: ***AquaTech*** *Publications*, www.aqua-tech.eu